使女人发光的并非珠宝，而是心灵深处的智慧

◎◎◎一本引导女人走向幸福的书◎◎◎

邵桄炜　金岩◎编著

做个懂幽默 能包容 心淡定的女人

幽默的女人，轻松诙谐地面对人生百态；包容的女人，优雅从容地面对世事纷争；淡定的女人，气淡神闲地应对人生烦恼。

中国纺织出版社

内 容 提 要

女人的幸福需要自己争取，靠的是做人做事的幽默艺术，与人交往的包容心理和立身处世的淡定智慧。

本书是为女性读者量身打造的魅力修炼读本和处世策略应用宝典。语言轻松睿智，剖析层层深入，以上、中、下三篇的形式全面地介绍了提高女性处世智慧的方法和技巧，是女人提升自身魅力、修炼处世技巧的实用读本，旨在帮助女性读者增加受人欢迎的资本，收获幸福美满的人生。

图书在版编目（CIP）数据

做个懂幽默能包容心淡定的女人／邵桃炜，金岩编著. --北京：中国纺织出版社，2015.1（2023.5重印）

ISBN 978-7-5180-1121-6

Ⅰ.①做… Ⅱ.①邵… ②金… Ⅲ.①女性—人生哲学—通俗读物 Ⅳ.①B821-49

中国版本图书馆CIP数据核字（2014）第237587号

责任编辑：闫　星　　责任印制：储志伟

中国纺织出版社出版发行

地址：北京市朝阳区百子湾东里A407号楼　邮政编码：100124

销售电话：010—67004422　传真：010—87155801

http：//www.c-textilep.com

E-mail：faxing@c-textilep.com

中国纺织出版社天猫旗舰店

官方微博http://weibo.com/2119887771

永清县晔盛亚胶印有限公司印刷　各地新华书店经销

2015年1月第1版　2023年5月第4次印刷

开本：710×1000　1/16　印张：19

字数：235千字　定价：88.00元

前　言

聪明的女人应该懂得，生活中大概有90%的事情是对的，只有10%才是错的。如果我们要得到快乐，我们所应该做的，就是把精力放在那90%正确的事情上，而不要理会那10%的错误。很多女人总爱生活在过去或者将来，而独独没有享受当下的快乐。以前的事情已经过去，而未来的事情现在还无法把握，只有当下的生活才是最真实的。享受当下的生活，你才会更快乐、更幸福。我们若已接受了最坏的，就再没有什么损失的了。

有人说，一个没有幽默感的女人，就像鲜花没有香味，只有形，没有神。美人兮，窈窕兮，有的女人美丽精明，却难以接近；有的女人漂亮柔弱，让人怜惜。不过女人不应该让自己处于一种怨天尤人的氛围之中，借幽默的契语，对所谓的环境表示不满，鞭挞"无辜"的自己，合理而适度地调整自己的心情。一个懂得幽默的女人，不一定美丽，但却是智慧的，而且是善解人意的，她们既没有"储存快乐、过时作废"的担忧，也没有"怨艾郁积、累累成愁"的隐患，她们的生活之所以招人所爱，是因为她们懂得生活。

包容是一种非凡的气度，宽广的胸怀，是对人、对事的包容和接纳，是一种高贵的品质，更是精神的成熟、心灵的丰盈。包容的女人是美丽的，能得到别人的尊重，女人不是因为漂亮而耀眼，而是因为美丽而动人。漂亮是与生俱来的，但美丽就不同了，它是靠后天的修养所得的一种独特的气质和涵养，而包容就是一种高素质的修养。女人的包容首先是要面对男人，在长时间的婚恋关系中，吸引对方保持爱情的最终力量，不是浪漫，而是一个人性格的明亮，这种明亮是一个女人最能吸引男人的个性特征，而这种性格特征的底蕴在于一个女人怀有的孩童般的包容。

古人说："落花无言，人淡如菊。"用这句话来形容淡定的女子再合适不过了。淡定的女人如一杯清茶，浓而不淡，浓而不腻，茶味醇香，意味悠远。在她们的身上，淡定已经是一种"繁华落尽见真淳"的平淡，是一种荣辱不惊的从容，是一种笑对人生风雨的沉着，是一种历经岁月沧桑的智慧。做一个淡定的女人，不需要娇嫩的鲜花，不需要醉人的掌声，只需要生命中的淡然和淡然中的从容。当你抬头仰望，天高云淡，这一瞬间世间所有的喧嚣就都静止了，这就是淡定。淡定是一种优雅，是智慧的不争，是荣辱不惊，是对简单生活的一种追求。

情商高的女人往往是幸福而甜蜜的，而幽默、包容、淡定则是女人情商中最重要的三个因素。一旦具备了这三者，女人无异于握紧了幸福的密钥。本书分为上、中、下三篇，分别从幽默、包容、淡定三个方面详细解读女人的幸福指数，以通俗易懂的故事，明朗清新的文字，独特的视角，分析了女性幸福快乐所需具备的三要素，为女性充分发掘自我潜能，构建和谐的人际关系，轻松纵横职场，开创全新的人生，获得更多的快乐和幸福提供了通往幸福大道的捷径。

编著者

2014年5月

目 录

上篇 做个善幽默的女人

第1章 女人缺少幽默，到哪儿都会寂寞 ······002

幽默是凝练的语言艺术 ······002
意料之外、情理之中的幽默智慧 ······005
快乐造就女人的别样幽默 ······007
女人的幽默来源于生活 ······010
偷换概念的幽默趣味多多 ······014
女人的冷幽默风情 ······017
孩童式的幽默让女人更有趣 ······020
女人用幽默能解误会 ······022

第2章 女人优雅社交，善用幽默妙招 ······026

女人的幽默是沉闷的劲敌 ······026
女人的幽默是人际关系的润滑剂 ······028
幽默让难堪销声匿迹 ······031
幽默让女人的失误情有可原 ······033

风趣会让他人的过失不足挂齿……035

幽默是女人沟通障碍的化解器……037

女人抱怨式的幽默能消除敌意……040

女人正话反说制造幽默……042

“反弹琵琶”的幽默让批评被人爱……045

第3章　女人职场拼杀，拿好幽默盾牌……048

女人幽默的自荐让人耳目一新……048

求职女人用幽默营造轻松氛围……051

说幽默的话让合作更愉快……052

幽默让职场女人工作不棘手……054

女人用幽默赢得同事的喜欢……057

女人用幽默展现人情温暖……059

幽默女人更能赢得客户的欣赏……060

第4章　女人点燃爱情，用点幽默技巧……063

女人用幽默给人留下美好的印象……063

巧用幽默叩开恋人的心门……065

幽默的女人让男人着迷……068

用幽默来制造恋爱中的浪漫情意……070

幽默些让爱恋更甜蜜……073

女人幽默妙语能化解爱人的醋意……075

让幽默温暖你的爱……077

第5章 女人关爱家庭，施展幽默口才……082
些许幽默能让家庭充满温馨……082
女人巧用幽默化解彼此隔阂……085
幽默暗示让孩子更易接受……087
幽默是使丈夫听从妻子的最好武器……090
幽默的呵护让妻子更爱自己……093
幽默能处理难缠的婆媳关系……096
夫妻间多一些幽默就多一些乐趣……098
用幽默来表达责备可增进家人感情……100

中篇 做个懂包容的女人

第6章 女人善待自己，用包容面对人生的不如意……104
用包容心接纳不完美的自己……104
给心一个笑容，包容失败和挫折……107
过分苛刻要求，无异于自虐……109
原谅自己的软弱，女人要懂得包容自己……112
及时释怀，女人要懂得包容生活……114
女人过分执着，等于跟自己过不去……116
打开心结，懂得包容才能达到新境界……119

第7章　女人心怀感念，用包容释怀他人的伤害 ······ 122
宽容小人，败坏的是他自己 ······ 122
原谅敌人，让他不战自败 ······ 125
包容伤害，放下往事等于放过自己 ······ 127
宽恕对手，是对自己最大的仁慈 ······ 130
包容他人，是莫大的鼓励 ······ 132
容纳别人，才能被人尊敬 ······ 134
包容他人，才能成全自己 ······ 137

第8章　女人保持乐观，用包容为自己赢得机会 ······ 140
包容别人的不是才会被人爱 ······ 140
用包容浇灌的友谊之花最美丽 ······ 143
多一分包容，多一份美丽 ······ 145
女人用包容的心去换位思考 ······ 148
理性包容，春暖花开 ······ 150
包容中蕴含着机会 ······ 153

第9章　女人感动人心，用包容赢得尊重和力量 ······ 156
包容的心能使人弃恶从善 ······ 156
包容让生活更加美好 ······ 159
包容让女人广结友缘 ······ 162
女人用宽恕化解矛盾 ······ 163
豁达的女人给别人面子 ······ 166

懂得忍让，彰显女人的智慧 …… 169
宽恕能软化强硬的心 …… 172

第10章 女人掌控幸福，用包容温暖婚姻和家 …… 175
懂得包容的女人才能获得婚姻幸福 …… 175
女人要用包容的心接受他的缺点 …… 178
包容的水才能浇灌出香艳的爱情之花 …… 181
多疑是扼杀女人幸福的刽子手 …… 184
包容爱的伤害，夫妻间不应有仇 …… 186
包容父母的无理取闹 …… 189
包容婆婆，才能让家更和睦 …… 191

下篇 做个心淡定的女人

第11章 女人要淡然，得意看淡、失意看开 …… 196
人生的失意是成熟的必修课 …… 196
人生在世岂能事事如意 …… 200
面对生活不幸女人不妨积极一些 …… 203
世事无常要有一颗淡定的心 …… 207
消沉让女人的生活黯然失色 …… 210
痛苦的根源在于执着 …… 213

第12章　女人别较真，人生很长、计较很忙……216
女人过分执着是跟自己过不去……216
女人勿让琐事搅乱人生……219
懂得转弯才能走向幸福……222
宽恕他人是给自己的机会……224
容得了他人的缺点是成熟的表现……227
半糖主义，让自己活得更美好……229
和往事纠结是自我伤害……232

第13章　女人莫迷茫，禁住诱惑、耐住寂寞……235
女人要独处去触摸灵魂……235
女人千万不能被虚荣所害……238
不要被炽烈的欲念灼伤……241
聪明女人晓得围城内外……244
幸福感与名利无关……247
别被浮华繁华所愚蒙……248

第14章　女人要淡定，不烦不躁，便是晴天……252
嫉妒是毁灭美好情感的毒药……252
遇事十分淡定显大气……256
忍耐彰显成熟的魅力……259
用沉默来回应讥笑……262
理智展现女人内心的强大……266

抛弃杂念，用平常心做事 …… 269

第15章 女人心强大，不念过去、不畏将来 …… 273

打开心灵的一扇窗 …… 273

女人要学会爱自己 …… 277

你不可能让每个人满意 …… 279

别跟自己过不去 …… 282

烦恼来源于过度执着 …… 284

释放你的心，释放快乐 …… 286

轻松女人生活洒脱 …… 289

参考文献 …… 292

上篇
做个善幽默的女人

第1章　女人缺少幽默，到哪儿都会寂寞

幽默是一种最生动的语言表现手法，与幽默的人相处、谈话是非常有趣的事。如果与人发生争执，或是各执己见时，幽默常常可以让人立于论辩的不败之地，并且化争执为会心一笑。但是，并不是每个女人都会幽默的谈吐。若想让自己所说的话有意思，别人喜欢听，就要学会一定的方法和技巧，它们能在一定程度上让你变得更风趣，更受人欢迎。

幽默是凝练的语言艺术

幽默是一种智慧。一个懂得幽默的人往往能在平淡的生活中发现不同寻常的乐趣，继而将这种快乐的情绪表达出来，给别人带来快乐。对于女性来说，更要学会幽默。

说起幽默，我们可能有所不知，它竟然是一个舶来品。再翻看现代汉语词典，幽默的意思是指有趣或可笑而意味深长。《辞海》中的解释为："通过影射、讽喻、双关等修辞手法，在善意的微笑中，揭露生活中的讹谬和不通情理之处。" 幽默与滑稽、讽刺不同。滑稽是在嘲笑、插科打诨中揭露事物的自相矛盾之处，以达到批评和讽刺的目的；讽刺则是用比喻、夸张的手法对不良或愚蠢行为进行揭露、批评或嘲笑；而幽默与两者既有联系，又有

区别。

在日常工作和生活之中，尤其是在我们写作博文或发表言论时，幽默也是屡见不鲜。然而，对于如何运用幽默艺术达到我们所希望的语言效果，却并非想象中的容易。总的来说，一个幽默高手在说话时，往往能达到“三言两语”就“语出惊人”的效果，这也是幽默的精髓所在——凝练。

古时候，有个饭店老板娘，脾气异常火爆，经常为了一些小事和食客发生争吵，甚至拳脚相加。久而久之，她成为人们眼中的“母老虎”，这没少影响她的生意。

一天，有几位客人前来就餐。饭菜端上桌之后，客人吃了一口饭菜，嘴里便叫：“好咸，好咸！”

话音刚落，老板娘便觉得客人是在故意找茬，于是怒气冲冲地招呼伙计，不由分说将客人绑在了柱子上，准备抽鞭子。这时候，一位姑娘走了进来，问老板娘为什么绑人。老板娘说：“我店里的酒菜明明色香味美，可这家伙硬说是咸的，你说该不该绑？”

姑娘拿起筷子尝了一下桌子上的菜，皱着眉头眯着眼说：“你放了这个人，还是把我捆起来吧。”

幽默的语言往往给人以诙谐的情趣，使人在笑意中有所领悟。幽默是缓解紧张、祛除畏惧、平息愤怒的最好方法。故事中，后一个顾客的回答是很机智的，他尝到了菜咸，但却不说“咸”字，而是幽默地请老板把自己绑起来。这样说，显得含蓄，既收到了强烈的讽刺效果，而且很艺术化。

从实质上讲，幽默的内在含义在于机智而又敏捷地指出别人的缺点或优点，在微笑中加以肯定或否定。但幽默并不是油腔滑调、卖弄口才、玩文字游戏，也就是说，真正的幽默往往胜在凝练。把那些本来直说的话用幽默的方式表达出来，语言越是精练，越会产生一种耐人寻味的效果。但这一前提必须是看出语言环境中的幽默之处。

在一次议员演讲大会上，一位平日里比较严肃的人所做的演讲很冗长，这时，一位脾气暴躁的议员觉得对方占据了太长的时间，于是走上前去，说："先生，你能不能快点，你的演讲已经进行了很长的时间了……"话未说完，正在演讲的议员便回过头来，很不高兴地说："你最好出去。"然后继续演讲。

脾气暴躁的议员憋了一肚子的火无处发泄，迫不及待地想找个方法报复对方。最终，他找到了议会的主席玛丽，把刚才的一幕描述了一遍。玛丽只是微笑地听着并没有说话。

脾气暴躁的议员觉得那位议员的话实在太不应该了。于是问道："玛丽女士，你听听某某实在太不像话了，明明是自己不对，还那么没有礼貌地羞辱我，你可一定要主持公道啊。"

"先生，我听到你说的话了，"玛丽微笑着说："但是，我已经看了有关的法律条文，你完全有权利待在演讲现场的。"

机智的人往往不仅善于以局外人的身份化解他人的争吵，而且更善于打破在与人交往时因发生矛盾而出现的僵局。玛丽的这种回答实在是太聪明了，他把那位议员的愤怒当成了玩笑，没有让自己卷入这种儿童式争吵的旋涡中去，就是因为他能看出这种无聊争吵的幽默之处。

幽默启示

在日常的人际交往中，女人要想成功运用幽默，就必须修炼自己的说话能力，提升自己的语言功底，从而高屋建瓴地把握幽默语言的艺术、达到"语不惊人死不休"的效果！

意料之外、情理之中的幽默智慧

幽默的语言是一种润滑剂，能让尴尬的气氛以及人际关系得到迅速的缓解。这种幽默中包含着对生活的大度和对人生的智慧。生活中，我们常常羡慕别人有幽默感、有制造幽默的天赋，实际上，幽默的力量是属于自己的，是你和你在人生中所演的角色所拥有的。我们同样可以借助幽默的语言艺术来自由地表现自己，表达想法，并表露我们的感受。当然，我们必须要学会掌握各种幽默技巧，这其中就包括比喻修辞，因为它在幽默中最常用。

这天早晨，一位杂志社的女编辑收到了一封信，是一个自由撰稿人寄来的，信中写道："小姐，在星期五的时候，你把我所投的一篇小说退了回来。令我不高兴的是，你根本没有看完，因为我在投稿的时候故意将几页稿子粘在了一起，你退回来时它们仍然粘在一起，由此可见，你一直在糊弄作者，你是个文化骗子。"女编辑当即回了信，她说："如果你在早餐时，知道煎鸡蛋已经坏了，相信你是绝对不会把它吃完的。"

此处，女编辑运用的便是比喻的修辞手法，她把未读完这位撰稿人的小说比喻成已经毁坏的煎鸡蛋，形象生动地表明其已经没有了可读性。

那么，什么是比喻修辞呢？

思想的对象同另外的事物有了类似点，就用另外的事物来描述思想的对象；即用某一个事物或情境来比喻另一个事物或情境。这种打比方的修辞手法叫比喻。例如，在莫里哀的喜剧《妇人学堂》里，阿南解释人为什么"吃醋"，为什么生气。阿南："我给你打个比喻，你就清楚了。你端着一碗汤，来了一个饿鬼，要喝掉你那碗汤，你不但生气，还要揍他，你说对不对？"尧："对，这话我懂。"阿南："'吃醋'完全跟这一样，女人确实就是男人的汤。一个男的看见别人有时候想尝尝他的汤呀，马上就会大发雷霆。"

比喻之所以能制造幽默氛围，是由于它往往用意料之外、又在情理之中的话语使人获得了“豁然贯通”的美感享受，或是混淆崇高与鄙俗的区别，使得情感郁积得到巧妙释放，从而转化为幽默的笑。

著名文学理论家乔纳森·卡勒的定义：比喻是认知的一种基本方式，通过把一种事物看成另一种事物而认识了它。也就是说，找到甲事物和乙事物的共同点，发现甲事物暗含在乙事物身上不为人所熟知的特征，而对甲事物有一个不同于往常的重新认识。

比喻的条件：本体和喻体必须是性质不同的两类事物；本体和喻体之间必须有相似点。

比喻在幽默方面的作用：

（1）使用比喻产生幽默，能使听者对本体与喻体之间产生的联系进行联想，以产生深刻的印象，并使语言文采斐然，富有很强的感染力。比如，人们常用流星来比喻那些美好之短暂；用甘霖比喻苦尽甘来的喜悦，等等。

（2）用比喻描写事物，可使事物形象鲜明生动，加深印象；用来说明道理，能使道理通俗易懂，使人易于理解。

（3）对深奥的道理进行比喻，能将复杂、难懂、晦涩的道理和语言浅显化，将陌生的东西变得熟悉，能把抽象的东西具象、形象化；甚至化腐朽为神奇，强化语言的形象扩张力。

（4）比喻中，语言越是夸张，其幽默的强度就越大

（5）使用比喻制造幽默，比喻得越贴切，越能展现生活的气息，幽默越是活泼生动。例如，“做生意不登广告，就好像在黑暗中向女人眨眼一样。”“丈大就好像火一样，稍稍不加注意就往外窜出去了。”“女子是世上的盐，若没有这种盐，人生就毫无滋味。盐固然是提味不可少的，然而用时要有节制。”

（6）要善用博喻、倒喻、反喻、缩喻、扩喻、较喻、回喻、互喻、曲喻，因为它们为人所少用且难度偏大，反之更显喻方的想象力。

运用比喻的注意点：

（1）喻体必须使受方清楚，一般要常见、易懂。但在聊天中要顺势而为，能及时从对方的信息中及时把握机会，创造突如其来、具有想象爆发力的比喻。

（2）比喻要贴切。必须对喻体和本体的共同点作认真的分析和概括。

（3）比喻要注意思想感情。感情色彩不得体，语言表达就失去了光彩。

幽默启示

幽默是一种积极的修辞现象，是对常规语言的偏离。使用比喻产生幽默，能使听者对本体与喻体之间产生的联系进行联想，以产生深刻的印象，并使语言文采斐然，富有很强的感染力。

快乐造就女人的别样幽默

通常，一个幽默的人往往有乐观的心态。事实上，只有开心快乐的人，才能发现生活中的快乐，才能在人际交往当中，把这种快乐的情绪表达出来，继而影响别人的心情。很难想象，一个整天唉声叹气、悲观失望的人，会懂得幽默，让别人开心地笑。所以，作为女性，要想让自己的语言富有幽默感，积极乐观的心态是前提。只有你是快乐的，才能发现生活中的快乐。生活中不是缺少幽默，而是缺少发现。

我们都知道，幽默是运用意味深长的诙谐语言抒发情感、传递信息，以引起听众的快慰和兴趣，从而感化听众、启迪听众的一种艺术手法。幽默的含义是有趣或可笑且又意味深长。幽默是思想、学识、品质、智慧和机敏在语言中综合运用的成果。然而，语言的幽默，与词语修辞手段的运用密切相关，语言成了形式，修辞手段成为载体，从词语别解、夸张、仿造、反语等修辞手法的运用中，能传输各种意味深长的幽默。因此，巧妙借用修辞的幽默法会使你的幽默更加形象、生动，更容易为人们所接受。

巧用修辞法就是指幽默依赖比喻、类比、拟人、借代、双关、歇后语、飞白等修辞手法表达出来，从而增加幽默语言的效力，收到事半功倍的语言效果。

艾玛女士是化妆品公司的总裁，虽然公司成立的时间不长，但却发展迅速。每当想到自己事业的成功时，艾玛女士都对自己的两个助手琳达和艾琳娜充满感激。因为她们确实为公司的发展立下了汗马功劳。也正是由于这个原因，艾玛女士非常信任她们，并把她们当成自己的左膀右臂。相比之下，艾玛对艾琳娜更加器重，因为她的思维更活跃。只是艾琳娜很爱闯祸，好在并没有因麻烦缠身而影响工作。

琳达有个好朋友叫索菲亚，是当地著名的女律师，在法律界享有一定的声誉，而且办事效率很高，所以琳达总称她为“快枪索菲亚”。但是，尽管如此，索菲亚却没有与其声誉相匹配的相貌。实际上，她是个长相非常丑陋的女人。

一次，艾玛女士举办了一个大型宴会，并且告诉琳达可以带上好朋友一起来参加。听到这个消息后，琳达当即就想到了自己的好姐妹“快枪索菲亚”。

宴会上，索菲亚问琳达哪个是艾玛女士，于是琳达指给了她。没过多久，索菲亚端着酒杯来到了艾玛女士的对面，尊敬地对她说：“亲爱的艾玛女士，您好。”见一位陌生的女士和自己打招呼，艾玛一愣，尤其令她不解的是对方的相貌实在让她难受。一旁的朋友也意识到了来者的相貌很影响宴会的气氛。这时候，艾玛女士随即问了一句：“你是谁？”这句话让气氛更加尴尬。

就在这时候，索菲亚说道："您好，我是您左手握着的那把快枪。"艾玛顿时恍然大悟，因为她常听琳达提及"快枪索菲亚"，并且渴望与之相见。她感觉自己的态度很不敬，连忙微笑着与索菲亚握手，周围的人也都笑了起来，同时对这名素未谋面的著名律师赞许有加。

在特定的环境下引用别人的话语、格言，可以达到幽默的效果。这里，霍华德使用的便是"引用"这一修辞。

采用修辞能将抽象难懂的问题具体化，能使深奥的语言变得浅显易懂，同时还能给枯燥干瘪的语言润色，使它变得更加丰满，另外还能产生让人们联想的"弦外之音、言外之意"。总之，巧借修辞可以使你的幽默锦上添花，所以人们常常用此法来制造幽默。

那么，除了引用这一修辞之外，还有哪些修辞手法可以帮助我们达到幽默的效果呢？

1.反语法

反语，就是正话反说或者反话正说，本身要表达此一层含义，但却说出与之完全相反的话。

2.对比法

在生活中，我们会发现，在内容与形式或者开始与结果上会存在某些强烈的不协调、不对称，于是便形成了不和谐的对比。这种强烈的反差必然产生幽默或可笑的情趣。

3.倒置法

倒置就是把原本正常的事物之间的联系或者关系颠倒过来，以产生可笑的效果。倒置的表现形式是多样的，在一定的情景下有角色的倒置、事理的倒置、语言的倒置，等等。

4.夸张法

这里主要是指语言上的夸张，也就是修辞学上常说的"夸张"修辞。夸张辞格的最大特点当然是“言过其实”。事实上夸张辞格不管夸张到什么程度都要在本质上符合事实。

幽默启示

幽默是思想、学识、品质、智慧和机敏在语言中综合运用的成果。然而，语言的幽默，与词语修辞手段的运用密切相关，语言成了形式，修辞手段成为载体，从词语别解、夸张、仿造、反语等修辞手法的运用中，能传输各种意味深长的幽默。

女人的幽默来源于生活

很多女孩子都喜欢有幽默感的男生，可是相对于男生来说，女性更善于培养出幽默感。因为女性更加细心，更加敏感，更善于捕捉生活中的一些细节。事实上，一个人的幽默感很大程度上来源于生活。

我们都知道，幽默是一种智慧，一种机智，是生活的调味品，是人际关系的润滑剂和成熟的表现，它具有穿透力，能给人们带来轻松的笑声和欢乐，消减矛盾和冲突，缩短人与人之间的距离。然而，幽默所体现出的是不肯向传统思想低头的不羁。例如，它可以将抽象难懂的问题具体化，使深奥的语言变得浅显易懂，同时还能给枯燥干瘪的语言润色，使其变得更加丰满，另外还能产生让人们联想的“弦外之音、言外之意”。幽默的方法有很多，比如自相矛盾、借用修辞、多向思维，等等，这些都是人们常用的幽默方式，而且每一种方法中都闪现着智慧。但每一种方法都需要我们做到触类旁通、发散思维。

在美国的一所普通中学里，年轻的女教师正在给学生们上历史课。

突然，她停下了讲解，大声说："请同学们告诉我'不自由，毋宁死'。这句话是谁说的？"

教室里顿时鸦雀无声，很多学生怕被老师点名，纷纷低下了头，对于大家的这种表现，女教师多少有些失望。

这时候，突然一个人用并不熟练的英语回答道："1775年，巴特利克·亨利说的。"女老师紧皱的眉头渐渐舒展开了，她将目光定格在那个回答问题的学生身上。随后，她说："这位同学回答得太对了，你们看到了没有，他是一名日本留学生，一位日本学生都能回答出来，而作为生长在美国的你们却回答不出来，你们真是太令我失望了。"

这时候，从教室的角落里传来一个声音："把小日本干掉！"话音刚落，同学们顿时哈哈大笑起来。女教师气得满脸通红，大声问道："谁，这话是谁说的？"几秒钟之后，有人回答说："1945年，杜鲁门总统说的。"

1945年杜鲁门总统的宣言中的确说过类似的话，尽管女老师很生气，但是也无可奈何。

在特定的环境下引用别人的话语、格言，可以达到幽默的效果。每一句话都有它产生的场合和特定的思想和内容，虽然是同样的语言，但场合变了，思想和内容也会跟着变化，从而会产生幽默。可见，制造幽默一定不能固守传统的思考方式、说话方式。

那么，具体说来，我们该如何运用发散思维制造幽默呢？

1.歧义

对于原本意思连贯的一句话，可以先说一半，然后停顿一下，这样，对方就会跟着你暗示的方向进行联想，此时，你再说出另外一半，导致最终的话语含义出人意料，造成令人恍然大悟地发笑。

2.双关

有时候，同一个词语，却有截然不同的几个意思和读音，为此，我们可以利用词语的多义、多音来表达不同的含义，让对方在领会中产生会心的微笑。

美国第38任总统杰拉尔德·R. 福特就喜欢用双关语制造幽默。

有一次，他回答记者提问时说："我是一辆福特，不是一辆林肯。"

很明显，福特总统的这句话是话里有话，我们都知道，林肯和福特都是两种汽车的品牌，但在档次上却有很大的区别，林肯是汽车里最高级的，而福特则是廉价的、普遍的、大众化的，同时，林肯和福特又是两位总统的名字。因此，福特总统是想表达自己的谦虚，同时，也是为了标榜自己是大众喜欢的总统。福特巧借同名来比拟，以显示自己是大众喜欢的总统，不仅十分幽默，而且十分巧妙。

3. 歪解

就是歪曲、荒诞的解释。它所寻求的原因不需要是正当的、逻辑层面的，甚至可以是似是而非的、驴唇不对马嘴的。

有个学生非常调皮，有一次翻墙，被校长逮住了。校长严厉地质问："有路不走，为什么要翻墙？"

校长本以为他会低头认错，没想到这个学生理直气壮地挺着胸脯，指着上衣说："美特斯邦威——不走寻常路！"

接着校长问道："这么高的墙，你到底是怎么翻过去的？"学生抬起一只脚，指着裤子说："李宁——一切皆有可能。"

校长无奈地摇了摇头，继续问道："那么你告诉我翻墙的感觉舒服吗？"

学生指着鞋子说道："特步——飞一般的感觉。"

校长非常生气，但是他并没有就此发作，而是想找个机会好好教训一下这个调皮捣蛋的学生，让他哑口无言。

第二天，这个学生从正门走了进来，校长叫住了他，故作惊讶地问："你不是觉得翻墙理所当然吗？那么，今天怎么不翻了啊？"

学生一抬头，指着自己的穿着，说："安踏——我选择我喜欢。"

校长说："好吧，我要给你记大过。"

学生听了很不服气地问："为什么啊？我今天又没有犯错误。"

校长冷笑着说："动感地带——我的地盘听我的。"

这则幽默用了很多广告语，它使人发笑的地方就在于很多地方都出现了与传统思维的碰撞与摩擦，从而产生了使人惊讶后感到好笑的效果。正是这其中的出乎意料和略微的荒诞不经使得幽默本身充满了活力，给人以动感。

4. 啰唆

与长话短说相反，啰唆致力于短话长说，将一个简单的事实复杂化，以制造笑话。

例如，你见王伟了吗？去女厕所——的隔壁了。

5. 降用

故意用一些严肃的、庄严的、术语化的词来说些细小、次要的事情。

6. 对比

利用不和谐的事物比照来制造幽默。

7. 倒置

把话语的正常顺序和事物的正常关系逆转过来，从而造成滑稽可笑的效果。

8. 别解

对词做另外的解释，使之偏离常规的含义，故意望文生义或望字生义。

9. 拟人与拟物

我们平时不仅可以把物拟人化，也可以把人拟成无生命的东西来达到幽默的效果。把物当做人来描写，可以使物活起来，更具人性化。把原来适用于物的词语来描写人，可以使人变成某物，更加形象化。由于比拟的主客双方具有许多相同之处，所以可以放在一起，进而使用修辞中的拟人或拟物的手法来制造幽默。

幽默启示

幽默的方法有很多，比如自相矛盾、借用修辞、多向思维，等等，这些都是人们常用的幽默方式，而且每一种方法中都闪现着智慧。但每一种方法都需要我们做到触类旁通、发散思维。

偷换概念的幽默趣味多多

人与人交往，常常需要一种特殊的语言来消除摩擦、拉近人与人之间的距离，就像零件之间需要润滑油一样。

偷换概念是歪解的一种方法。所谓偷换概念，是指将对方说的话的原意，以另外一种概念来解释。从概念上讲，偷换概念犯的是一种逻辑谬误。犯下这谬误的人会把对方的言论重新塑造成一个容易推翻的立场，然后再对这个立场加以攻击。它可以是修辞学的技巧，也可以用来对人们游说，但事实上，这只是误导人的谬误，因为对方真正的论据并没有被推翻。

偷换概念之所以能造成幽默的效果，是因为幽默的思维主要不是实用型的、理智型的，而是情感型的。因此，对于一般性思维来说是破坏性的东西，对于幽默来说则可能是建设性的。

请看下面这样一段关于家教老师和一个孩子的对话：

老师："今天我们来温习昨天教的减法。比如说，如果你哥哥有五个苹果，你从他那儿拿走三个，结果怎样？"

孩子："结果嘛，结果他肯定会揍我一顿。"

从数学科学的角度来看，孩子的这种回答是十分愚蠢的，因为老师问的

“结果怎样”很明显是“苹果还剩下多少”的意思，属于数量关系的范畴，可是孩子却把它转移到未经哥哥允许拿走了他的苹果的生活逻辑关系上去。不过，恰恰是因为偷换了概念才使这段对话产生了一种幽默的效果。

可见，偷换概念的幽默往往使人出乎意料，所以取得的效果也会非同凡响。事物发展的结果有多种可能，按照以往的逻辑思维，可以让我们对其产生多种想象与预测。而偷换概念后的结果，与这些想象推测的结果又是完全不一样的，想象的结果与实际的结果之间产生了强烈的反差，这样产生出的幽默效果要强烈得多。

类似的例子在生活中很常见。我们来看这样一个例子：

甲：“你说踢足球和打冰球比较，哪个门好守？”

乙：“要我说，哪个门也没有对方的门好守。”

从常理上来说，甲问的“哪个门好守”应该是指在足球和冰球的比赛中，对守门员来说本方的球门哪个更容易守，而乙的回答则一下子转移到了比赛中本方球门和对方球门的比较上去。

偷换概念这种技巧就是把概念的内涵暗中偷换或者转移，概念偷换得越离谱、越隐蔽，所引起的预期的失落、意外的震惊就越强，概念之间的差距掩盖得越是隐秘，发现越是自然，可接受的程度也就越高。概念被偷换了以后道理上可以讲得通，显然这种“通”不是“常理”上的通，而是另一种角度上的通，但正是这种新角度的观察，显示了说话者的机智和幽默。一般情况下，人们在进行理性思维的时候，都有一个基本的要求，就是概念的含义要稳定，双方讨论的应该是同一回事，只是双方在理解和运用上不同罢了，因而产生了不同的幽默效果。

又如：

克莱尔是某企业的人事主管，最近销售经理，也是她非常要好的一位朋友，遭遇了车祸刚刚去世，克莱尔陷入了巨大的悲痛当中。可就在她还没有缓过神来的时候，意外地接到了公司一名销售人员的电话。

“主管，”那人结结巴巴地说：“我……我希望代替销售经理的位置。”“当然可以。”克莱尔对那人的态度令人感到窒息，紧接着她说：“如果殡仪馆同意的话，我本人是完全同意的。”

克莱尔用的正是歪解的方法，他暗中转换了对方话题中希望得到的“位置”的概念，对方原来觊觎的是销售经理的职位，而克莱尔故意临时置换为已去世的销售经理在殡仪馆所躺的位置，从而在幽默中表达了对对方的反感和讽刺。

转换一个角度看问题，看似漫不经心，其实是有备而来。我们常说，幽默来源于生活，但它往往并不就是生活本身，也就是说，生活是非常现实的、常规的，它不像幽默那样充满了虚虚实实、夸张离奇的喜剧色彩。比如在正式的工作场合，人与人之间最恰当的交际方式是尽量简要、明确地进行语言的表达和思想的沟通，这一点非常必要。幽默则不同，明明要说甲事，却可以从与之看似无关的乙事说起。本来要表达一种意思，但却偷换了概念，表达的是另一回事，这就是我们经常采用的偷换概念式的幽默技巧。需要指出的是，现实生活中人们的偷换概念往往是无意中发生的，而当它成为一门幽默技巧时则是有意设计的，并且有相当强的针对性。

幽默启示

概念被偷换了以后道理上讲得通，显然这种“通”不是“常理”上的通，而是另一种角度上的通，但正是这种新角度的观察，显示了说话者的机智和幽默。

女人的冷幽默风情

我们常常听到有人抱怨：某某某没有一点幽默感。事实上并不是对方没有幽默感，而是别人理解不了他的幽默，没有作出相应的回应，让他的幽默失去了作用。或者是对方将玩笑话当真了。

生活中，我们经常提到“冷幽默”一词。所谓冷幽默，是那种淡淡的、在不经意间自然流露的幽默，是让人发愣、不解、深思、顿悟、大笑的幽默，是让人回味无穷的幽默。之所以称之为“冷幽默”，是因为它不仅要幽默，还要“冷”。冷幽默中带有一点黑色幽默的成分，但又区别于黑色幽默。可以将其理解为意图不明显的幽默。当事人在讲一个冷幽默的时候，并没有刻意地要达到幽默的效果，而是一种很随意的幽默，笑不笑由你。其实在我们生活的周围，到处都是冷幽默的影子。

我们来看看下面几则笑话：

笑话一：

幼儿园里，阿姨问小朋友：“在家里，谁最听妈妈的话呀？”

小朋友们齐声回答：“爸爸。”

笑话二：

有一家三口住在深山老林里。一天，女儿想到山里去玩，妈妈说：“千万别去，山里有狗熊！”女儿不信，妈妈转身悄悄地对爸爸说：“你去外面扮一下狗熊，吓唬吓唬女儿！”

妈妈立马套上熊皮跑到树林里，并模仿熊的叫声，谁知不但没有吓到女儿，反而引来了一头真狗熊，吓得爸爸忙跑回屋子里，把门堵上。

女儿看看门外，又看看扮成狗熊的爸爸，小声道：“爸爸，原来你是怕老婆呀！”

笑话三：

某学校明文规定：老师上课不许接电话。

一天，在物理课上，老师的电话响了。

老师纠结地看了半天，问学生："领导电话，你们说该不该接？"

学生一致回答："必须接！"

然后老师走出了教室，大喊一句："老婆干啥啊？我上课呢！"

笑话四：

一个房客对她的房东阿姨抱怨道："今天我必须要告诉您一件事，我已经忍了好久。"

阿姨疑惑地问道："怎么啦？"

房客没好气道："您租给我的房间里有蟑螂和老鼠。"

阿姨脸色一变，说："什么？你……你……你……你怎么能在我的房间里养宠物？"

从以上几则笑话中，我们发现，冷幽默的后半部分总会出乎人的意料。但是人的好奇心却让听者继续猜。最终导致的结果就是"注意力集中和思维的投入"这个思维过程的加长或加深。

由于冷幽默大多无聊、内容奇怪、实用意义不大，所以有的人听得越多就越不"冷"。原因和上面那种出乎听者意料之外的情况相反。当听者对冷幽默抱有消极态度时，听者在听完前半部分的内容时会产生心理暗示，这个笑话将会出现一个极其无聊、极其不好笑的"后半部分"。这时，听者不会对这个话题产生好奇心，同时也不会把注意力集中在这个笑话上。结果就是"注意力集中和思维投入"这个思维过程的变短或者是没有。在这个时候，听者不但不会觉得"冷"反而会觉得说冷幽默的那个人很无聊，无所事事。

让我们领略一下白岩松在与学生的对话中的冷幽默：

学生："你为什么看起来冷冷的，难道你也有危机感？"

白岩松：“我喜欢把每一天都当作地球末日来过。”

学生：“那你什么时候才会笑？”

白岩松：“会不会笑不重要，重要的是懂幽默。”

学生：“如果有一天你的缺点多于优点，怎么办？”

白岩松：“没有缺点也没有优点的主持人，连评论的机会都没有，有缺点我觉得幸福，它可能是优点的一部分。”

学生：“我是学历史的，能当新闻节目的主持人吗？”

白岩松：“今天的新闻就是明天的历史。”

在回答学生的各种尖锐的问题上，白岩松使用的就是幽默法。当学生质疑他是否有危机感的时候，他的回答是“要把每一天都当做世界末日来过”，只有细细咀嚼才能品出其中之味。而对于优缺点这一提问，他的回答则体现出了他的自信，的确，每个人都有缺点，为自己的缺点而幸福是一种自信。而“今天的新闻就是明天的历史”这句话则很有趣，言外之意是“条条大路通罗马”，年轻人需要努力。白岩松的回答简短而明确，化解了学生对他的误解，使学生更深入地理解了他。

有人说，语言的最高境界是幽默。在短短的问答中能否运用幽默、运用了多少幽默，是衡量语言高下的重要标准。拥有幽默的口才会让人感觉你很风趣，有很高的文化素养和丰富的文化内涵，能折射出一个人的美好心灵。因此，即使你是个不善幽默的人，偶尔制造出一点黑色幽默，也会为我们的生活增添几分乐趣。

幽默启示

由于冷幽默大多无聊、内容奇怪、实用意义不大，所以有的人听得冷幽默越多就越不“冷”。原因和上面那种出乎听者意料之外的情况相反。

孩童式的幽默让女人更有趣

闲来无事，说些幽默话来逗乐，也是人之常情，否则生活便太过乏味。幽默，是以温和宽厚的态度，夸张或倒错的方式，俏皮而含蓄的语言，进行讥刺、揶揄，从而使人们在会心的微笑中有所警觉。而现实生活中，很多人一脸严肃，即使是轻松的话题也显得分外凝重。实际上，如果能在开玩笑与谈笑风生中把某种信息传给对方，不是更好吗？因此，不论是内向还是外向的人，对生活都可以采取幽默的态度。我们先来看看下面这个笑话：

老师："小波，你为什么上课吃苹果？"小波："报告老师，我的香蕉吃完了。"

听完小波的回答，我们在感叹孩子调皮的同时，也不免为他的童真感动。这里，老师强调的是"上课"，即吃东西的时间，是状语，幽默主体小波强调的则是"苹果"，即吃什么东西，是宾语。他误解了老师话语的重点，所以产生了幽默。看得出来，这种误解是无意中造成的。

其实，生活中，面对严肃、凝重、尴尬的语言环境，我们不妨也和这个孩子一样逗逗趣。我们把这种制造幽默的方式叫做孩童式的幽默。

为了能让孩子受到更好的教育，他们一家三口决定搬到城里去住。可是城里对外出租的房子不多，他们找了很久都未能如愿。好不容易找到了一个愿意出租房子的人，于是一家三口前去拜访。他们小心翼翼地敲开了房门，问道："我们一家三口想要租下你的房子，你觉得我们有这个机会吗？"房东看了他们一眼，说："很抱歉，我不想把房子租给有孩子的住户。"他们一听，非常失望，便转身离开了。没走几步，那个只有5岁的孩子折回去敲了敲门，房东开了门，孩子天真无邪地说："叔叔，我想租房子，我没有孩子，只有爸爸妈妈。"房东听后笑了起来，把房子租给了他们。

小孩子没有心机，没有谋略，但这些话出自一个五岁小孩之口，是自然天

性，可信可赖，又蕴含了最大的幽默，体现着聪明才智。幽默需要童心。在强大的理性社会里，不仅成人的童心被泯灭，就连儿童也有了成人化的趋势。幽默呼唤童心常在。

具体来说，孩童式的幽默通常可以用于以下几种语言环境：

1. 尴尬时

在交际中，难免会发生一些尴尬、不好应付的事情。此时可采用转换的方法，从事物的另一面入手，转换思维方法，另辟蹊径，从而达到预期的目的。

有一次，刚下过雨，某学校军训的教官在临时搭起的台子上训完话后下台阶时，由于路滑，一不小心摔了一个跟头。同学们从没有见过高高在上的教官竟然摔跟头，都哈哈大笑起来，陪同的学校领导也面面相觑，不知如何是好。

这时教官从地上爬起来，微笑着说："这比刚才的一番话更能鼓舞同学们的斗志，让他们的意志更加坚强。"效果的确如教官所说的，同学们对教官的亲切感、认同感油然而生，在此后的训练中，同学们更加积极地表现。

教官运用得体的风趣幽默性谈话，表现出其风度、素质，赢得同学们的好感，使他们在忍俊不禁中，借助轻松愉快的气氛，增进了情感。

可见，我们与人同笑，不仅能借他人的幽默力量帮助我们消除工作中的紧张情绪，驱除挫折感，也能把别人最希望从他的工作中得到的给他，就是更轻松、更坦诚与人分享的豁达态度。

2. 应对他人的攻击时

此时，采用恰当逗趣式的幽默谈吐应对周旋，能使彼此沟通，缓和气氛，搞好关系，也显示出自己的风度、力量，对维护自身的形象，能收到积极的交际效果。

有一次，玛利亚代表公司去考察一家准备和他们合作的企业，该企业的老总在一些领导的陪同下迎接她。突然，一名高级主管破天荒地提了这样一个问题，他对玛利亚说："在去年的那场事故中，你们企业为受伤的员工赔付了多少钱呢？”事实上，关于那场事故玛利亚所在的公司并不是主要责任方，因而并没有做过多的赔付，导致了企业和员工的关系非常紧张。这位高级主管的话让气氛一下子紧张起来。几秒钟之后，玛利亚走到那位主管身边，对该公司的老总说：“总经理，如果你想让合作失败，就任命这个人担任合作的负责人吧。”玛利亚的幽默引起了一阵笑声。紧张的气氛在笑声中缓和。

当然，无论在何种情况下使用孩童式的逗趣，都应符合公认的美学标准。否则，就会显得庸俗，有损威望。另外，我们若不能理解别人的幽默力量对我们有所裨益，也就不太可能以自己的幽默力量去激励别人。为了表现我们重视别人给我们带来的好处，为了通过自己去激励别人，我们何不与人同笑，笑尽天下可笑之事呢？

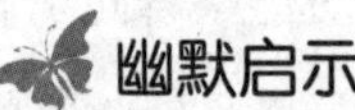

幽默启示

幽默需要童心。在强大的理性社会，不仅成人的童心被泯灭，就连儿童也有成人化的趋势。

女人用幽默能解误会

当产生误会，发生矛盾的时候，往往双方的注意力都集中在矛盾上。这时候如果和对方辩解谁对谁错，事实上都没有任何意义，不管问题出在哪里，都无法平息双方之间产生的裂痕。更有甚者，还会使双方的关系进一步恶化。这时候，不妨采取幽默一些的沟通方式，给对方讲一个笑话，或者是自我解嘲一番，转移他人的注意力，当对方忍俊不禁笑起来的时候，便没有心情再和你纠结了，事实上你们之间的误会就已经化解了。

日常交际中，面对他人的谬论，如果我们一本正经地摆事实、讲道理，多费口舌不说，倘若碰到一个蛮不讲理的人，还有可能胡搅蛮缠、大讲歪理。因此，一种极为可取的方法是，不妨先“默认”对方的谬论，然后再以此为前提，用同样荒谬的言论予以反击。这样，既能反驳对方的观点，又能产生幽默的效果，让对方心甘情愿地接受。

莉莉去面包店买面包，当她接过面包师递来的面包时，发现面包比平时要小很多，于是问道：“我尊敬的面包师先生，你不觉得这面包比平时要小吗？”

“哦！真的吗？我的孩子，这样你拿起来就方便了。”显然，面包师在诡辩了。

对面包师的解释莉莉觉得很生气，但是她并没有做过多的争辩，而拿出一美元递了过去，转身走出了面包店。

面包师赶紧大声喊她：“嗨！你没有给足钱啊！这个面包要两美元的。”

“哦，不要紧，”莉莉不慌不忙地回答，“这样，你数起来就方便多了。”

针对面包师的荒谬言论，莉莉进行了有力反驳，以其人之道还治其人之身。她先假设对方观点是合理的，然后将对方貌似合理的论点加以引申，推向极端，以显露其不合理的本质，从而推倒对方的观点。这样的反击真是大快人心。

我们再来看下面一个故事：

从前有个地主非常吝啬，他雇了三个穷人家的孩子当长工。这年冬天，天气非常寒冷，地主不愿意提供柴火，孩子们冻得实在受不了，便要求地主给点柴火，好让他们能生火烧炕来取暖。

但是，地主恶狠狠地说：“你们怕什么冷？俗话说，‘小孩屁股三把火’，要烧什么炕?”最终并没有给孩子们提供柴火。孩子们非常生气，计划着报复地主。

有一天，地主家里来了贵客，地主便吩咐孩子们去烧开水，可是等了很长时间，还不见他们把开水提出来。地主气急败坏地到厨房一看，只见火炉上放着一壶凉水，三个小孩屁股对着火炉，正坐着聊天呢！地主勃然大怒，大声喝道：“你们在搞什么名堂？为什么不点柴烧水呢？”“我们不正在烧开水呢吗！”孩子们一本正经地回答。

地主听完，更是火冒三丈：“你们连柴火都不点，这样怎么烧开水?”

一个小长工不慌不忙地答道：“老爷，难道你忘了吗？您说过我们的屁股有三把火，我们三人共有九把火，怎么会烧不开呢?”地主听了又气又恼，要发作却又说不出话来。

长工在这里巧妙地引用了地主曾说过的话，并机智地把地主驳得又气又恼，但又无可奈何。

“以谬制谬、以毒攻毒”，是在言语论辩中用对方的荒谬逻辑推出更为荒谬的事物来反驳对方，令对方哑口无言。令对方搬起石头砸自己的脚，观点不攻而破。

洞察对方的荒谬论点，看其论点是否真实，其论据是否能支持论点，推理过程是否符合逻辑；如果结论是否定的，就可以把对方的荒谬论点夸大，使其暴露得更为明显，以达到反驳的目的。

因此，在使用这一幽默技巧的时候，还需要注意以下几点：

1. 洞察出对方的谬论

也就是说，我们首先要听出对方话中的含义，无论是话里还是话外。如果我们过于“糊涂”，就只能被人“玩弄于股掌之中”而“毫无招架之力”。

2. 找到对方谬论的“漏洞”

以第二则故事为例，地主谬论的漏洞就在于“小孩屁股三把火”，这一漏洞也就是我们反驳对方的立足点。

甘罗的爷爷是朝廷的宰相。有一天，他看见爷爷愁眉苦脸地在后花园不停地走来走去，唉声叹气，好像遇到了什么棘手的事情。

“爷爷，您这是怎么了？什么事情把您为难成这样?”甘罗跑过去拽着爷爷的手问道。

“唉，孩子呀，大祸临头了。大王不知听了谁的挑唆，硬要吃公鸡下的蛋，并且限期三天让我必须找到，否则就要被杀头啊。”

“岂有此理，大王真是糊涂了，天底下哪里有公鸡会下蛋啊。”甘罗气呼呼地说。他对爷爷说：“爷爷您先别急，我有办法，明天您在家里休息，我替您上朝好了。”

第二天早上，甘罗真的替爷爷上朝了。他不慌不忙地走进宫殿，向大王施礼。

大王很不高兴，说：“你一个小娃娃怎么跑到皇宫里来了！你爷爷呢?”

甘罗说：“大王，我爷爷今天来不了啦。他正在家里生孩子呢，托我替他上朝来了。”

秦王听了哈哈大笑：“你这孩子，怎么胡言乱语！男人家哪能生孩子?”

甘罗说：“既然大王知道男人不能生孩子，那公鸡怎么能下蛋呢?”

这则故事中，甘罗的聪明之处就在于抓住了秦王的谬论——公鸡能下蛋，然后加以联想，制造出“男人能生孩子”的理论，从而让秦王的理论不攻自破。

总之，用以谬制谬的方法来反驳他人，既能迂回达到自己的目的，又能制造出幽默的氛围，让双方在微笑中接受彼此的观点！

幽默启示

“以谬制谬，以毒攻毒”，是在言语论辩中用对方的荒谬逻辑推出更为荒谬的事物来反驳对方，令对方哑口无言。让对方“搬起石头砸自己的脚”，观点不攻而破。

第2章 女人优雅社交，善用幽默妙招

人与人交往，常常需要一种特殊的语言来消除摩擦、拉近人与人之间的距离，就像是零件之间需要润滑剂一样。一个会说话的人、懂得幽默的人，说话的时候往往时机把握得比较准。在充分了解了谈话者的目的之后，经过三思凝练出一句令人深省又比较幽默的话，这时一句话就起到了“润滑”谈话过程的作用。恰如其分地把要表达的话发挥在关键时刻，便也起到了事半功倍的效果，这样的乐事何乐而不为呢？

女人的幽默是沉闷的劲敌

很多时候，由于陌生人的加入，很多平日里很熟的朋友顷刻间便没了话说，倒不是人多感情不牢靠。而是因为陌生人加入，让大家感觉到不安全。平日里只有好朋友之间说的话便不能说了。这时候，往往会陷入沉默，冷场。

为了打破这种沉默，让陌生者迅速地融入到这个圈子中，就需要有人会说一些热场的趣言，来帮助大家重新敞开心扉，从而营造轻松愉悦的交谈氛围。在这种场合下，往往就需要女孩子热情大方地说一些很有意思的话，或者开个玩笑，迅速地打破这种局面。

每个人都遇到过沉闷气氛的情况。新认识的朋友在一起，一时找不到聊天

的话题；相亲时两个人很紧张，不知道说什么能给对方带来好感；开会时由于问题的难度很大，无人发言，等等，都会造成沉闷的气氛。沉闷的氛围是让人尴尬的，因为在这样的氛围里，人容易紧张，做什么事都会觉得不自在，这样是不利于交往以及问题的解决的。所以摆脱沉闷的气氛无疑将会推动友谊的加深、情感的发展以及问题的解决。一个小笑话、一句恰到好处的幽默快语，对摆脱沉闷、促进交流无疑是不错的选择。

某大公司的董事长和当地的财税局长有矛盾，不利于当地经济进一步发展工作的部署，所以需要双方坐下来好好谈一谈，以便解决矛盾，化干戈为玉帛。但由于双方各持己见，很难心平气和地坐在一起，所以一个使他们不得不到场参加的重要会议，为问题的解决提供了一个难得的平台。但是会场上两个人还在斗气，都对对方视而不见。会议氛围一时十分沉闷，与会的很多领导也都很为难，他们也希望双方能把各自的观点讲出来，这样才能有针对性地讨论解决问题的办法。就在这时，会议主持人抓住他们的矛盾，灵光一闪，计上心头。他向人们介绍这位董事长时，讲道："下一位演讲的先生不用我介绍，但是他的确需要一个好的税务律师。"听众爆发出一阵大笑，董事长和财税局长也都笑了，沉闷被打破了，氛围一下子轻松了许多。董事长借着这个难得的氛围，把企业今后发展的目标、目前遇到的困难以及需要得到的帮助在会上讲得十分清楚、透彻。最终，财税局长和那名董事长之间的矛盾在互相理解中化解了，皆大欢喜。

由以上的例子不难看出，幽默对调节氛围的效果是明显的，但是幽默并不是那么容易信手拈来的，也不是那么容易就能取得良好的效果。这需要不断地学习、积累。首先，要用知识不断地充实自己，没有丰富的知识，很可能搞不清对方在说什么。在幽默时，因缺乏素材，找一些差强人意的说辞又会让人不知所云，不恰当的幽默还不如选择沉默。其次，要用实践不断地历练自己，一个能淡定处事的人都有着丰富的人生阅历，经历少的人很可能在特定的场景出现思维短路、呆若木鸡的情况，更别提谈笑风生、饶有风趣了。所以，要有相当的学识和丰富的经历才能在关键时刻气定神闲、妙语解颐。

幽默启示

让陌生者迅速地融入到这个圈子中，就需要有人会说一些热场的趣言，来帮助大家重新敞开心扉，从而营造轻松愉悦的交谈氛围。

女人的幽默是人际关系的润滑剂

生活中，女性面对意想不到的尴尬和窘境，抑或是让别人久久打不开的心结时，如果能用幽默的语言巧妙处理，就能迅速让双方紧绷的神经得到彻底的放松，不但解放了自己，同时也解放了别人。

幽默具有一种魔力，它的力量体现在可以润滑人际关系、消除紧张、解除人生压力、提高生活的品质上。它可以使我们和他人相处不至于紧张；可以化解冰霜，使我们获得益友；还可以使我们精神振奋，信心倍增，脱离许多不愉快的事情。幽默更是一种智慧的体现。因此，任何人都希望自己是个懂得制造幽默的人。然而，幽默不会凭空出现，需要我们寻找其根源，这其中就避免不了联想这一思维模式。因此，我们有必要提高自己的观察力和想象力，运用联想和比喻，有意识地训练自己对事物的快速应变能力和分析能力。

所谓联想，指的是因一事物而想起与之有关事物的思想活动；由于某人或某种事物而想起其他相关的人或事物；由某一概念而引起其他相关的概念。我们先来看下面两个幽默故事：

爱丽丝在一家相当规模的大公司就职，她有个很不好的习惯，就是总在上

班时间不时地溜到公司楼下的理发店里消遣。

这天，爱丽丝又溜进理发店里打理头发，忽然，一个熟悉的声音在她的耳边响起，她急忙扭转头去看，这一看不要紧，她吓出了一身冷汗。原来公司的经理恰巧也来到了理发店，而且就坐在她的旁边，更不巧的是，她这一转头，刚好和经理打了个照面。

经理生气地说："好啊，爱丽丝，我说怎么到处找不到你，原来你溜达到这里来了，你可知道，这是公司的规定所不允许的。"

"是的，先生，我是在理发。"爱丽丝并不否认，反而很镇定地说："可是，你知道，我的头发是在上班的时候长的啊。"

听爱丽丝这么一说，经理生气地说："也不完全是，难道你不上班的时候头发就没有长吗？"

"你说得很对，先生。"爱丽丝一本正经地说："可我并没有把头发完全剃掉啊。"

艾丽丝的这一回答，不免让人会心一笑。艾丽丝是怎么制造出这一幽默的语言效果的？因为她善于联想，能根据公司经理的话做进一步引申，从而将计就计，为自己找到一个"开脱"的理由。我们姑且不论其行为正确与否，也不论经理听完这一席话之后是否欣赏她的聪慧与口才进而提拔她，单就这幽默的对答就体现出艾丽丝的信心与机智，这也是解决这一难堪问题的最好的方式。

实际上，联想是心理学家较早研究的一种心理现象，到目前为止，人们总结出的一般性联想规律有四种，即接近联想、类似联想、对比联想、因果联想。同样，这些联想的规律也可以运用到制造幽默的过程中。

1. 相似联想

就是由某一事物或现象想到与它相似的其他事物或现象，进而产生某种新设想。

职员："先生！"

老板：“什么事？”

职员：“我老公要我来要求您提拔我。”

老板：“好吧！我今晚回家问问我老公是否同意提拔您。”

案例中，这位老板也是运用相似联想的方法制造幽默，达到了“以其人之道还治其人之身”的效果，从幽默的背面蕴含着对职员的鞭策，通过对自己的调侃来达到激励对方积极向上的目的。

2. 接近联想

事物之间，在某些方面，比如时间和空间上，会有一定的相似性，对这些相似性进行联想，便会产生某种新设想的思维方式。

3. 对比联想

某些事物之间的某些联系是表现在相反方面的。对比联想就是根据这一联系，从而形成比较强烈的对比。它反映出事物间共性和个性的和谐统一。

4. 因果联想

因果联想指对逻辑上有因果关系的事物产生的联想。

娜佳问莎莎：“亲爱的莎莎，我记得上次在这里和你见面的时候，见过一只小猫，那么，能否告诉我它现在怎么样了？”

莎莎回答：“我尊敬的娜佳阿姨，难道你真的一点儿也不知道吗？”

娜佳诧异地望着莎莎：“我什么也没听说，难道它死了吗？”

“没有。”

“那么它一定是跑了？”

“也没有。”

“难道你们把它送给朋友了？”

“绝对不是。”

“那我就不明白了，它现在怎么啦？”

“它已经长成大猫了。”

善于联想的人，他们的生活是多面性的。他们通常好像有用不完的幽默语言，在生活当中，左右逢源，挥洒自如地处理、解决所遇到的问题。因此，在说话时，我们可以根据别人言谈举止中的事理或一般的道理、规则，似乎合逻辑地推理出含有新义、具有幽默感的结果或命题。

幽默启示

在人际交往中，如果我们懂得根据现有情况做文章，顺势联想，幽默效果明显，而且颇有点太极中顺水推舟、以无形克有形的意味。

幽默让难堪销声匿迹

生活中，难免会因说错话，做错事，让自己陷入尴尬的境地。遭遇难堪的事情会让人无比尴尬，很多人都会用“恨不得找个地缝钻进去”来形容自己当时的难为情。处理难堪情况要适当，不然会给自己留下阴影。很多时候人们会因为没有处理好难堪的情况而郁闷，心中总是反复重复悔恨之感，脑海里总是重现难堪的一幕。有时候为了化解困境，没有任何合适的方式，只有依靠幽默的力量。然而用幽默来化解又是恰到好处的，它不但能使你的境地“转危为安”，也可以让你每次回忆起来都引以为豪。

小李活泼开朗，同事们都很喜欢她。但是她却非常喜欢凑热闹，而且脾气非常糟糕。一天，她听说附近的超市在搞让利大促销，便急忙叫上几个姐妹一起去抢购。等她们赶到超市的时候，发现打折区域早已经被围得水泄不通，但她们并没有就此放弃，而是花了九牛二虎之力终于挤了进去，当然也忍受了不少的推搡和辱骂。

人实在是太多了，每个人都在拼命抢拿自己喜欢的东西，购物的心情大打折扣，经过疯狂的抢购后，小李和姐妹们终于如愿以偿地拎着大包小包来到了收银台。结账的时候，小李愤愤地对收银小姐说：“幸亏有我们在你们这里讲究‘礼貌’，因为在这里根本找不到。”面对小李刻薄的话，收银小姐停下了手里的活，周围的人也把目光聚焦在了她的身上，似乎看她有什么反应。

收银小姐望了小李一眼，说：“那您可不可以先让我看看你的样品呢？”听到收银小姐的话，小李先是一愣，然后不好意思地低下了头。周围的人听了，也都不好意思地笑了起来。

可见用幽默摆脱窘境是巧妙的，也是高效的。幽默是一种特殊的情绪表现，是人们适应环境的工具，是人面临困境时减轻精神和心理压力的方法之一。俄国文学家契诃夫说过：“不懂得开玩笑的人，是没有希望的人。”可见，生活中的每个人都应当学会幽默。多一点幽默感，少一点气急败坏，少一点偏执极端，少一点你死我活。幽默可以淡化人的消极情绪，消除沮丧与痛苦。具有幽默感的人，生活充满了情趣，许多看起来令人痛苦烦恼之事，他们却应付得轻松自如。用幽默来处理烦恼与矛盾，会使人感到和谐愉快，相融友好。

领会幽默的内在含义，机智而又敏捷地指出别人的缺点或优点，在微笑中加以肯定或否定。幽默不是油腔滑调，也非嘲笑或讽刺。正如有位名人所言：浮躁难以幽默，装腔作势难以幽默，钻牛角尖难以幽默，捉襟见肘难以幽默，迟钝笨拙难以幽默，只有从容、平等待人、超脱、游刃有余、聪明透彻才能幽默。

幽默是一种智慧的表现，它必须建立在丰富知识的基础上。一个人只有具有审时度势的能力、广博的知识，才能做到谈资丰富，妙言成趣，从而做出恰当的比喻。要善于体谅他人，使自己学会幽默，就要学会雍容大度，克服斤斤计较，同时还要乐观。乐观与幽默是亲密的朋友，生活中如果多一点趣味和轻

松，多一点笑容和游戏，多一份乐观与幽默，就没有克服不了的困难，也不会成为整天愁眉苦脸、忧心忡忡的痛苦者。培养深刻的洞察力提高观察事物的能力，培养机智、敏捷的能力，是提高幽默的一个重要方面。只有迅速地捕捉事物的本质，以恰当的比喻、诙谐的语言，才能使人们产生轻松的感觉。当然在幽默的同时，还应注意，重大的原则总是不能马虎，不同问题要不同对待，在处理问题时要极具灵活性，做到幽默而不俗套，使幽默能够为人类精神生活提供真正的养料。

幽默启示

领会幽默的内在含义，机智而又敏捷地指出别人的缺点或优点，在微笑中加以肯定或否定。幽默不是油腔滑调，也非嘲笑或讽刺。

幽默让女人的失误情有可原

俗话说“人有失手，马有失蹄”，出现失误在所难免，人们面对失误时的态度也是不同的。出现失误之后，有的人总是在检讨自己的过失，喋喋不休，面对着来自各方面的压力，心中烦闷至极，导致持久的颓废；有的人则用一句打趣的话就化解了外界对他的质疑，自己则重新投入到奋斗的队伍当中，寻找新的挑战，夺取成功。可见用幽默来为自己的失误辩解，不仅能给自己一个轻松的环境，还能给自己打气，给自己希望，为成功作铺垫，可谓一石二鸟。

提到当初的NBA“菜鸟”生活，姚明戏称，“这就好比学开车。光坐在车上看别人开，你永远也学不会。只有自己亲自感觉油门，你才能知道哪一脚油给大了。”真亦假来假亦真，假装痴傻的幽默力量往往能令对方无所适从，无言以对，进而变被动为主动，为自己开脱。

一天，露西想向经理请假，说是要去看牙医。经理听说她是去看病，便批准了。可是，当天下午，经理在观看电视转播的棒球比赛的时候，无意间居然发现露西和一个男人依偎在一起看比赛。经理觉得受了骗，非常生气。

第二天上班时，经理将露西叫到了办公室，问："你昨天不是说去看牙医了吗？可我在电视中看到你在棒球场出现了，这是为什么呢？"露西故作惊讶地说："经理，你在棒球比赛现场看到了我，相信你也一定看到坐在我旁边的那位男士了？"经理认真地看着露西，并点了点头表示认可。露西说："不瞒你说，那位坐在我旁边的先生就是我的牙医啊！"

虽然这是个笑话，但是不妨碍给我们以启发，就是随机应变的幽默不但能为自己的失误挽回面子，而且能营造一种轻松的氛围，有利于自己的进一步发挥，从而促进问题的解决、感情的加深。家家有本难念的经，生活需要我们努力奋斗，在这打拼的过程中本来就充满了辛酸，如果再一味地钻牛角尖叹息自己有多么不如意，面对失误也不肯轻易地饶恕自己，那么生活就会变得暗淡无光，逐渐就会失去希望，甚至酿成悲剧。

一个老保姆把主人家的两位千金小姐残忍地杀害了。原因是一次老保姆做错了事情，女主人骂了她一句"你真是个没用的人"，这句话深深地刺痛了老保姆的心。事实上，她最忌讳别人说她没用了。每当听到别人这么说她的时候，她都会非常懊恼。终于，这一次，她情绪失控，杀害了女主人的掌上明珠来报复。在法庭上，老保姆向法官陈述，从小爸爸经常骂她是一个"没有用的人"，这导致她从小比较自卑，做什么事情都不会成功，长大后也是一事无成，书也念不好，工作也做不好。渐渐地她坚信自己真的是个没有用的人，将所有的失败都归结在这句话上。这句话是她生命中不可碰触的底线，而主人竟然越过了这个底线，在她看来，女主人践踏了她的尊严，造就了她一生的失败。于是酿成了悲剧。

从这个悲剧中我们不难看出用幽默扭转负面情绪的重要性。如果那家的女主人对老保姆的失误能以幽默的方式对待，或者老保姆能用一种豁达的心情看待过去，看待责骂，用幽默的话语为自己的失误辩解一下，就不至于酿成悲剧。负面情绪转不过来就是这个下场，能转才会快乐，只有将负面的情绪转化为正面思维，人生才能重现光彩，心田才能重润春雨，快乐才能重上心头。

用幽默为自己的失误辩解，是一个不二的选择。相比之下，诚恳地道歉、哭着承认错误以及懊悔着把自己锁在屋子里就显得不明智、很笨拙了。

幽默启示

同幽默来为自己的失误辩解，不仅能给自己一个轻松的环境，而且能给自己打气，给自己希望，为成功作铺垫，可谓一石二鸟。

风趣会让他人的过失不足挂齿

任何人都有可能出现失误，你无法避免，别人也无法避免。当你出现过失时，会被人责骂，会被自己怪罪，这时的你一定非常期望得到他人的谅解或者理解。反过来也是如此，每个人在出现过失时都希望能被原谅，得到鼓励和支持。所以在遇到他人的过失时，幽默地表现一下原谅或者风趣地开个玩笑鼓励一下他，不仅能使他感激不尽，也能让自己释然、超脱。

4月1日是愚人节，这一天可以随便开玩笑。有人为了捉弄马克·吐温，也为了扩大报纸的发行量，便在纽约的一家报纸上报道他死了。结果，马克·吐温的亲戚朋友从全国各地纷纷赶来吊唁。当他们来到马克·吐温家时，发现他正安然无恙地坐在桌前写作。亲戚们马上明白了怎么回事，纷纷谴责那家造谣的报纸。但马克·吐温却毫无愠色，幽默地说："报纸报道我死是千真万确的，只不过提前了一些。"马克·吐温不但既没有像人们想象中的那样愤怒地将手中的稿件撕个粉碎抛向空中，又没有拿着当天的报纸大骂编辑，而是用一句十分冷静又充满幽默的话语化解了人们内心的不安，人们不得不佩服他的胸怀和气度。

马克·吐温为民请命、言为民声的写作生涯，是对那些为富不仁的奸商的辛辣讥讽。他这样写道："一只母蝇生了两个儿子，她把他们视为掌上明珠。一天，母子三人飞到一家糖果店，有一个儿子想尝尝橱窗里包装精美的糖果，不料刚落到糖果上，便双翅颤抖，一命呜呼。原来美国糖果公司的产品有毒。母蝇悲痛欲绝，找到一张捕蝇纸大吃大嚼，意欲自杀。不料，母蝇求死未果。原来捕蝇纸没毒，这是美国捕蝇纸制造厂的产品。"

马克·吐温的文章使那些阔佬们对他恨之入骨，经常对他恶语中伤。但马克·吐温以他的智慧、幽默为武器，充分运用幽默的力量，使美国大众对他充满了深深的喜爱之情，他也因此获得了卓越的成功。

幽默感并不是嘲笑任何事，而是在幽默的同时能看见一件事情的严肃面和有趣面。不论你是内向型还是外向型的人，对生活都可以采取幽默的态度。若不能领略他人的幽默力量对我们有所裨益，也就不太可能以自己的幽默力量来激励别人。为了表现我们重视他们给我们带来的好处，为了通过自己来激励别人，为何不与人同笑，笑尽天下可笑之事呢。

如果你生活在一个与人的性格、志趣格格不入的环境中，就很容易用你的感情逻辑来对待环境，而环境的反馈又加深了你心理上的重负。相反，如果你用本能的、非逻辑的感情去对待环境，那么原先使你压抑的环境就会变得松散而生动，看上去也就不再那么格格不入了。也就是说，幽默的力量会使你发现环境的另一面，会发现你的性格、志趣的合理性的一面。而承认双方的合理性，调适便有可能实现，从而心理上的压抑便会自然减轻或消失。

车尔尼雪夫斯基曾说过：“一切幽默都含着欢笑与愁苦。”荒唐的故事，也能因其幽默的力量而增进个人工作的价值，驱散挫折感。每当出现曲折与困惑时，便会带来一份愁苦，如果闷在心里，便会日久而弥盛。如果运用幽默的力量，以轻松、洒脱的方式来排解这份愁苦，不仅能使愁苦化为烟云，也会因此而带来欢悦的收获。所以让我们用幽默来对待别人的过失，在困难面前少一些愁眉苦脸，多一些阳光自信。看见别人跌倒了，就过去搀扶一下，拍拍他身上的灰尘，一起阔步向前。

幽默启示

幽默感并不是嘲笑任何事，而是在幽默的同时能看见一件事情的严肃面和有趣面。不论你是内向型还是外向型的人，对生活都可以采取幽默的态度。若不能领略他人的幽默力量对我们有所裨益，也就不太可能以自己的幽默力量来激励别人。

幽默是女人沟通障碍的化解器

事实上，并不是每个人都能理解你内心的意愿，即使你表达得非常清楚，别人也会产生误解，这时候，巧妙利用幽默来化解误会就很有必要。语言的表达是人们沟通的主要方式，语言障碍无疑是人际交往的大敌。人们在沟通的过程中，常常会因为交流不当而导致沟通障碍，此时，可以用一句幽默的话将那些不愉快的事付之一笑，从而使紧张的气氛即刻云开雾散，这就是幽默的力量。

因此，幽默可以使人笑对矛盾，轻松摆脱尴尬。

著名的女发明家常被采访的记者围住，回答他们提出的各种刁钻古怪的问题，她的回答显示了非凡的智慧与幽默。

一次，有人向她提出了非常刁钻的问题：“某个修建中的教堂安装了避雷针？”女发明家回答：“必须要装，因为上帝是非常大意的。”记者问她是如何想象上帝的，女发明家笑着回答：“对于一个没有重量，没有质量，没有形状的东西，简直是不可想象的。”

这里，面对记者刁钻的问题，女发明家采取的便是幽默回答的方法，巧妙地让自己摆脱了尴尬。

一般来说，沟通障碍的形成原因是多方面的，但无论哪种情况，只要我们具备处理复杂问题的应变能力，便可巧妙化解，具体说来，我们可以在以下几种情况下利用幽默来化解沟通障碍：

1. 指出别人的过失

幽默是教育最主要的、第一位的助手，幽默往往比单纯的说教、训斥或嘲弄更能使人开窍。有时候，我们确实需要以有趣并有效的方式来表达人情味，给人们提供某种关怀、情感和温暖。

有位女法官住在郊外，她的邻居是一位音乐迷，经常把音响的声音开到很大，让人难以忍受，尤其是在夜深人静的时候，振聋发聩的声音严重影响了女法官的休息。一天晚上，女法官忍无可忍，便拿着一把斧子敲开了邻居家的门。女法官说：“你的音响实在太吵了，我来帮你修理一下。”音乐家意识到自己影响了邻居，于是连忙道歉。女法官笑着说：“该向你道歉的是我，你千万别到法院告我，你看我把凶器都带来了。”说完，两人哈哈大笑起来。

这位女法官并不是想把邻居的音响砸坏，而是恰当地表达了对邻居的不满。

2. 展现你的品质

有一个年轻的女孩刚刚学会骑自行车，当她在马路上第一次练习骑车的

时候，看到不远处有人走过，因担心自己撞到对方，便急忙喊道："别动！别动！"前面那人急忙站住不动，结果，女孩因过分紧张，将前面的人撞倒在地。当然，女孩也连人带车摔在了地上。

当女孩爬起来将那人扶起来后，急忙道歉。那人拍拍身上的土，说："你让我别动，原来是在打靶啊。否则，你不会瞄得这么准的。"

当我们把重点放在宽容上的时候，就会忽略其中的恶意和偏执。给自己轻松，同时也给别人宽容。真正的优越感不是来自于争执时占了上风，而是来自于对别人的宽容。有了这种轻松的豁达，幽默感自会产生。善于发现幽默的机会是心胸豁达的表现。

3. 回答严肃话题

有位女士由于总是废寝忘食地研究学问，结果导致她弱不禁风，即使是风和日丽的天气，她也会穿着厚厚的衣服来保证身体有足够的热量。有一天，一个穿着暴露的漂亮女孩揶揄地问她："我敬佩的女学者，是否穿得越厚，就意味着学问越多呢？"女士说："那可未必，如果目不识丁，即便你一丝不挂，又有什么用呢？"

有了幽默、洒脱的态度，就能够巧妙地让对方接受严肃的话题。事实上，正是幽默的言谈，才让严肃的话题有了活力，有了打动人心的感染力。

幽默展示的是一种温和的态度，因为它是极具生活色彩的。无论遇到什么样的问题，只要我们能巧妙地运用幽默，就常常能取得事半功倍的效果。

总之，幽默能够创造和谐愉悦的气氛，使对立的双方发生心理上的转变，消除抵触情绪，使严肃的话题变得轻松，易于为对方所接纳。幽默是一种有价值的思维品质，它表现为机智地处理复杂问题的应变能力。幽默来源于对世间事物的洞察，含笑去面对人生中的矛盾或冲突，常是人们处于困境时实现自我解脱的一种方法。其实，在生活中的任何场合遇到沟通障碍时，都可以利用幽默巧妙化解，只要你细心观察，多多联想，并注意积累自己的知识，相信你会让生活的每一个角落都充满笑声。

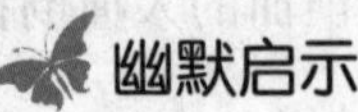
幽默启示

幽默能够创造和谐愉悦的气氛，使对立的双方发生心理上的转变，消除抵触情绪，使严肃的话题变得轻松，易于为对方所接纳。

女人抱怨式的幽默能消除敌意

生活中，女性面对意想不到的尴尬和窘境，抑或是让别人久久打不开的心结时，如果能用幽默的语言巧妙处置，便能迅速让双方紧绷的神经得到彻底的放松，这样不但解放了自己，同时还解放了别人。反之，则有可能让自己陷入紧张的人际关系中，无力自拔。

阿明和小娜是同班同学，也是老乡。阿明经常找小娜聊天，他觉得她像亲人。和阿明聊天，小娜也感觉到分外亲切。一来二去，阿明渐渐对小娜有了感情。当他鼓起勇气向小娜表白的时候，却遭到了小娜委婉的拒绝。

从那以后，小娜都躲着阿明，即使有时候不得不接触，两个人也是非常尴尬。一来二去，两个无话不谈的好朋友变成了陌生人。

时间很快过去了两年半。他们彼此似乎都已经淡忘了那段往事。

一天，在英语课上，阿明和小娜无意间坐到了一起。阿明想要和小娜打个招呼，可话到了嘴边，又咽了回去。小娜也感觉到阿明似乎有话对她说。

这时候，窗外的阳光刚好照进了教室，照在了阿明的身上，小娜灵机一动，笑着说："老乡，你就这么喜欢做阳光男孩啊？"

阿明没有想到小娜会主动和他说话，不由地一愣，但是很快，他就被小娜

逗笑了。两人相视一笑，尴尬气氛顿时被化解了。

从那天起，他们又像以前那样无话不谈，聊了很多，当天晚上，阿明还邀请小娜吃了饭。他们又回到了从前，相互帮忙，相互信任，只是对于之前的不悦只字不提。

故事中的小娜因为拒绝了阿明的追求，继而让双方的情感陷入了尴尬。关键时候，小娜用一句幽默的语言，化解了这份尴尬的情绪，继而缓解了和阿明的关系。由此可见，幽默的语言是一种润滑剂，能让尴尬的气氛以及人际关系得到迅速的缓解。这种幽默中包含着对生活的大度，包含着对人生的智慧。

通常，一个幽默的人往往有乐观的心态。事实上，只有开心快乐的人，才能发现生活中的快乐，才能在人际交往中，把这种快乐的情绪表达出来，继而影响别人的心情。很难想象，一个整天唉声叹气、悲观失望的人，会懂得幽默，让别人开心地笑。作为女性，要想让自己的语言富有幽默感，积极乐观的心态是前提。生活中不是缺少幽默，而是缺少发现。

人类情感的表达往往是通过语言和文字。比如故事中的小娜将现实生活中的“阳光”和心理上的“阳光”拉到了一起，这种双关语的联系带来了幽默。除此之外，还要学会应允落差带来的想象的幽默。比如说，现实生活中，你犯了错误被老师批评，假如你把老师批评你的现场角色调换，会是多么滑稽的一幕。女性朋友，只有把握好文字，才能把握好各种情绪的表达，将幽默表达出来。

懂得幽默的人是有大智慧的人。而这样的智慧很大程度上来源于丰富的知识。因此，要想让自己的语言幽默一些，就要掌握来自于书本和生活中的丰富知识。例如故事中的小娜既懂得自然“阳光”的意义，又懂得心理“阳光”的意义，这才用“阳光男孩”来联系二者，制造出了幽默。要让肚子里有“墨水”才能创造出生活的幽默。

幽默启示

生活中，女性面对意想不到的尴尬和窘境，抑或是让别人又久久打不开的心结时，如果能用幽默的语言巧妙处置，便能迅速让双方紧绷的神经得到彻底放松，不但解放了自己，同时也解放了别人。

女人正话反说制造幽默

正话反说是一种通过颠倒黑白是非而产生的幽默，它是通过一种语言的反差达到幽默的效果。在向别人提出建议或意见时，正话反说可以在幽默诙谐中表达自己的观点，让听者在比较舒坦的氛围中欣然接受，达到比直言陈说更为有效的说服、沟通的目的。

有一则宣传戒烟的公益广告是这样说的——抽烟有四大好处：一可省布料：因为吸烟易患肺痨，导致驼背，身体萎缩。二可防贼：抽烟的人常患气管炎，通宵咳嗽不止，贼以为主人没睡，就不敢行窃。三可防蚊：浓烈的烟雾熏得蚊子受不了，只得远远地避开。四可永葆青春：不等年老便去世。这里所说的抽烟四大“好处”，实际上是抽烟的诸多害处，如此正话反说，幽默感顿生，让人们从笑声中悟出其真正的内涵，即抽烟有害健康，请勿抽烟。

约翰先生坐车出差，忽然觉得烟瘾难忍，想要抽烟，又觉得不好意思，于是他很有礼貌地向身边的女士问道：“介意我抽烟吗？”

女士笑着说：“你就当在自己家里好了。”约翰先生想了想，还是把抽出来的烟装进了烟盒里，叹了一口气说：“看来还是不能抽烟啊。”

这位女士说的是一句客气话，她的话并不幽默，幽默的产生来源于约翰先生的回答“还是不能抽”之中隐含的那个判断：在家里就不能抽烟，因为受妻子“管制”；现在如同在家里一样，自然还是不能抽了。这个结果一出现，使大家一下子就看清了约翰先生“妻管严”的形象，那种夸张的无可奈何的神态惟妙惟肖，令人忍俊不禁。

有一位女音乐家意外地收到一封信，写信的是一位刚刚学习音乐的年轻人，在信中，年轻人这样写道：“听说鱼骨头里含有大量补脑的磷脂，要想在音乐上有所造诣，首先脑瓜得聪明，这意味着必须吃很多的鱼才行，不知道这种说法是不是真的。您是伟大的音乐家，您是否吃了很多的鱼呢？请问您吃的是什么鱼呢？”

女音乐家立即回了信，她的信只有一句话：“看来，你得吃一条大鲸鱼才行。”

这则故事中，女音乐家是怎么让这位青年认识到“吃鱼和是否能成为著名的大音乐家之间并无多少关系”的这一观点的？就是正话反说，因为没有谁会真正吃一条鲸鱼，从反面夸张地开个玩笑，对方也就自然认识到自己原本观点的荒诞可笑了。

当我们需要表达内心的不满、希望对方接受我们的改善方法时，也可以使用正话反说的幽默技巧，以便让别人听起来顺耳一些。例如：

露丝和男朋友去喝咖啡，但端上来的咖啡差不多只有半杯，这时露丝笑嘻嘻地对咖啡店主人说：“我有一个办法，保证叫你多卖出三杯咖啡，你只消把杯子倒满。”

露丝巧妙地运用正话反说的幽默来表达失望感，却不致给对方带来难堪。也许露丝并没有喝到满满一杯咖啡，但露丝一定会得到友善、愉快的服务，咖啡店主人或许还会请露丝下次再光临该店。

这种正话反说的幽默技巧被今人广泛使用，其实古人中的智慧者很久以前就已经能够熟练运用这技巧了。

秦朝的优旃是一个有名的幽默人物。有一次，秦始皇要大肆扩建御园，多养珍禽异兽，以供自己围猎享乐。这是一件劳民伤财的事，但大臣们谁也不敢冒死阻止。优旃无意间碰到了皇帝，她说："多养珍禽异兽，敌人就不敢来了，即使敌人从东方来了，下令麋鹿用角把他们顶回去就足够了。"秦始皇听了不禁破颜而笑，并破例收回了成命。

优旃的话表面上是赞同秦始皇的主意，实际意思却是说如果按秦始皇的主意办事，国力就会空虚，敌人就会趁机进攻，而麋鹿用角是不可能把他们顶回去的。这样的正话反说，因为在字面上赞同了秦始皇，优旃足以保全自己；而真正的含义，又促使秦始皇不得不在笑声中醒悟，从而达到了说服目的。

以上这些幽默故事，虽然都使用了同一种幽默技巧——正话反说，但很明显，在表明自己的观点之前，制造幽默的人都是藏而不露的。不过需要注意的是，即使是通过正话反说让对方领会得更深刻，也需要露中有藏，藏中有露。如果藏得太密太深，幽默效果就会荡然无存。所以在使用这种技巧时一定要注意藏之有度，要让人们经过短暂的思索后立即能判断得出。

正话反说，兼具机智与幽默之美，如果运用得当，可使话语蕴藉、含蓄而别具情趣，给听者留下广阔的思考空间，让人回味无穷，在笑声中取得良好的交际效果。

幽默启示

正话反话是一种通过颠倒黑白是非而产生的幽默，它是通过一种语言的反差达到幽默的效果。在向别人提出建议或意见时，正话反说可以在幽默诙谐中表达自己的观点，让听者在比较舒坦的氛围中欣然接受建议，达到比直言陈说更为有效的说服、沟通的目的。

“反弹琵琶”的幽默让批评被人爱

在受到别人否定时，人的内心会产生一种对抗情绪，在这种心理对抗之下，无益于解决彼此之间的分歧。当他人犯了错误时，我们有必要对其进行批评指正。批评的方式是多样的，但最好是运用教育机智，采用幽默式批评。因为幽默的批评常常能使人在笑的同时，深思其内在的含义，领悟其中的道理。但幽默也需要创意。缺少新意的幽默，就如同陈词滥调，不可能长久引起人们的兴趣。由于幽默的这个特性，它就格外地需要喜欢幽默的人多发掘自己的创造力，做到标新立异、出奇制胜。“反弹琵琶”，正是一种创新的批评方法，它不仅能在平凡中发现不平凡，有时甚至能化腐朽为神奇。

有家单位的几个年轻员工经常通宵达旦地打麻将。一天深夜，正当他们沉迷于麻将中无法自拔的时候，单位的领导忽然走了进来。他们都惊呆了，在一旁观看的人也都以为这次领导一定要“大发雷霆”。

谁知道这位领导笑呵呵地说：“这都‘几点’了，你们还在‘筑长城’，既然你们这么有雅兴，今后有机会了一定组织你们上真长城去游个够。”

短短的几句话，乍一听似乎是在褒扬，事实上却提出了批评，很富有幽默色彩。他的这些话刚说完，那几个年轻人就赶紧收起了麻将，从那以后，再也没发现他们在单位里打过麻将。

贵为领导，说话如此委婉客气，这是好修养、好气度的表现。假如他换一种盛气凌人的口吻呵斥：“怎么搞的？半夜还在打麻将，罚你们一个月的奖金！”就只能让对方反感，反而达不到纠正对方错误的目的。

因此，如果想用你的“嘴”说动别人的“腿”，用好批评的方式，也能起到极佳的效果。当面指责他人，只会造成对方的敌意，而通过反弹琵琶的方式、巧妙地暗示对方注意自己的错误，则会受到爱戴和喜欢。这就是最高明的批评之道。

那么，具体来说，我们该如何在批评之中运用反弹琵琶的方法呢?

1. 反向立意

生活中，人们一贯的思维导致了人们看待事物只看到事物的一面，并认为自己看到了全部，而很明显，任何事物总是具有两面性的。因此，将事物的另一面揭开后，就会与我们事先看到的一面形成反差，从而造成幽默。

因此，反向立意，就是从人们惯常使用的思维的另一方面出发，往往见人之所未见，发人之所未发，从而形成一种强烈的新奇感，引起人们的兴趣，产生幽默的效果。

2. 反话正说

所谓反语，包括反话正说和正话反说。反话正说，也就是明褒实贬，表面肯定，实质否定。

在日常生活中，我们常会听到或见到一些反语。人们常对社会上的古怪现象，先进行一番整理、罗列，然后任加评点、嬉笑怒骂，皆成幽默。

的确，人的行为一经发生，都希望得到肯定的反应，即便出现某种错误行为，也希望得到人们的理解与同情。从心理学的角度上讲，每个人都不愿意挨批评。适应这种心理特征，在批评他人的时候，不妨变换一种口吻，以褒代贬，反话正说，通过表面上的肯定达到实质上的否定，既增强了语言的幽默感，又乐于为人所接受，能收到一般训斥、责骂难以比拟的效果。

有个香烟公司的销售员在街中心大声宣读着广告词："我们这种香烟抽起来非常舒服，而且芳香可口，更主要的是它能够防虫牙，除百病，当然，还有更多的好处……"

话音未落，从人群中走出来一个老汉，接过销售员的话，继续说道："其余的好处我来补充：小偷根本不敢进屋，也不会被狗咬，而且永远不会老。"

销售员听了非常高兴，他没有想到竟然有群众帮助自己打广告，于是不停地向老头点头感谢，并恭恭敬敬地上前点烟，然后说："大家非常愿意听你说

话，你给大伙再讲讲抽烟的好处吧。”

老头说：“大家都知道抽烟的人整夜地咳嗽，还有哪个小偷敢进来啊？抽烟的人身体虚弱，走路的时候拄着拐棍，哪个狗也不敢轻易靠近啊！再说了，抽烟的人容易得癌症，能活到老吗？”人们哄堂大笑。

反话正说，欲贬却褒，明褒实贬，在这种反差中，我们感受到了幽默。

3. 正话反说

说反话就是用反语揭示他人的意图，表面上好像是反对自己，其实是反对他人。实际上，反语是反性的偷换概念，也就是偷换概念的过渡或铺垫。其合理性就是利用自然语言中自身包含的歧义，使它过渡为合理化。

总之，批评他人的时候，即使是庄重严肃的话题也并不一概排除诙谐幽默的多种语言表达方式。相反，只要运用巧妙，有时还会收到庄重直言未能实现的效果。

幽默启示

由于幽默的特性，就格外地需要喜欢幽默的人多发掘自己的创造力，做到标新立异、出奇制胜。反弹琵琶，正是一种创新的批评方法，它不仅能在平凡中发现不平凡，有时甚至能化腐朽为神奇。

第3章　女人职场拼杀，拿好幽默盾牌

面试求职，你是否能给面试官留下很重要的印象，获得面试官的青睐，言语表达显得尤为重要，尤其是语言的诙谐幽默。在短暂激烈的面试当中，只有放松心情，充满自信，抓住面试官的心理，进行流利表达，才能从众多的面试者当中脱颖而出。所以，要适时地抓住机会，巧妙流利地表达自己的意愿，以独具一格的言辞委婉地表达自己的想法。

女人幽默的自荐让人耳目一新

求职择业就是推销自己，而这种推销的难度更大，艺术性更强。在求职过程中，要想把自己推销出去，应聘者应适当地运用话语为自己做宣传，使对方了解自己，发现自己的才能和优点。只要不是言过其实，适当地自我表白是必要的，它可以帮助求职者和招聘者双方之间建立起信任、合作的关系。求职者不懂得推销自己的艺术，自然不会受用人单位的欢迎；不敢大胆介绍自己的长处，当然也不会受到用人单位的青睐。

事实上，我们可以发现，那些自荐成功者的言辞必当不是千篇一律的，他们更善于运用形象和幽默风趣的语言。这有助于增强语言的吸引力，融洽和活跃谈话气氛。

艾丽刚刚大学毕业，她非常渴望能到报社工作，可是报社并没有打出招聘

的广告。这天，艾丽鼓足勇气来到了报社。

她找到了报社的社长，问道："请问，你们需要一位好编辑吗？我的意思是如果报社雇佣她，她将会成为一名出色的好编辑。"

"不需要！"社长望着艾丽认真地说。

"那么，好记者呢？"艾丽并不想就此放弃。

"不需要。"社长还是斩钉截铁地回答了艾丽。

"那么，印刷工如何？"艾丽迫不及待地问道。

看着这个执着的女孩，社长还是摇了摇头。

"那么，你们一定需要这个东西。"艾丽说着从包里拿出一块精美的牌子，上面写着："额满，暂不雇用。"

社长露出了笑容，但也开始用一种新的眼光来审视面前这位年轻漂亮的女孩。最后艾丽破例被录用为报社发行部经理。

艾丽为什么能获得一个试用的机会？是因为她在向报社主任一次次自我推销被拒后，采取了一反常态的幽默法，让报社主任为之一笑，进而给了她一个机会。而事实证明，她的能力与其制造幽默的能力是相当的。

因此，在面试交谈中，应试者要避免使用枯燥、干瘪呆板的语言，应尽量用生动、形象、富有情趣的语言介绍自己，给主试者以感染力，增强对你的好感和信任。用幽默风趣的语言来回答、解释对方的提问，可以活跃谈话气氛，消除尴尬，缩短双方之间的距离。当在面试过程中出现双方难堪局面的时候，你可以用一句幽默的话岔开。说一句能引起对方发笑的话，就可以把双方不愉快的感情冲淡，使谈话能友好地继续下去。

在很多场合，很多人都喜欢愉悦轻松的气氛，那么先来段幽默的自我介绍则是渲染气氛的开始。同样，在求职场合也是如此。

玛利亚一度在英国留学，因此她对欧美国家的文化背景还是有所了解的。

她参加过一个面试，那是一个星期五的下午，她穿着自己喜欢的牛仔裤会见了面试官。经过一系列的口语测试和电脑测试之后，美国面试官的表情非常愉悦，可以看得出来，她对玛利亚的表现非常满意。但是她没有任何的表示，而是冷不丁地问道："请问你为什么在面试的时候穿着牛仔裤呢？"

面试官的问题大出玛利亚所料，但是玛利亚并没有惊慌失措，而是急中生智，快速回答说："今天不是星期五吗？星期五是便装日啊。"

面试官听了微笑着点了点头。原来玛利亚在一家美国公司工作，她发现周五总是有一幅漫画贴出来，漫画上的人都穿着睡衣和拖鞋，旁边标注着"Friday"（星期五）。

的确，面对如玛利亚这样幽默的求职者，作为用人单位的负责人，我们可能也会产生一探究竟的好奇，也愿意给这一求职者一个机会。

可见，良好的口才是求职行为的精美"外包装"，关键时刻露一手，不需要你付出太大的代价，却能使你受益匪浅，你只要拿出毛遂自荐的精神，自信地走到机会面前，一定会取得意想不到的成功。

当然，在面试中，即使运用幽默法，也还应注意：把握自己的语速，语速最好是不快不慢。一般来说，面试中的问答是平铺直叙的，如介绍自己的一些基本情况，谈谈对公司前景的看法，等等。所以，没必要慷慨激昂，振臂挥舞。口齿要清楚，说话时注意句与句之间的间隔，使人感到你思路清晰，沉着冷静。另外在面试时还应注意语气要平和，语调要恰当，音量要适中。

你是否正在为找工作发愁？不用着急，只要你掌握了幽默的毛遂自荐法，相信你所要的工作，一定会手到擒来。

幽默启示

我们可以发现，那些自荐成功者的言辞必当不是千篇一律的，他们更善于运用形象和幽默风趣的语言。

求职女人用幽默营造轻松氛围

在求职面试当中，平铺直叙的介绍早已让面试官产生了听觉疲劳，这时候来一些轻松幽默的话，往往能让别人耳目一新。应聘过程中需要做的是放松，然后全面地展示自己，使招聘单位充分地了解自己。一个紧张的状态不会有好的发挥，所以在应聘的过程中要抛开心理负担。运用幽默不但可以营造一个良好的氛围，给招聘单位留下一个好印象，而且能使自己轻装上阵，有助于自己按照预定计划很好地发挥。

杨丽是一名刚刚毕业的大学生，她之所以能够获得某公司助理的职位，不是因为她的能力有多强，而是因为她从容而幽默的表现。在面试当中，每个人都有3分钟的自我展示，杨丽觉得在这个环节，重点是要给面试官留下深刻的印象。因此，在展现自我的时候，她说道："各位老师、同学们，早上好！非常感谢领导能给我这个机会让我站在这里，我非常渴望能够加入新东方，因为担心自己表现不好，所以有些紧张，如果大家能给我一些掌声的话，会让我放下心来的。"紧接着，台下响起了热烈的掌声。几个面试官对杨丽的表现非常满意，她预期的效果达到了。

应聘时要口齿清晰，语言流利，文雅大方。要注意发音准确，吐字清晰。还要注意控制说话的速度。另外，要语气平和，语调恰当，音量适中。最重要的就是语言要含蓄、机智、幽默。说话时除了表达清晰以外，适当的时候可以插进幽默的语言，使双方谈话增加轻松愉快的气氛，也能展示自己的优雅气质和从容风度。尤其是遇到难以回答的问题时，机智幽默的语言会显示出自己的聪明智慧，有助于化险为夷，并给人以良好的印象。

在一项对英国妇女的调查中，有一个问题是：你理想中的男人应该具备什么？大多数妇女的答案，不是金钱、名誉、地位、相貌，而是幽默和智慧。可见幽默的作用是多么举足轻重。心理学家认为：幽默是人的个性、兴趣、能力、意志的一种综合体现。幽默是语言的调味品，有了它，什么话都可以让人觉得醇香扑鼻、隽秀甜美。幽默是吸力强大的磁铁，有了它，便可以把一颗颗散乱的心吸引起来，让每个人的脸上绽开欢乐的笑容。大多数人刚面试时大都表现得略显紧张，也因此使不少有能力、有才华的人痛失机会。对于面试官来说，紧张慌乱的应聘者，意味着他在工作中也不能胜任，所以可以恰当地运用幽默。幽默可以说是一种优美、健康的品质。幽默也是人与人之间的润滑剂，是一个敏锐的心灵在精神饱满、神气洋溢时的自然流露，每个人都喜欢有幽默感的人，所以幽默可以助你应聘成功。

幽默启示

运用幽默不但可以营造一个良好的氛围，给招聘单位留下好印象，而且能使自己轻装上阵，有助于自己按照预定计划很好地发挥。

说幽默的话让合作更愉快

在与同事之间关系的处理上，是处处要胜人一筹，还是合作互助？实际上这不单是人际关系的问题，而且是道德修养问题。同事之间关系和睦融洽，办公室氛围健康向上，对个人来说，是莫大的好事，对公司的运转和创益也会产生良性影响。如何和睦相处？我们不妨发挥自己的口才，经常运用幽默让合作双方在笑声中达成意见的一致。

小王和小李是同一部门的小姑娘，虽然年龄差不多，可是脾气、秉性却截然相反，小王脾气暴躁，容易冲动，而小李则成熟幽默。

这天，在处理领导交代的工作时，两人的意见不同，在沟通无果的情况

下，小王大发脾气，指着小李的鼻子破口大骂，小李自然不甘示弱，针锋相对予以还击。后来，小王拽着小李的胳膊，来到了走廊里，气冲冲地说："既然咱们互相不能说服对方，那么只有一个办法能解决分歧，就是决斗，谁赢了听谁的。"

小李杏眉一扬，说："决斗就决斗，不过时间、地点和武器由我决定。"

小王同意了。

于是小李说："那么，听好了，时间就是现在，地点就在这里，武器用空气。"

小王一愣，完全没有料到小李会这么说。很快，她哈哈大笑起来，跑上去疯挠小李的胳肢窝。

同事间常常需要合作才能完成一件工作，但由于经验、能力等各方面的差异，意见的分歧难免会出现，但不必争个输赢、高低，也不必耿耿于怀，结怨报复。若在冲突时善意地运用幽默，则可能化解一场激烈的冲突。成功学家拿破仑·希尔曾经说："化解冲突的最好良药，就是含有幽默感成分的机智。"其实，面对冲突毫不畏惧的人，充其量只能称作是匹夫。但是，面对冲突，而懂得运用机智和幽默化解冲突的人，才是真正有智慧的勇者。

实际上，在职场上，常常不乏令人碰得头破血流仍然得不到解决的问题，但是，如果来点幽默，往往会迎刃而解，使同事之间化干戈为玉帛。

在某公司的年会上，销售部经理王姐和客服部经理于娜不知何故争吵了起来，这让融洽的气氛顿时变得紧张，很多人都被她们吸引了过来。

王姐毫不客气地说："你们客服部总是不负责任，碰到客户难缠的问题就让他们直接找销售部，如果你们不做售后，那公司客服部不就是白养人吗？"

话音刚落，于娜狠狠地拍着桌子喊道："你这是什么话？你难道忘记了吗？哪一次后期的工作不是我们在做？你们拿钱去了，剩下的烂摊子却要我们来收拾，拿提成的时候怎么把我们忘到脑后了啊？"

王姐不甘示弱，指着于娜的鼻子说："说话得凭良心，没有我们销售部，整个公司如何运转，恐怕早就停业了，你们还要拿工资，你觉得可能吗？"

公司老总实在听不下去了，她走上前来，说："好。表演真是太精彩了。这就是公司不团结的真实写照，我特意请他们俩今天给大家做个示范。不过好在我们公司非常团结，才有了公司的今天。虽说两位的表演欠点火候，但是毕竟不是科班出身，情有可原啊。"

顿时，全场的气氛变活了。

这里，这位老总如果不出面制止的话，恐怕一场"口水战"将上演得越来越激烈。的确，这位老总的话是正确的。公司内部的员工都应该团结一致，朝着一致的目标奋斗，这中间就少不了合作，但如果与同事间的关系常常是剑拔弩张，甚至是恶语相向，那么，合作怎么可能完成呢？其实，不管面对什么问题，相互之间开开玩笑，很多问题也就迎刃而解了。因为幽默往往能通过大家同笑的方式弥补人际间的思想鸿沟，架起感情沟通的桥梁，增加人际间的信任，化解冲突。幽默是解决各种矛盾和问题的最好办法。

幽默启示

幽默是一种智慧的表现，具备幽默感的人到处都受欢迎，可以化解许多人际冲突或尴尬的情境，往往能使人怒气难生，化为豁达，不仅让自己心情愉快，也可带给他人快乐，难怪有人说笑是两人间最短的距离。

幽默让职场女人工作不棘手

在职场中，棘手的问题随时可能碰到。有的人面对棘手的工作会手忙脚

乱，有的人会大动肝火，还有的人会若无其事，当然这三种对待棘手工作的态度都是不正确的。面对棘手的工作应该从容、镇定，因为越是慌乱就越找不到解决问题的办法，所以此时要做的是静下心来思考问题，寻找最合适的解决办法。能独自解决就抓紧时间采取有效的办法，需要帮助就赶快向别人求援，大家合力解决。在这个过程中，不要让自己的压力过大，用幽默的态度去看待，不但能使你的心态平和，而且能有足够的动力，同时也给别人以极大的鼓励。

刘霞在一家公司上班，她每天不但要面对形形色色的客户，而且还要处理行政、人事等方面的琐碎事，工作量非常大，最让她头疼的是老板的脾气不好，一旦出错就要受批评，做检查，工作压力很大。可是刘霞总是开心快乐，精神状态非常好，碰到谁都是微笑面对。当忙得焦头烂额时，她总是自嘲道："我要是有三头六臂就好了。"很多人都非常钦佩刘霞。刘霞的积极心态和与生俱来的幽默感，让她总是信心满满。

同样，李玫是一家公司的经理助理，相对于刘霞来说，工作量就小了很多，可是却要处理很多棘手的问题。尽管她工作也很努力，可是她却不是个积极幽默的人，总是一副严肃的表情，即使有人跟她开玩笑帮她解压，她也只是点点头，完全领会不到幽默带来的乐趣。

工作的成败，在很大意义上是一个心态的问题。如果视工作为享受，就会努力地去享受，然后努力地工作，并取得满意的结果，从中体会到另一种快乐，于是便形成了"努力工作——取得成果——感受快乐"的良性循环。反之，如果把工作当做一种痛苦的历程，便会心生不满，万事抱怨，对工作敷衍了事，最终一事无成。从而满怀怨恨，不只怨恨别人，还怨恨自己。学会热爱"麻烦"，即使面对棘手的难题，令人头痛的麻烦，或者是处在艰难困苦的境地，也仍可以用幽默控制情绪，正常发挥自己的体能水平，并从周围环境中寻找乐趣。幽默大师哈维·明迪斯博士说："我认为，我们的生活，处在悲剧与喜剧之间，但是我们拥有选择喜剧性还是悲剧性的身外世界的自由，而我们常常对所拥有的这种自由认知不足。”

想要在棘手的工作中有活力，就要从改变自己的心态做起。虽然工作一直是属于枯燥重复方面的事情，但是只要善于从工作中发现乐趣，也能在忙碌中焕发神采。增强自我意识，或者始终保持清醒的头脑、用明亮的眼睛观察自己和所处的环境，这样，便能充分发挥潜能、才华和灵感对付所面临的挑战。幽默感是一种视困难为充满乐趣的挑战的精神，这对你能否有最佳工作表现是不可或缺的重要条件。幽默能使人们工作起来更加津津有味，更有效率。把幽默带到工作中去，将增加你对工作的理解，驱除紧张感，还能进一步使人富有洞察力和控制力。

做一个职场中人很累，相信绝大多数的人都有这样的感觉，事业与家庭的双重压力像两座大山一样重重地压在身上，想不累都难。还有，现代社会在繁荣的同时，也表现出了极度的诱惑与浮躁，人在江湖身不由己，在心力交瘁下，心理、生理都容易出现毛病，让人难以快乐起来。但是，想快乐地工作与生活，其实是有许多窍门的。暨南大学医学院副院长、著名心理健康专家马绍斌教授介绍说：“拥有一个‘阳光心态’是让自己快乐起来的最基本前提。”确实，在面对各种不利情况时，人们若都能积极、幽默地应对，就有了战胜困难、消除烦恼的利器。例如，在你的周围摆放一些幽默材料，让你的办公室随处可见笑话、卡通画、幽默新闻图片以及电子邮件、滑稽图案等物品，以及积极主动地培养从环境中随时随地体会幽默的能力，就能够处于可获得最佳表现的精神状态之中。当明媚的阳光照耀你的心时，你就会拥有阳光般的笑容，生命会更灿烂，愿所有的心都能感受到阳光的温暖，嗅到阳光的味道，面朝大海，春暖花开。

幽默启示

幽默感是一种视困难为充满乐趣的挑战的精神，这对你能否有最佳工作表现是不可或缺的重要条件。幽默能使人们工作起来更加津津有味，更有效率。

女人用幽默赢得同事的喜欢

幽默不单单是引人发笑，而且能带给人们心理上一种轻松和快慰。职场中的人际关系是相当重要的，好的人际关系可以使自己每天都有好心情，以这样的状态去工作无疑有很高的质量和效率。而不好的人际关系则会给自己带来压力和心理负担，工作也会失去动力。用幽默为自己做个广告，使人们看到你的真诚和善意、智慧与活力，进而改善自己的人际关系，创造和谐融洽的职场关系，推动工作的顺利进行。

张梅刚来公司，对业务不是很熟，因此，在下班的时候，手头的工作没能完成，后来，在同事大刘的帮助下终于完成了。这时，大刘笑着说："张梅，要不咱俩出去吃饭怎么样？"张梅点点头说："那是自然，我得好好感谢你一番。"大刘不好意思地说："感谢就不说了，今天我请客，算是对你来我们公司的欢迎吧。"

这时候，同事王强凑过来说："看来今天有饭蹭了，去的时候千万别忘了叫我啊。否则，这么晚了，孤男寡女一起出去吃饭，容易引起别人的误会。"

张梅认真地看着王强，说："不用了，我是女人，和男人出去吃饭太正常了，没什么好误会的，要是和两个男人一起出去吃饭，那对我的误会可就

更大了。”

三个人顿了一下，然后狂笑不止。

同事间相处不好的原因不是真的处不好，而是没有把握住机会。同事之间不一定要经常剑拔弩张，互相用幽默戏弄一下对方不无裨益。例如，有的人过滤不想听的电话时，打个手语、写张字条给同事，同事就立即拨另一支分机让它响，并大叫：“××，老板找你。”或“你的客户找你”，从而顺利摆脱困境。又比如，打桌上的分机，佯装主管秘书找某位同事，等那位同事傻傻地去找主管时，大家便在一旁窃笑，很像高中时玩的幼稚把戏。但是同事间的幽默不仅可以促进感情的交流，营造和谐融洽的关系，还可以缓解工作中的紧张气氛和疲劳感，使人们互相鼓励，充满精力、动力十足地完成手中的工作。

幽默是对他人过失的原谅，是对周围环境的喜剧式调侃，也是对自我困境的一种自嘲和解脱。幽默绝对是善意的，绝不夹杂半点恶意。相反，它是对恶意的一种消解和抹平。幽默对现代社会有一定文化修养的人们来说，已经不是一种可有可无的性格特色，而成为一种共同追求的风度与素养。在现代人的社交圈子内，幽默已被公认为是一种潇洒、一种优雅、高深和含蓄。所以，让我们用幽默在职场中建立起成功的沟通和融洽的关系。幽默不仅能给我们的生活带来笑声，带来欢乐，而且能使我们拓宽人际关系，增长才干，在人生的历程中获得成功。美国心理学家赫德特鲁写过一本名为《幽默就是力量》的书。他认为，幽默是运用幽默感来改善你与别人的关系的一种艺术。

幽默启示

用幽默为自己做个广告，使人们看到你的真诚和善意、智慧与活力，进而改善自己的人际关系，创造和谐融洽的职场关系，推动工作的顺利进行。

女人用幽默展现人情温暖

恰当的幽默不仅不会使自己给人以轻浮的感觉，而且会使自己更具有人情味，会使下属有平易近人的感觉。不近人情的人是难以让人接近的，那冷酷的表面总是暗藏杀机，谁见到都会退避三舍。所以这样的人无论是上司还是下属，乐于接触他们的人都是极为有限的，更别提有谁愿意去帮助其完成什么事情了。所以为了自己的职场生活能充满人气，顺顺利利，就要使自己更具有人情味。运用幽默的力量，使自己在人们的心中成为一个实实在在的人，一个充满善良和智慧的人，一个人情味十足的人，而不是一个凶神恶煞的人。

杨静是公司的新职员，她工作非常努力，因而，业务熟悉得很快，但是她不苟言笑，不管是上班期间，还是下班之余，总是板着脸。她经常加班，同事们看在眼里，经常劝她要注意休息，保重身体。可是杨静除了点点头之外，没有任何的表示，这让同事们觉得她根本不把大伙放在眼里。久而久之，同事们觉得她没有人情味，对她敬而远之。实际上杨静内心非常孤独，在她的内心深处，很渴望和同事们打成一片，可是没有人和她分享快乐，也没有人把她当成朋友。只要有她在，同事们之间的活跃气氛就会顿时凝固，后来，老板找了个理由把她给辞退了。

相反，她的同学李洋却非常善于人际交往。尽管李洋的工作量也很大，但是他却很善于运用幽默，创造融洽的氛围。由于她经常和大伙开玩笑，人际关系非常融洽，她经常在冲咖啡的时候也帮别人冲一杯，而且充满关怀地说："浓香咖啡飘过来喽！"因此，大家觉得李洋把大家当朋友。

作为上司，经常会因为下属的低级失误而感到愤怒，于是训斥声开始在办公室里回荡，使得人人自危，心惊肉跳。平时由于要维护自己的威严，经常不苟言笑，给人们一种无形的威慑力，给人一种人情味淡薄的感觉，这样的上司经常会被下属称为“魔鬼”或者“女魔头”，等等。其实，这样做是没有必要的。应适当保持幽默，让自己平易近人。这样一来，下属就不会在你来到办公室后装模作样，而是用一颗真诚的心来对待你，更重要的是会因为你的人情味更加认真地对待工作。在面对下属工作中的失误时，可以适当运用幽默使其既知道错误所在，又感觉到你的气量而对你深深地佩服。

无论是上司还是下属，懂得幽默，对自己适当地进行幽默调侃，不仅不会使自己被贬低，反而会在别人眼里更加高大，更富有人情味。面对生活中的很多不如意与挑战时，退一步海阔天空，并且能笑对遇到的坎坷，这足以使人为之赞叹。

幽默启示

无论是上司还是下属，懂得幽默，对自己适当地进行幽默调侃，不仅不会使自己被贬低，反而会在别人眼里更加高大，更富有人情味。

幽默女人更能赢得客户的欣赏

与客户的合作是公司发展的重要途径，所以怎么样才能更有效地争取与客户的合作是每个公司都在下大力度研究的问题。诚信是毋庸置疑的，没有诚信的公司是没有客户的。但是只有诚信又显得公司很呆板，缺乏活力，与客户合作时，会显得很生硬。所以适当地运用幽默对一些问题进行巧妙回答，为双方创造一个和谐、友好、轻松的合作氛围，对争取客户的合作效果是明显的。

一位美国牙医开了一家诊所。这天刚一开门，就有一位患者托着腮子，表

情痛苦地走了进来。牙医问道："你是不是觉得牙疼痛难忍呢？""是的，医生，我受不了了，你快帮帮我吧。"牙医吩咐患者坐到检查仪器旁，认真给他做了检查，然后说："你的牙已经坏死，急需拔掉，否则会引发感染的。"患者问道："那么，需要多少钱呢？""35美元。""天哪！拔颗牙竟然要收35美元！"没等牙医回答，患者接着问道："那么，需要多长时间呢？""5分钟。""不会吧，5分钟就收35美元。"牙医说："既然你觉得时间短，那么我用2个小时来给你拔牙，你觉得怎么样。"患者一听，急忙摇头。

汤姆邀请朋友到一家餐厅吃饭。在选择饭菜的时候，汤姆向朋友介绍了这家餐厅的经营特色。他说："这家餐厅永远都是有求必应，因为他们从来不会直接拒绝客户的要求。"朋友听完之后有点不相信，于是叫来了服务员，说："请给我们来两份恐龙肉。"事实上，这家餐厅根本就没有恐龙肉这道菜。但是，服务员并没有拒绝他们，而是一本正经地问道："你喜欢什么样子的恐龙肉呢？""煮得透一点。"朋友觉得很好奇，故意大声说。服务员微笑着点点头，走开了。过了一会儿，服务员走上前来，说："先生，恐怕要让您失望了，我们餐厅的恐龙肉只剩下一点点了，而且不太新鲜，我不忍心卖给您啊。"汤姆听了，望着朋友耸了耸肩。

每个人无论在怎样的环境中生活，都会经常碰到各种各样的矛盾，有的甚至是相当棘手的难题，需要你去妥善处理。成功者的经验是：不轻松的问题，可以用轻松的方式来解决，严肃之门可以用幽默的钥匙开启。对于比较熟悉的客户，玩笑的范围自然可以扩大，对于不熟悉的客户，玩笑的范围要注意适当控制。在既不得罪客户的前提下，又很好地通过幽默机智保护了自己，可以说幽默是成功争取客户的金钥匙，因为它具有很强的感染力和吸引力，能迅速打开客户的心灵之门，让客户在会心一笑后对你、对商品或服务产生好感，从而诱发合作动机，促成交易的迅速达成。

幽默启示

在既不得罪客户的前提下，又很好地通过幽默机智保护了自己，可以说幽默是成功争取客户的金钥匙，它具有很强的感染力和吸引力，能迅速打开客户的心灵之门。

第4章　女人点燃爱情，用点幽默技巧

在人际交往当中，彼此间的好感是进一步接触和交往的前提。如果你能在短时间之内迅速地获得别人的好感，那么你无疑掌握了交往中绝对的主动权。相反，如果对方对你的感觉不好，想要和他进一步接触无疑就会有很大的障碍。尤其在恋爱中，更是如此。但是，作为女人，要想让男人对你产生好感，就需要幽默感。但是这并不是一件容易的事情，这是需要一定的技巧和方法的。事实上，这也是我们这一章要阐述的问题。

女人用幽默给人留下美好的印象

在人际交往中，当别人给你留下的第一印象良好时，在接下来的接触中你会觉得他什么都好，如果别人留下的第一印象不好，你就会觉得时时看他不顺眼，这就是心理学上所说的“首因效应”。作为女人，要想在人际交往中被人接纳和肯定，就要给别人留下完美的第一印象，这在很大程度上影响着你的交际。

恋爱的男女在初次接触时都会出现紧张的情况，这样的紧张虽然是充满暧昧和甜蜜的，但是如果这种由于紧张而产生的尴尬场面不马上得以解决，就会影响双方进一步的感情交流。所以在初次接触时可以巧妙地运用幽默来打破这种尴尬的局面，另外，幽默还能给双方提供很多可以聊的话题，给对方留下良好的印象，从而为下一步的接触打下良好的基础。

小夏和小京是在小京公司的招聘面试时认识的。第一次正式约会那天非常热，小夏的方位感很差，通着电话，却找不到对方。迂回了很长时间后，终于见到了彼此。但是此时的小夏已经头晕目眩，见到小京以后，说："英雄，能不能先借我肩膀用一下。"小京先是愣了一下，然后扶着小夏走进一家快餐店解暑。经过一段时间的交往之后，小京很纳闷地问她为什么第一次见面就借肩膀。小夏告诉他："当看到你的时候，我已经快晕倒了，当时沉迷在武侠小说中，所以顺口就说出来了。"小京听了疼爱地抚摸着小夏的头，开心地笑了。小夏顺势的幽默不仅为自己摆脱了中暑的危险，还赢得了爱情。

小燕是搞艺术工作的，非常时尚，也很有才华，无奈就是相貌不怎么出众。没有男孩子主动追求她，在朋友的安排下，她进行了相亲。那天，当两个人逛完街后，男孩问她下一站去哪儿，她转过头很坚定地说："我们上床吧！"男孩先是一愣，随即一笑牵着她的手而去。原来，小燕所说的"床bar"是一家不错的酒吧。语言的幽默是无穷的，利用这个酒店名字的联想，这个不起眼的女孩玩了一次并不熟练但又非常成功的幽默，为两个人情感上的进一步交流打好了基础。

女孩子在头一次见面时都会矜持，那种双眸含秋十指带香的样子，保持着一种很有张力的距离感，是令男孩子们最头痛可又不得不紧追不舍的一种美妙状态。不爱你的人，看不出你刻意留下的距离。爱你的人，自会为这段暧昧有致可又伸手不可及的距离而兴奋不已。女孩子不要担心，男孩子喜欢这种富有挑战性的征服。

英国心理学教授理查德·怀斯曼对一场大规模的"爱情速配"活动进行了调查。结果显示，想在相亲会上成功约到心仪的对象就要以幽默或稀奇的问题来作为开场白，而个人外表是否有吸引力显得并不重要。他说："那些会用幽

默或稀奇的问题开始谈话的人都能成功约到心仪的对象，他们可能并不是当场最有魅力的人，但当你回答他们的提问时你很难不面带笑容。”调查发现，在这种大规模的相亲会上，男人只有半分钟的时间可用来给女人留下印象，因为45%的女人都是在30秒之内决定是否和这个男人去约会。而女人有更多的时间去给男人留下印象，因为男人通常会花费一分半钟的时间去判断有没有兴趣和这个女人约会。怀斯曼教授指出：“男人总被抱怨太轻率，对女人做出判断时速度太快，但研究结果证实，女人做出是否去约会的时间比男人更短。这意味着，男人只有半分钟的时间来吸引对方，因此他们上前搭讪的开场白是否幽默得当就显得至关重要了。”

幽默启示

在人际交往当中，当别人给你留下的第一印象良好时，在接下来的接触中你会觉得他什么都好，如果别人留下的第一印象不好，你就会时时看他不顺眼，这就是心理学上所说的首因效应。

巧用幽默叩开恋人的心门

幽默还能给双方提供很多可以聊的话题，能给对方留下良好的印象，从而为下一步的接触打下良好的基础。在任何人的一生中，都会经历恋爱这一个美妙的过程，但对于恋爱中的男女，在初次接触时，难免会内心紧张，即使对面坐着的就是你心仪的男孩或女孩，你还是会因为紧张而不知所措，而实际上，这对于恋爱的进展是毫无益处的。你的紧张只会让对方对你的印象大打折扣，此时，你若希望打开对方的心扉，让对方对你产生好感，不妨巧用幽默法。它的好处在于，可以巧妙地运用幽默来打破尴尬的局面。

著名电影艺术家赵丹与黄宗英能够走到一起，很大程度上取决于赵丹的幽默。

当时，赵丹刚服完刑，妻子早已经改嫁了，孩子也随着前妻走了，家里就剩下了他一个人。好在当时的赵丹并没有被观众淡忘，他被选中扮演一部电影的男主角。而与他演对手戏的就是后来成为他妻子的黄宗英。

当时，赵丹知道自己的搭档之后，不远千里亲自去接黄宗英。黄宗英看到赵丹之后，十分感激地说："真的没有想到，你会来接我。"

赵丹笑着说："为什么我就不能来接你呢？"

黄宗英故意问道："你家里难道就没有一点事情吗？"

赵丹说："家？这个词对我来说太陌生了，事实上，我早就没家了。"

黄宗英："我有些不明白，上海有那么多的明星，你为什么会选择我来演对手戏呢？而且还跑这么远的路来亲自接我？"

赵丹："这叫千鸟易得，一凤难求。"

赵丹的一句"千鸟易得，一凤难求。"便幽默地表达出自己对黄宗英的情有独钟，这就为后来他们的进一步交往打下了基础。

的确，任何成熟的人，都绝对不会"爱了，就不要脸"地说出自己想爱人家的话，也不是将自己一腔滚烫的爱，像压抑着即将喷薄欲出的火山岩浆一样，想喷发而不让它喷发，再或者，自己有爱就是说不出口，让爱随时间流逝。或此或彼，都是对神圣而美丽的恋爱的一种亵渎。那么，怎样才能将自己一腔滚烫的爱，恰到好处地传递给对方从而有效博得对方的好感呢？幽默就是打开恋爱之门的金钥匙。

例如，我们翻翻杂志、看看报纸上的征婚启示，会发现不少女孩子都把是否有幽默感，视为自己选择男友的一个重要标准。而男人也把具有的幽默特点当成金子一样使劲往自己身上贴。

当然，初次见面时，在开玩笑的时候，一定要把握好度。

李刚是一个性格耿直的人，待人豪爽，他有很多的朋友，但是却始终找不到女朋友，这一点连他自己也觉得纳闷。

他经常到附近的一家餐厅吃饭，一来二去，就跟餐厅的服务员阿玲混熟了，而且李刚发现，自己开始慢慢喜欢阿玲了。于是，有一次，当阿玲把他点的饭菜端来的时候，李刚抑制不住内心的激动，拉住阿玲的手说："妹子，哥爱你！"阿玲一下子甩开了李刚的手，大声说："你这人有毛病啊？！"随着阿玲的喊叫声，饭店里很多食客的目光都被吸引了过来。

李刚见自己的"表白"被拒绝了，觉得很没面子，只好无趣地说："不让爱拉倒呗，翻什么脸呢，我又没什么恶意。"

阿玲生气地说："你脑子进水了吗？哪里有你这样谈情说爱的啊？"李刚羞得无地自容，顾不得吃饭，便逃之夭夭了。

的确，大胆没错，但不能太过"明目张胆"，别说是中国具有"特色"，就是在西方国家也不可能将"爱了，就不要脸了"的话，赤裸裸地表现出来，还得"羞答答的玫瑰静悄悄地开"。怎样"开"？幽默就是一个绝妙的智慧体现。事实上也是如此，很多和李刚一样如此追求女孩的人，他们的心地未必不善良，内里也未必不秀，可刚一接触，谁能通过"表层"看到"内部"呢？看来，大胆另类的做法，不是大多数人应当采取的方法。

总之，具有幽默感的人，在爱情上往往一帆风顺，即使其他条件差一点，也未必是爱情路上的绊脚石。

幽默启示

幽默能给双方提供很多可以聊的话题，能给对方留下良好的印象，从而为下一步的接触打下良好的基础。

幽默的女人让男人着迷

在快节奏的现代社会中，生活的压力无处不在，在外奔波忙碌了一天男人回到家都不想看到一个死气沉沉的女人。而如果面对的是一个幽默的女人，那么她诙谐的谈吐、可爱的表情，就会让你的疲惫心情瞬间得到释放和解脱，而她对生活的热情也会瞬间感染你，这样的女人会有人拒绝吗？答案是否定的。

生活中，常有女人发出这样的感叹：男人到底喜欢什么样的女人？善良的，美丽的，还是温柔的？当然，如果一个女人能集这些优点于一身的话，那么，她必定是个能让男人倾心的女人，如果她能再让男人发笑的话，就更加完美了。

幽默是一种优美的、健康的品质，更是一种生活的智慧和情趣。通常，女人都喜欢幽默的男人，因为跟他们在一起心情会放松，同样男人通常也喜欢幽默的女人，因为跟她们在一起，没有压抑的感觉，更不会感觉到死板。

小王家境富裕，父母都是社会名流，所以一家人是极有涵养的，对面子问题十分看重，从不肯在别人面前失了面子。

小王处了一个对象，姑娘聪明伶俐，机智过人，就是有点大大咧咧。这天，小王第一次带女朋友回家见父母，俩人心里都有点忐忑，生怕父母看不上姑娘，不同意这门亲事。

见过小王父母后，大家不咸不淡地拉着家常。不知不觉快到中午，就在这时，坐在沙发上的小王父亲的肚子咕咕地响了起来，在场的人都听了个一清二楚，人家你看看我，我看看你，小王父亲觉得很失面子。

这时，只见姑娘不慌不忙地说道："伯父伯母，你们听，我肚子都饿得咕咕直响，开始唱空城计，向我抗议了。"小王父母一听，会心一笑，说："就是就是，你看看我们差点就聊过头了。好！咱们一起吃饭。"

后来，小王和那个姑娘的亲事自然而然就成了。

女孩子在头一次见面时都会矜持，那种双眸含秋十指带香的样子，保持着一种很有张力的距离感，给男孩子们一种最头痛可又不得不紧追不舍的美妙感觉。不爱你的人，看不出你刻意留下的距离。爱你的人，自会为这段暧昧有致可又伸手不可及的距离而兴奋不已。女孩子不要担心，男孩子喜欢这种富有挑战性的征服。

那么，男人为什么会喜欢幽默的女人呢?

幽默的女人会给人留下深刻的印象，因为:

她是一个热爱生活的人，让人时刻能感受到她身上那种淡淡的从容和无惧，感受到她对生活的热情。

她是一个聪明的女人，因为幽默是一种随机应变的能力，懂得幽默的女人，必定是有一定思想修养的；幽默的女人更是乐观的，因为幽默的谈吐是建立在说话者思想健康、情趣高尚的基础之上的，一个心地狭窄、思想颓废的女人是不会有幽默感的。

她会是一个乐观的女人。消极悲观的人，是笑不起来的；充满狐疑的人，话里也难以荡漾着暖融融的春意；整天心情抑郁的人，话里肯定有解不开的忧郁。只有内心满怀希望，才能由衷地发出笑声、彰显魅力。跟这样的女人在一起是轻松的、快乐的、有情调的。

而对于女人自身来说，幽默也是一种释放压力的方法。女人一般都是多愁善感的，女性的心，天上的云，情绪变化常常叫丈夫或男友莫名其妙，有时自己也不知道为什么。而这些变化的原因很可能就是来自生活的压力，或生理变化、或情感创伤。如果没有自我调节的能力，多美的女人都会变得暗淡无光!

在女人的精神世界里，幽默实在是一种丰富的养料、调味品。更重要的是，幽默是一种优美、健康的品质，它能使女人变得豁然开朗，即使有许多的挫折，也能迎刃而解。大家都喜欢听幽默的语言，就像喜欢听动人的音乐、欣赏美妙的文章一样；和谈吐幽默的女人在一起，就如同置身于蔚蓝的大海或壮美的大山中一般让人陶醉。

幽默是女人的秘密武器，每个女人都想成为幽默的人，但是并非每个女人都能成为幽默的人，因为，学会幽默对于女性来说，并非一件容易的事情。特别是在尴尬的气氛里。在男人看来，女人最大的幽默感是在困境中还能笑出来，而不是插科打诨、得意忘形。

幽默启示

在女人的精神世界里，幽默实在是一种丰富的养料、调味品。更重要的是，幽默是一种优美、健康的品质，它能使女人变得豁然开朗，即使有许多的挫折，也能迎刃而解。

用幽默来制造恋爱中的浪漫情意

在爱情中运用幽默，能使你所爱的人感受到你的情趣。在爱情中，幽默的言谈能使对方深深地被这种浪漫氛围影响，被你的爱意打动。

在生活中，我们常常可以发现，无论男女，幽默感强的人总是最受异性的欢迎。因为幽默不仅会令你魅力十足，为你的第一印象加分，还能让两个人的相处笑声不断。可能很多人认为，幽默的人是机智的，但绝不是浪漫的，其实不然，这两者是完全可以融合在一起的，幽默能为浪漫增添更多情趣。

一个法国小伙子爱上了一个姑娘，一天，他去姑娘家做客，当时，两人坐在火炉边烤火。忽然，小伙子对姑娘说："我发现你的火炉跟我妈妈的火炉是一模一样的。""真的吗？"姑娘漫不经心地回答。她以为这不过是小伙子随便说的话，自然也没有放在心上。"你感觉在我家的火炉上也能烘烤出同样的

肉馅饼吗？”小伙子说道。姑娘先是一愣，随后明白了小伙子的意思。她害羞地说：“那谁知道呢，不过我可以去试试啊。”

这个小伙子是浪漫的，一个普通的火炉、一种碎肉馅饼都能被他当成是求爱的工具，幽默风趣，含蓄委婉，与如此浪漫机智的男青年在一起，姑娘的幸福可想而知。

的确，法国人的浪漫是出了名的。我们再来看下面一个浪漫的爱情故事：

这天下午，巴黎突然下起了大雨，在街上行走的人们纷纷寻找地方避雨，出于巧合，一对男女挤在了同一个屋檐下。男人被眼前的女孩深深迷住了，目不转睛地盯着她看。女孩发现了之后问道：“你在做什么呢？”

男人说：“我在看你衣服上的标签，看看是不是天堂制造的。但愿你能够我的让心脏起死回生，因为你美得让我几乎停止了呼吸，小姐，请你把它还给我。”女孩诧异地问道：“什么？”“是我的心，你用眼睛把它绑架了，我觉得可能是我的眼睛有问题，不管怎么努力，也没有办法把视线从你的身上移开。我今天很不开心，如果能看到美女对我微笑，或许会好一点，你可以对我微笑一下吗？”

“今天的雨可真大啊。”“是啊，那是因为老天对着你流口水。如果可以重新排列英文字母，我会把U放在I前面，相信我，我会让你变成世界上第二幸福的人。”“那么，为什么不是第一呢？”“因为拥有了你，我将是世界上第一幸福的人。”

我们不得不佩服这位男士制造浪漫的技术，一个普通的下雨天，一次普通的相遇，但即使是这些再普通不过的因素，都能被他充分利用起来，在他的言语中，处处表明着他对这位女孩的爱慕，言语真诚、大胆而又机智幽默，恐怕这个女孩早已被这种浪漫的氛围笼罩着而对他产生好感了。

当然，恋爱到了一定的火候之后，随之而来的就是求婚。在求婚的时候也不妨幽默一下，这样可以给爱情生活做一个愉快的总结，给婚姻生活一个意味深长的开头，给幸福的生活留下永不磨灭的记忆。

无数幽默大师的求婚经历都证明：幽默的求爱、求婚方式更有魅力，更富有使人心动的浪漫情趣。

幽默是爱的伴侣，是爱的守护神。如果懂得在恋爱中通过幽默法制造浪漫，那么最终定将有情人终成眷属。正是因为如此，人们才乐于用幽默这种含蓄的语言形式在恋爱生活中表达情感，使双方在欢笑中体会到彼此的爱。然而，幽默并不是名人大师的专利，作为普通人的你同样可以为自己的求爱增加一些浪漫。例如，有位男士在给他心仪已久的女孩的一封信中，只写了短短几句话："我中箭了，是丘比特的金箭。祈求你同样中箭，不是铅箭，而是金箭。"我们都知道古希腊"丘比特爱神的传说"，被爱神丘比特的金箭同时射中的一对男女便能缔结良缘。如果一方中了金箭，另一方中了铅箭，那中金箭的一方便只能是"单相思"。这个小伙子正是巧妙地运用了神话传说，给姑娘以良好的第一印象，用幽默使姑娘中了爱神之箭。

可能现实生活中的很多人，明明爱着对方，却不知道用什么方式来表达。处在热恋中的男女，只要用心，可随时利用幽默来给爱情加温。其实，想让与你相处的人笑声不断、其乐融融，并没有想象中的那么难。也许它就是你信手拈来的一个笑话，也许是即兴模仿的一个手势，也许是你反其道而行之的一句嘲讽，别小看这些幽默技法，它们可都是制造情趣、让恋爱双方享受浪漫情意的法宝。

幽默启示

幽默是爱的伴侣，是爱的守护神。如果你懂得在恋爱中通过幽默法制造浪漫，那么最终定将有情人终成眷属。正是因为如此，人们才乐于用幽默这种含蓄的语言形式在恋爱生活中表达爱的情感，使双方在欢笑中体会到彼此的爱。

幽默些让爱恋更甜蜜

有人说，幽默是一种人生智慧，一种生活态度，一种处世方式。恩格斯也说过，幽默是具有智慧、教养和道德上的优越感的表现。爱情是世上最美妙的情感。但恋爱中为爱伤神的人也不在少数，尤其是面对爱情中的小矛盾，很多人显得束手无策。其实，恋人之间闹点矛盾是一种最普遍的现象，怨怒之中如果即兴来一两句幽默，往往会使形势转危为安。

小方马上就要和与自己相恋五年的男友结婚了，可是，最近他们却因为一件生活琐事冷战起来，两人好几天都没有说一句话。小方主动找话说，可得到的却是男友冷冰冰的回答。这让小方非常难受。这天傍晚，小方从箱子里翻到柜子里，又从柜子里翻到库房里，翻来翻去，似乎在找什么东西。男友觉得非常纳闷，起初没怎么在意，可是小方一直在翻，他有些看不下去了，于是问道："你到底在找什么啊？"小方笑嘻嘻地拉着男友的胳膊扮了个鬼脸，说："我就在找你的这句话啊。"男友这才明白小方的用意，不好意思再绷着脸了。

幽默是打破夫妻之间僵局的最佳方式。这里，小方"幽默"的手法，打破了情侣间的僵局，让欢乐的气氛又重新回到爱人之间，做法是巧妙的。

我们经常也会遇到这种爱人间的冲突，但如果处理不当，轻则搞得双方心情不愉快，重则会使双方感情出现裂痕，天长地久，由量变到质变，后果将不堪设想。

的确，日常生活中，恋人间的交往是私密的，也是极容易发生摩擦的，争争吵吵也是常事。可有的爱人间一旦发生碰撞，就互不相让，一定要分个谁是谁非，谁对谁错；甚至有点分歧，就相互赌气，暗中较劲，你不理我，我不理你，视对方如路人，既影响恋人之间感情的稳定，也影响到思想情绪和身心健康。像小方这样采用"幽默"的手法来进行爱人间思想沟通、化解矛盾的做法，值得效仿。

在人类宝贵的心灵财富中，幽默感最神秘。一个懂幽默、善于幽默的人，定会受到对方的欢迎和喜爱。凡是具幽默感的人，所到之处，便充满了欢乐与融洽的气氛。国外女孩子择偶的一个主要标准就是对方是否有幽默感。学会幽默，就学会了乐观，会幽默的人，才会懂得调节爱人间的矛盾，创造出“柳暗花明又一村”的境地。所以心理学家认为幽默是一种积极乐观、别具一格的思维方式。

我们都希望爱人间始终相敬如宾、举案齐眉，但这种情况实属罕见。在恋爱过程中，一句话，一个动作，乃至一个眼色都可能导致一场冲突。爱人间发生冲突并不可怕，问题在于如何尽快平息。如果双方都懂得一点幽默的技巧，便会立竿见影，和好如初，化干戈为玉帛。如果你说：“你看世界上的冷战都结束了，我们家的冷战是不是也可以松动一下？”“瞧你的脸拉那么长干什么？天有阴晴，月有圆缺，半月过去了，月儿也该圆了吧！女人不是月亮吗？”对方听了大多都会“多云转晴”的。

在恋爱中，当你意识到自己做错了事的时候，一般性的道歉或许能让对方原谅你，但是难免会显得气氛凝重，假如来一点儿幽默，就完全可以在轻松的笑声中恢复其乐融融的氛围。

因此，当爱人间产生矛盾时，说上几句诙谐幽默的话，做几个含蓄而有趣的动作，或是讲个好笑而又意味深长的故事……就像说相声那样抖几个“包袱”，紧张的气氛往往会缓和下来，对立的情绪也会很快消除。

但幽默是讲究环境和条件的，如果在具有幽默诱发作用的环境中，具备了成熟的条件，即使文化修养较低的人，也会自然而然地幽默起来。恋人之间的爱就是一个很好诱发幽默的条件。

总之，只要一方能针对矛盾的具体情况，采取相应的沟通方式，巧用言语，就可以尽快打破僵局，让爱人间恢复往日的欢乐与和谐。幽默是爱情生活

的润滑剂，它能给彼此带来阳光和春风。

幽默启示

在恋爱中，当你意识到自己做错了事的时候，一般性的道歉或许能让对方原谅你，但是难免会显得气氛凝重，假如来一点儿幽默，就完全可以在轻松的笑声中恢复其乐融融的氛围。

女人幽默妙语能化解爱人的醋意

任何游戏，都必须在理性和情感的彼此感应下，产生共鸣，产生乐趣和情趣。幽默用于爱情生活，由于条件有利，比之靠纯粹游戏而产生趣味要容易些，因为他们都有取悦对方的心愿，只要一方做出努力，对方一点即通，自然生趣，爱的情感又会进一步。

在恋爱的过程中，人们都可能会出现这样一种心理表现——吃醋，它代表着对方很在乎你，是爱的表现。如果说对方看到你与其他异性接触过于亲密而毫无情绪反应，这就说明他不是很深爱你。虽然吃醋可以为爱情增添一点色彩，但是也不要太多，过多地吃醋，不仅不会成为爱情的调料，还会成为爱情的杀手。那么，怎样才能拯救爱人吃醋的心呢？你不妨尝试一下幽默法。

洞房花烛夜，新郎问："亲爱的，你能告诉我，在我之前，你谈过几个男朋友吗？"

新娘沉默着。

"生气了？"

新娘依旧没有说话。

又过了几分钟，新郎说："你还在生气啊？"

"没有，我在数呢。"

这里，新娘用数不完的情人来指责新郎的无端猜忌，这幽默的话语听上去浑然天成，又诙谐动听。这些矛盾同样有可能发生在我们的周围，如果我们处理不当，往往因为两三句出言不逊的气话而使矛盾激化。

一对恋人去参加艺术展览，当他们走到一幅只有几片树叶遮挡私处的裸女画前时，两人停了下来。可是，过了很长时间，男友都不愿意走开。

这时候，女友狠狠地掐了男友一下，吼道："你还想站到秋天吗？"

这位醋吃到油画上的女友，幽默神经可够发达的。的确，有时候，我们发现，爱人有些醋意完全是无中生有的，但如果聪明的你能够以开玩笑的方式来表达你对对方的爱意，那么，问题便能很快解决。

一天，文文到男友的住处玩，在抽屉里竟然翻出了一大堆美女的相片，文文心里很不舒服，坐在一旁赌气。男友说了很多甜言蜜语，文文始终阴沉着脸，男友灵机一动，拿起笔刷刷地在那些照片背面写了几个字。然后拿到了女友的面前，"再美也没有我的女朋友漂亮。"

看到这里，文文才眉开眼笑。

可见，对于爱吃醋的一方，可以借用幽默避其锋芒，拐弯抹角地将对方的醋意轻轻弹压一下，而又不刺伤对方，同时也可以消解对方的妒意，维护双方的爱情。爱人有时打翻了醋坛子，即兴展示自己的嫉妒，也能给爱情生活增添不少光彩。

为了使对方开心，不让一些小事在双方之间造成不必要的误会，有时候需要有一些善意的谎言。但是把假话当成真话说，被戳穿后可能会引发更大的矛盾，这时候可以运用幽默的方式"蒙混过关"。

其实，"醋意"人皆有之，不管是男人还是女人，从某种意义上讲，没有了醋意，也就没有了爱情，但是"醋意"大到敏感、猜疑、神经质以致影响到

恋人之间情感的程度就不好了，“醋”吃得适量可以开胃，吃多了就会伤身。

可见，在恋爱中，一方虽然能够通过幽默的方式借题发挥，化解对另一方的醋意，但是，这种幽默也要把握分寸，不要给双方之间的感情造成不良影响。

幽默启示

恋爱中，一方虽然能够通过幽默的方式借题发挥，化解对另一方的醋意。但是，这种幽默也要把握分寸，不要给双方之间的感情造成不良影响。

让幽默温暖你的爱

每个人都希望自己事业顺利，爱情顺利，与自己的爱人长相厮守，但实际上，并不是所有人都能时时刻刻享受到甜蜜的爱情。最令人们伤神的是遇到感情危机、良好的情侣关系难以为继时，我们该如何是好？好言相劝有时候并不见效，而苦苦哀求也只会让你丧失尊严和人格。其实，如果你能用幽默来浇灌这朵即将枯萎的爱情之花，是能起到绝处逢生的作用的。

事实上，幽默不仅仅能让男女之间互生好感，让感情长出幼芽，还能帮其开出花朵，结出果实。可以这么说，如果爱情中没有幽默和笑声，那么爱还有什么意义呢？甚至有人说，爱就从幽默开始。同时，幽默也能缓解爱情中的危机。

小林和男友恋爱已经有一段时间了，小林想毕业后就结婚。可是，她发现最近男友对她的态度有些变化。思来想去，她明白了，原来他们就要面临毕业，而毕业则意味着分手。她明白，要想挽救这段爱情，就要主动出击。

这天下课后，小林鼓足勇气走到男友跟前，说："你的课本真重啊，我来帮你拿吧。"

"不用了，谢谢。"男友的话冷冰冰的，让小林非常难受，但是她并没有因此气馁。

"那我帮你拿手提袋吧。"

"真的不用了，谢谢你。"

小林想了一下，说："那我总得帮点儿忙吧！既然你不让我帮你拿课本和手提袋，要不这样，我拿你的手好了。"

于是，两人又重归于好，毕业后，两人也克服了重重阻碍，迈向了婚姻的殿堂。

在这里，幽默的方法奏效了。在小林的男友看来，他们的爱情是毫无结果的，于是，他决定放弃而开始冷落小林，但是此时，小林的一句幽默"我拿你的手好了"顿时让他感受到浓浓的爱意，两个恋人之间的隔阂也就消除了。

爱情的表达，本无定式，直率与含蓄，各有价值。但是，我们中国人都习惯以含蓄为宜，一是使得话语具有弹性，不至于由于对方一拒绝就不能挽回局面；二是符合恋爱时的羞怯心理；三是符合我国的传统文化心理。

我们再来看下面一个男士挽救爱情的方法：

女：我觉得我们在一起不合适，分手吧。

男：啊？分手？为什么啊？

女：不为什么，我就是不想和你谈了，我太"佩服"你了。

男：既然你佩服我，为什么还要和我分手啊？你要是真佩服我的话，应该很乐意和我在一起！

女：我是真的服了你了，不是佩服的"服"，而是对你失望之极，你是个木头！

男：不对啊，木头是植物，而我是动物，难道你连动物和植物都分不清？

女：我觉得我和你已经没有什么话可聊了。

男：世界上本来就没有什么话可聊，不过你多聊，自然就有话聊了。

女：你让我怎么跟你聊啊？我说让你陪我去逛街，你可倒好，还真带我去轧马路！你知道吗，我的脚很痛啊。你难道不明白逛街是去商场逛吗？

男：那你也得说明白啊，就说逛商场好了，为什么要说逛街呢，商场和街是两种概念，这完全是你没弄明白。

女：你真的不懂我的心，难道什么都要我和你说明白才行吗？

男：你不说明白我怎么能懂啊！

女：那好，我们现在分手，我说得够明白了吧？

男：当然明白！不过就是不分！

女：你到底喜欢我什么啊，说出来，我改还不行吗？

男：那你肯定改不了了。

女：你说吧，只要你答应和我分手，我绝对能改得了。

男：我就是喜欢你不讲理，而且赖，脾气坏，你能改吗？

女：我从小就这样，你不是为难我吗？

男：那好吧，分手的事就等你改了再说。

女孩无奈……

女：我喜欢上别人了。

男：他哪点不如我？（这里是重点，误导……）

女：哪都不如！

男：既然哪都不如，你喜欢他干什么啊？

女：我以为你说的是你哪点不如他呢！

男：看来是你没有认真听我说话，那么毫无疑问，问题出在你的身上，你不可以因为这个和我提出分手。

女：拜托您了，你绝对是个好男人，而我却是个坏女人，我配不上您？我长得丑，心眼毒，智商低，我全身的毛病。而您十全十美，您给我条活路好吗？

男：我是好男人，这是毋庸置疑的事实，你是坏女人，我觉得还好吧。你配不上我，不过我可以将就一下。长得丑，吓不着我，自然就没有必要去吓唬别人了。

女：我今天说什么也要和你分手。

男：今天说什么也要和我分手？那你说到明天。好不容易找到对象，哪能说分就分。

女：好，我不分手了。

男：那又为什么不分了？

女：我服你。

男：可是刚刚你明明说你服我才和我分的啊。

女：我改变主意了，行不行？

男：女人为什么都这么善变？

女：你，这辈子我算死在你手里了。

男：那我们还谈不谈分手的事儿啊？

女：算了，走，吃饭去。

看完这对情侣之间的对话，我们不禁会笑出声来，也不得不佩服这位男士的幽默技巧，他并没有直接表明自己不想分手，而是从各个方面反驳了女孩分手的理由，最终让女孩子收回了分手的要求。

的确，从他们身上，我们看到男女恋爱中的很多趣味场面，男女谈恋爱的过程，也就是一对欢喜冤家打情骂俏的过程，用幽默的话语“互掐”能为恋爱生活增添更多乐趣。正是由于这样，幽默作为一种含蓄的语言形式，人们因此乐于以此法在恋爱生活中表达爱的情感，并借助幽默与爱人冰释前嫌、重修旧

好，使人在欢笑中体会到彼此的爱，重新燃起爱的火花！

幽默启示

事实上，幽默不仅仅能让男女之间互生好感，让感情长出幼芽，还能帮其开出花朵，结出果实。可以这么说，如果爱情中没有幽默和笑声，那么爱还有什么意义呢？

第5章　女人关爱家庭，施展幽默口才

托尔斯泰曾说过："幸福的家庭是相同的，不幸的家庭各有各的不幸。"即使是再幸福的家庭，家庭矛盾也是不可避免的，而一个真正幸福的家庭应该是能够很好地化解家庭内部的种种矛盾，并且能够将家庭内部的一些重大矛盾扼杀在萌芽之中。而要想实现这一美好愿望，好的口才是十分必要的，尤其是要学会诙谐幽默的表达。它能增进家庭成员之间的情感，使家庭和睦，彼此有爱。

些许幽默能让家庭充满温馨

幽默能制造妙趣横生的家庭生活，这样的家庭生活会使人们时刻保持良好的心情，对生活充满向往和希望。这样的家庭中的成员无论是工作还是学习都是精神饱满、积极向上、劲头十足的。

提到家庭生活，我们想到的多半都是天伦之乐，的确，家庭生活是温馨、幸福的，此时再来些幽默，那么，居家生活就更温馨惬意了。我们不能否认，家庭生活是琐碎的，每天除了柴米油盐就是锅碗瓢盆，但常言道："家庭这盆稀泥，谁和得好，谁的家庭就和睦。"谁家小葱拌豆腐，弄个一清二白，那叫没水平。事实就是如此，家庭就是锅碗瓢勺交响曲，奏得和谐，那是上品，奏得不和谐，天天弄得鸡飞狗跳的，再富有的生活也没滋味。怎样和谐？幽默的

交际方式绝对是一种润滑剂。

妈妈学历不高，最近在工作中遇到了几个英文单词，就是不明白什么意思，结果被人嘲笑，于是，她决定学习英文，自然，上过大学的儿子就成了她的老师。

这天晚上，儿子小明正在客厅里看电视，妈妈捧了本书进来，说道："儿子，这个'I don't know.'是什么意思？"小明一看，立即说道："我不知道。"妈妈有点生气："几年大学白上了啊？你怎么什么都不知道！"小明说："什么啊，本来就是'我不知道'嘛。"妈妈："还嘴硬！"后来，妈妈终于明白了原来这个句子的意思就是"我不知道"。

估计我们看完这对母子的对话，也会笑得前俯后仰，小明的妈妈很好学，但她问小明的问题太巧合了，即使小明的翻译没有任何错误，翻译的意思也会使人误会，这让小明一时无所应对，而小明的妈妈则以为儿子在"戏弄"自己。然而正是这种答非所问、歪打正着的幽默，为平淡的生活增添了乐趣，使得小明一家妙趣横生、其乐融融。

的确，生活就是这样平淡无奇，但若家庭生活是沉闷、无趣的，那么，这样的家庭生活便会使人感到无聊至极甚至令人窒息，而且会使家庭成员之间的关系僵化，连说话的次数都极为有限，毫无生气可言。久而久之，这样的家庭便成了一潭死水。

此时，家庭成员若能发现生活中趣味横生的事，开开玩笑，那么，就可以使家庭生活摆脱沉闷。有幽默的家庭是富有生机的，因为人人都能感受到父母、子女或者亲人对自己的关心和爱护，这样的家庭就像一个乐园，欢笑和美好充斥在每一个角落。这对小孩的健康成长，老年人安度晚年，中坚力量更好地持家都是非常有益的。

老王的女儿非常可爱，很招人喜欢，可就是有个不足的地方——孩子的牙齿不整齐，于是，他们决定让女儿戴牙套。

女儿戴上牙套以后，夫妻俩就格外关心孩子的牙齿，时不时地让女儿张大嘴来来回回地看。女儿很听话，每次都很配合。老王发现，不光是他们对女儿的牙很好奇，就连周围的邻居以及女儿的同学也经常让女儿张开嘴巴看个究竟。

这天放学，孩子的舅舅把孩子接回家后，老王赶紧放下手里的活，说："孩子，把嘴巴张开，让爸爸看看你的牙齿。"谁知，女儿一个劲地摇头，而且紧闭着嘴巴，老王不解地看着她，问："今天这是怎么了？爸爸看看你的牙变齐了没有，变漂亮了没有，你以前都乖乖听话的啊。"女儿一努嘴说："不让看，你若真想看得拿钱，我让舅舅看了好几眼，他一下奖给我好几百。"

小舅子和老王开的玩笑都很巧妙，关心孩子、给孩子钱都是用幽默的方式，不过从这个幽默中反映出了家人对孩子的喜爱，以及老王一家人关系的和谐。

可能很多人认为，交际只指外面的大社会，家庭这个小社会不需要。实际上并不是如此，家庭不仅需要交际，还非常需要有幽默特点的交际。使用幽默，自由自在地去借用简洁的格言、机智的谚语和精彩的玩笑，然后加以修改，把它变成适合自己情况的幽默方式，就会为你绽放美丽的生命色彩！

幽默启示

有幽默的家庭是富有生机的，因为人人都能感受到父母、子女或者亲人对自己的关心和爱护，这样的家庭就像一个乐园，欢笑和美好充斥在每一个角落。

女人巧用幽默化解彼此隔阂

我们都渴望生活美满幸福，希望和自己的爱人相敬如宾、孩子可爱听话、父母呵护有加，但毕竟人无完人，尽管家庭中的每个成员都会尽量做到最好，但错误和过失仍然是存在和不可避免的。这时，作为亲人的我们，就有必要帮其指出，试想，如果你对孩子的错误置之不理，那么，孩子很可能会一错再错甚至误入歧途；如果你对爱人的恶习不加管制，那么，他（她）也可能在错误的道路上越走越远，但过于直接的批评会伤害人们的自尊，尤其是小孩和少年，他们正处于叛逆的年龄，对于那些直接的批评很可能会产生抵触心理，结果不但不会起到教育的作用，反而会使其变本加厉，愈演愈烈。

所以这时用幽默的方式暗示责备，不但可以缓解由于错误带来的紧张气氛，而且可以使其认识到错误所在，促进家庭成员之间的感情。

小张和小李大学时候就开始恋爱了，毕业以后，两人顺利步入了婚姻的殿堂，可以说，他们是周围同事、同学、朋友羡慕的模范夫妻。小张是个体贴的男人，他无微不至地照顾妻子，而小李则像一只温柔的小鸟，总是依偎在小张的身旁。

小张想努力为妻子换个大房子，他把几年存下来的积蓄拿出来，开了自己的公司。起早贪黑地工作，常常半夜才回家，然后倒头就睡，偶尔早回家，也是埋头查资料、写方案。

小李觉得很不习惯，她希望丈夫和自己说说话，但是丈夫太忙了，后来，她喊着让他听："你总是这么晚回来！""我没有总是啊！"丈夫说。

一年后，她问："你总和什么人在一起？""孙总、李小姐……"丈夫回答。

以后，她喊得更多，而他什么也不说，只是拿起报纸走到另一个房间。

五年后，小张如愿以偿，取得了阶段性成果，事业小有成功，可以实现买房计划了，而此时妻子却提出买两套小房子，一人一套，而不是计划中的大房

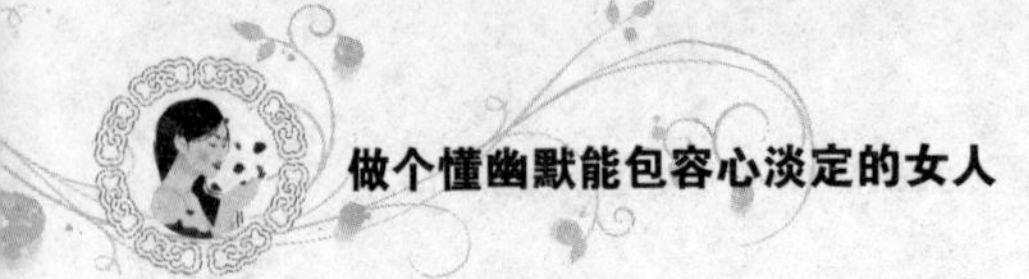

子，虽然他们之间没有第三者。

小张和小李之间似乎已经没有以前的默契了，正是因为小李整天不断地唠叨，使本来交流就少的小张更加心烦，在生活中像这样的家庭可以说是屡见不鲜，其实在这个时候小李在表达自己的不满或者责备的过程中就需要有一种艺术。

可能你已经习惯了批评别人，尤其是你的亲人，你会觉得，你的批评是善意的，但你要记住，你的指责绝对是一种冒险，因为它极有可能伤害到对方的自尊。对方可能已经认识到自己的错误，但却会因为你说话的方式而死不承认，甚至故意顶撞你。许多夫妻都有过类似的经历，无谓的争吵随时都会发生，一旦发生又会因愤怒很快失去理智，直至闹得不可开交，甚至拳脚相加。所以要委婉地进行表达，用幽默的方式不仅可以打动对方，使你的意见得到重视，而且可以为整天处于紧张状态的人缓解疲劳，身心上得到安慰和暂时的解脱。

有个男人在家里非常憋气，因为他的妻子是个女强人，在事业上有很高的成就，而他不过是个工薪阶层，因此妻子总是看不起他。一天，他终于忍无可忍，逃出了家门。在酒店里，服务员给他看了一间房，并对他说："住在这间房子里，你会感觉跟住在自己的家里一样温暖。"男人一听，痛苦地说："天哪。千万不要这样，你还是赶紧给我换个房间吧。"

可见没有幽默的家庭是让人想逃离的。

某男士大男子主义的思想非常严重，这天，他对妻子说："以后，你什么都得听我的。"

妻子笑着说："可以啊，不过是在我生病的时候，在我没病的时候，你什么都得听我的。"

面对妻子的话，此人无言以对。

这里，妻子运用雍容得体的幽默感言来"回敬"丈夫，使得她那位傲慢的

丈夫因自己的亲切有加、含情脉脉的轻柔语言变得谦和了许多，使沉闷的气氛变得活跃起来。这时，假若这位妻子以“凭什么都得听你的”针锋相对，恐怕一番激烈的唇枪舌战在所难免。

我们不得不承认，现代社会离婚率越来越高，很多年轻夫妻结了婚以后，才发现相爱容易相处难，生活中常因一点小事就批评和责备对方。有些夫妻整天吵架，起因都是些鸡毛蒜皮的事情。当两个人真正分开才悟出当初自己的失误，但后悔已经晚矣。

有人说，一个家庭中，如果有富有幽默感的成员，那么，这个家庭肯定是和睦的。这是因为幽默是人类自我完善的一种途径，也是一种引发喜悦以愉快的方式使人娱乐的艺术。家庭生活的琐碎以及工作与生活带来的压力，可能都使我们多了一丝烦恼，此时，一句幽默的话语可以消除疲劳，倍感生活平淡才是真的道理。幽默是美好的东西，更是智慧的产物，因此，它自然而然地成了许多人追求的生活和交际艺术。用幽默追求家庭宽容和谐的境界，唯有经过岁月和感情的冲刷、洗礼方可领悟。

幽默启示

幽默是美好的东西，更是智慧的产物，因此，它自然而然地成了许多人追求的生活和交际艺术。用幽默追求家庭宽容和谐的境界，唯有经过岁月和感情的冲刷、洗礼方可领悟。

幽默暗示让孩子更易接受

疾言厉色的教育可以威慑孩子，但它容易让孩子产生对抗心理，是一种不得要领的教育方式。心平气和式的教育才能使孩子体会到自己与父母在人格上的平等。但由于语言平淡、不疼不痒，无法产生持久的效果。风趣幽默的教育触动的是孩子活泼的天性，因而更能在他们的心灵中留下不灭的印迹，使他们时刻以此警示自己。

而事实上，中国传统的家庭教育大都是严肃多于宽容，从一些俗话中便可见一斑，如“三天不打，上房揭瓦”、“棍棒底下出孝子”等。在这种教育思想影响下，父母与孩子的关系往往变得非常对立。殊不知，最好的家教应该略带一些幽默。

一天，儿子吵着要爸爸给买把火炬，爸爸并没有教训孩子，而是抚摸着他的头说：“儿子，假如你要买的火炬不是急着用，不妨暂时缓一缓，最近，咱们家的军费开支已经超过预算了，再买火炬的话，你妈妈可要发火了。”一席话，孩子乐了。

故事中爸爸的教育方法是值得很多父母学习的，在教育子女的过程中，加进了“幽默”的元素，能使关系平等化，气氛和谐化。

幽默是父母与孩子沟通的有效方式。世界上有人拒绝痛苦，有人拒绝忧伤，但绝不会有人拒绝笑声。在教育孩子时，一个父母如果经常能想到寓教于乐，再顽皮、再固执的孩子也会转变的。幽默表面上只是一种教育手段，实际上它贯穿的是一种乐观精神，一种坚信明天会更好的执着，反映了教育的人文本质。

这天，正在上班的谢娜，接到了学校老师的电话，原来，儿子违纪了，她知道儿子调皮捣蛋，保不准又闯什么祸了。谢娜很生气，准备晚上回家后好好教育儿子。

晚上，谢娜把孩子叫到了跟前，儿子战战兢兢地看着她，想来已经知道妈妈要收拾他了。这时，谢娜突然想起，前几天她在书上看到，一旦孩子处于高度“防范”的状态，任何手段和方法，不仅无法收到预期的教育效果，甚至可

能引发家长和孩子之间的对立和对抗。

于是，她笑着问儿子："儿子，你是不是比较喜欢打篮球？"孩子听了一怔，立刻放松了警惕，继而不好意思地挠了挠头说："还行，但球技不怎么样。"

"是吗？所以你就想借助一切机会来练习自己的投篮？"

听妈妈这么一说，儿子不好意思地低下了头。后来，儿子承认了自己的错误，而且真诚地表示要努力加以改正。幽默的方式取得了令人满意的教育效果，谢娜深以为幸。

很明显，谢娜幽默式教育方法奏效了。

可能很多父母会有这样的疑问，到底该如何运用幽默教育孩子呢？

1. 以生活细节为素材

有些父母认为，运用幽默教育孩子并不容易，不知从何处入手。其实，幽默并不是那些口才了得的人才能运用，幽默的素材就在我们周围。例如，你可以在茶余饭后和孩子一起进行幽默的智力回答，如脑筋急转弯，也可以和孩子一起交流白天发生的有趣事件等。

2. 孩子犯错，以轻松宽容的心情面对

正常情况下，孩子犯了错误，作为父母，一般都采取急躁的态度，控制不住自己的情绪，甚至对孩子大加指责，而这样做，不仅不能让孩子认识到自己的错误，甚至会让孩子产生反感的情绪，怨恨父母。因此，孩子犯错的时候，父母要注意提醒自己控制好情绪，耐心地和孩子交谈，尽量对孩子微笑，消除孩子的抵触心理，才能让孩子听你的教导。

3. 语言生动有趣

生动有趣的语言，一般都能引起孩子的注意，例如，当孩子把房间弄得很乱时，我们可以这样说："哎呀，房间这么乱，我快要晕过去了，快来扶我一把。"此时，孩子不仅为之一笑，还会认识到自己房间的脏乱。

4. 多利用"现成的"幽默材料

可能有的父母天生缺乏幽默感，不苟言笑，他们认为自己是无法使用幽默这一教育方法的，对于这种情况，其实，只要你善动脑筋，具备耐心和爱心，多找些身边现成的幽默材料，也是可以和孩子轻松地沟通的。你可以多阅读笑话、幽默小品等，培养自己的幽默感，还可以每天读几则幽默故事给孩子听、陪孩子看动画片等。

应该说，在家庭教育的过程中，义正严辞的说教是必需的，在很多情况下甚至是不可或缺的，但是父母也要清楚地知道，诙谐风趣的幽默在一定情况下也能够收到事半功倍的效果。不过，需要提醒的是，尽管教育幽默有时会收到超乎寻常的理想效果，但是，一定要取之有道、操之得法、用之适度，否则，便是无谓的油嘴滑舌，更为重要的是，千万不能将对孩子的讥讽和嘲笑也视作幽默，这样的"幽默"纯属有害无益。

幽默启示

幽默是父母与孩子沟通的有效方式。世界上有人拒绝痛苦，有人拒绝忧伤，但绝不会有人拒绝笑声。在教育孩子时，一个父母如果经常能想到寓教于乐，再顽皮、再固执的孩子也会转变的。

幽默是使丈夫听从妻子的最好武器

相对妻子来说，在家庭生活中可能表现出来的更多是一个语言上的强将，她们更喜欢唠叨，更喜欢管束丈夫的某些活动，但事实上，我们发现，很多丈夫似乎并不听从妻子的"管教"，甚至厌烦妻子的"管教"，因为这种"管

教”总是会让他们陷入紧张的情绪中。

我们都知道，家庭是社会的细胞，任何一个家庭都是社会的缩影。家庭关系是以夫妻关系为基础的，夫妻间相亲相爱，才能组建成一个家庭，而夫妻和谐则家庭幸福，夫妻有矛盾则把阴影投向了家庭。作为妻子，在家庭关系中更是充当着一个独特的角色，她们在家庭中对待丈夫的方式、态度如何，直接关系到丈夫乃至整个家庭的幸福指数。

怪不得很多大企业家说：“如果我们要想提升某个人时，会先调查他的妻子。”并非调查他们的太太是否长得漂亮，或者很会做菜，而是调查她是否能让他的先生充满自信。一些企业的老板说：“做妻子的要接受丈夫的一切。要让丈夫生活愉快，拥有满足感。当丈夫回到家里时，要替他装上自信的弹丸。这样做丈夫的就会想：‘她这样喜欢我，可见我在她心中有一定的位置，并非一文不值’。做妻子的若能爱丈夫，信任他，他就会拥有‘我一定能做好一切’的自信。所以当他第二天出门时，他就会充满自信地接受挑战。”

有则小幽默说的就是这样一种情形：负责人事的经理对他的新雇员说：“这份表格你填得不错，就是有一点问题，你在填写与太太的关系一栏里，应该填‘妻子’而不该填‘紧张’”。

这个小幽默形象地表明了这位丈夫对妻子的畏惧。其实，解决这一问题的方法有很多，其中就包括幽默法。相亲相爱的夫妻之间，情意绵绵的话语当然是主要的，但幽默会使夫妻更加恩爱。作为妻子的你，如果能看到幽默的力量，在日常生活中，就多采用幽默的语言方法，那么在很多问题上，你的丈夫可能更愿意接受你的意见。

小芳和丈夫是通过网络认识并走到一起的，当时小芳也是个地地道道的网迷，但是婚后，尤其是有了孩子之后，小芳每天除了忙工作外，还要忙着照顾儿子和丈夫，但是丈夫似乎无动于衷，根本没有把妻子的辛苦看在眼里，还是整天沉迷在网络的世界里，小芳觉得有必要和丈夫认真地谈一谈了，但是怎么开口呢？有一天，她给丈夫写了一个网络留言。

亲爱的大伟，我是你的妻子，我们家的新电脑买了一年多了，我连一次都没碰过，今天终于可以摸摸它了，但我并不是来上网的，我是想把心里想说的话发到你的邮箱里，希望你能有所改进。

首先，我必须对你提出警告，晚上睡觉的时候，手指最好老实一点，我可不是你的键盘，你可别在我身上乱敲。还有就是你可以跟你那些最知心的“峨眉大侠”、“小龙女”侃个不停，但儿子哭着叫你擦屁股时，你怎么能随手抓起废纸刮孩子的屁股呢。你的脸皮厚，经受得起打印纸的摩擦，可是孩子柔嫩的屁股可吃不消。你没有发现吗？你的腰越来越粗，腿却越来越细。我真想不通，厕所离你的电脑椅才几步远，你就硬是坐着不动，还说想把电脑椅改成马桶。你怎么就不动动脑筋最好把我这丑婆娘也改装一下，省得我为你操心。昨天你开车，前面有一深沟，你不刹车，还一劲儿喊：“后退键哪里去了！”哥们，要不是我眼明脚快，帮你踩住刹车，也许现在就没人给你留言了。我爱你，但你总不能连吃饭也要我通过E-mail来叫你吧？好了，我就敲到这里，再敲下去，我怕我会让它永远死机。

可能我们看完这封留言后，也会被妻子小芳幽默风趣的语言所折服，相信她的丈夫在看到留言后一定会态度端正地接受妻子的建议，并努力改正。

而现实生活中，在面对丈夫可能存在的某些问题上，作为妻子，多半并不会采取这种委婉、风趣的方式让丈夫接受，而是唠叨个不停，或者是对丈夫进行一番指责，实际上，这不仅会使你的丈夫产生负面情绪，而且对事情本身起不到任何帮助作用。相反，一个能容纳自己丈夫的人，必定会得到丈夫的加倍怜爱。心理学家研究指出，每个人都愿意和自己喜欢的人和睦相处。假如是因为妻子的缘故，让丈夫对自己失去信心而讨厌自己，那么，丈夫会随着自己自信心、自尊心的低落而对妻子不耐烦，甚至会因此找茬使感情滑坡。

幽默启示

人们常说，别忘给爱情加加油，幽默确实是一个好方式，它能使夫妻更恩爱和睦。身为妻子的你，用幽默来对待夫妻关系吧，充满乐趣的生活能为两个人精心经营感情提供良好的环境，同时也会使双方更加珍惜彼此，越来越离不开对方！

幽默的呵护让妻子更爱自己

从古到今，中国的家庭模式就是“男主外，女主内”，所以，作为丈夫，在家庭中，一定要充当好保护者的角色，一定要懂得呵护你的妻子。一个男人，在家庭中自始至终都居于核心地位。但任何情感都是需要表达的，面对每天生活在一起的妻子，不可能每天绞尽脑汁地说一些甜言蜜语，那些善于表达爱的男人通常会独辟蹊径、用幽默的方法让妻子感受到幸福的婚姻生活。

很多男人常说，女人是一种奇怪的动物，你根本无法了解到她内心想的是什么。的确，男人很难读懂女人，更难读懂自己的妻子。因为也许男人没有用心去“读”过。其实，女人是可爱的，也是脆弱的。而人群中，你最关心的女人——你的妻子，可能常常也会让你感到困惑，可能她问你为什么不表示意见，却生怕你表示意见。她叫你走开，却希望你把她搂得更紧一点。良妻有黄金的价值。

假如男人都能这样看待自己的妻子，他的家庭多半是幸福的。

有一对夫妻，结婚数十年，依然非常恩爱，丈夫对妻子很疼爱，而妻子也很体谅丈夫。尽管在生活中，他们并没有多少甜言蜜语，甚至有时候还吵嘴。

有一天，丈夫回到家后，看到妻子在厨房忙活，他打过招呼之后便躺在沙发上看电视，很快，饭菜端上了桌子，忽然，丈夫看到，妻子非常憔悴，而且还紧紧地皱着眉头，于是关切地问道："亲爱的，你怎么了？"妻子说有点感冒，丈夫嘱咐了几句两个人便开始一起吃饭。

饭后，妻子并没有和往常一样收拾碗筷，而是躺到了床上。过了一会儿，妻子挣扎着爬起来去厨房刷碗，却意外地发现丈夫正在围着围裙刷得起劲，妻子心里既高兴又感激，但是她还是说："看来有人说话不算话啊，当着别人的面说自己从不刷碗，现在在干吗呢？"丈夫憨厚地笑笑说："我刚才夜观星象，发现如果今天刷碗买彩票能中大奖呢。"

妻子被丈夫的温馨幽默所感动，给了丈夫一个温柔的拥抱，这样的幽默无疑使他们的生活更加和谐了。

生活中的你是不是也和故事中的男主人公一样，当你的爱人和亲人身体不适时，主动承担家务并为自己找个可爱的借口呢？相信如果你这样做的话，也会为家庭增添一份和谐之音。

婚姻是什么？贫穷不可以忍受，富裕不可以共享，平淡中又觉得缺少激情？结婚几年过后，可能一些男人会用一句最简单的话"对妻子没有了激情！"作为猎艳的理由，去追寻激情。可是，激情过后，很多男人才发现外面的世界虽然精彩，可是也好无奈和虚伪，平淡才是真，妻子是你永远的守候。其实当你随意说出没有了激情的时候，我觉得是亵渎了妻子。因为，你仍然和你的妻子度过了许多个日日夜夜。只要你愿意，不管你的妻子心情如何，不管你的妻子多么累，不管是你深夜归来吵醒她，你的妻子都在默默地给予你快乐。而婚后，你给予过妻子多少柔情和亲吻？

妻子不是你的私有财产，而是有血有肉的人。因此，少对妻子、孩子发脾气，因为你是顶梁柱，是孩子心中的"神"。所以，男人的泪水默默流，才坚毅、刚强；男人的欢笑尽情释放，才洒脱。

可能许多夫妻都有过类似的经历，无谓的争吵随时都会发生，一旦发生又会因愤怒很快失去理智，直至闹得不可开交，甚至拳脚相加。日常生活中，我们常看到这种情景，在公共场合彬彬有礼的翩翩君子，在妻子面前同样也会为一些小事而大动肝火。殊不知忍一时风平浪静，退一步海阔天空，多用幽默少动气不是一样可以占尽心理上的优势吗？一家之主的男人应该以幽默博大的胸怀包容妻子的一切不满，这是上帝在亚当夏娃时代便定下的规矩。

的确，在家庭中，夫妻之间，幽默可以发挥出令人意想不到的效果，它可以增进彼此之间的感情，调节气氛，制造亲切感，还可以消除疲劳和紧张感，使两个人都能够轻松、快乐地面对生活。

幽默对于加深恋人间的感情有许多好处，但是，幽默并不是没有节制的，一个男人可能因为幽默而受人欢迎，但另一个男人却可能因为过分的幽默而使人感到反感。奉劝男人们要好好地把握自己，做幽默的天使，切莫成为那种哗众取宠的幽默的奴隶，否则，你所应具有的魅力就会随之荡然无存。

下面是判断一件事是否真正有趣的几个原则：

如果你确定它不是一件令她敏感的事；如果你不是在取笑她的弱点；如果不至于令她感到痛苦；如果你不是在泄露一件她告诉你的秘密；如果不至于侮辱她。

幽默启示

那些善于表达爱的男人通常会独辟蹊径，用幽默的方法让妻子感受到幸福的婚姻生活。

幽默能处理难缠的婆媳关系

在影响婚姻幸福及家庭和睦的诸多因素里，婆媳关系成为仅次于婚外恋的破坏夫妻感情的杀手，还有人戏称其为影响婚姻质量的恶性肿瘤，是导致家庭内战的最大诱因。可见，婆媳之间如何相处已经成为很多家庭必须面对的问题。其实，婆媳之间矛盾的产生，无非也是生活中的一些琐事，如果你板着面孔，非要争个对错是非的话，那么，矛盾和争论也就产生了，而如果你能在危机产生之前开个玩笑，幽默一番，那么，很多问题便会在一片和谐的笑声中解决。

小梦是个幸福的女人，她有个疼爱自己的老公，有个可爱的女儿，婆媳关系也一直很和谐。刚结婚的时候，婆媳之间有点矛盾。婆婆是个传统的女人，一直希望小梦能生个孙子。

婆婆：我天天做梦都梦见你生下了个男娃娃。

小梦：那你今天晚上再做一次梦吧，梦到生个女儿，我太想要一个女儿了。

婆婆：要女儿干什么啊？你们的房子、我们的房子以后留给谁啊？（小梦娘家家境好，结婚时所有的东西全是小梦的父母提供的。）

小梦：给我的女儿啊。

婆婆：哦，给你女儿，然后你女儿再去和别人一起享受？那不太便宜他人了吗？

小梦：我也是女儿身啊。我妈妈爸爸不也为我提供了这么多东西，而且我也是和我的老公一起用的啊。照你这么说，难道你认为你的儿子占了我的便宜？

婆婆一听，无言以对。后来，即使小梦生了女儿，她也不好再说什么了。

这里，我们看到了一副和谐的婆媳关系相处的画面，有两个女主人公——

小梦和她的婆婆。小梦是个幽默的儿媳妇，她并没有采取和婆婆理论的方式，而是幽默地和婆婆开了个玩笑，让婆婆认识到自己的无理要求。

的确，婆媳之间的关系自古以来就很微妙，不好相处，奇怪的是却很少见岳母和女婿之间难以相处。究其原因，还在于两个本不相干的女人却因为同样一个男人（儿子）而相识。一直习惯独享儿子对自己的爱，帮儿子料理家务，洗衣做饭管理财务，辛苦着并乐意着。一下子儿子身边多了一个比自己年轻、活泼有朝气的小女人，而且儿子还很喜欢、重视她；一切以小女人的意愿为主；每天早晚打电话请示，连儿子的妈妈也没有享受过这种待遇；帮儿子存在银行里的钱在渐渐流失，换成了小女人身上漂亮的衣服、昂贵的首饰甚至是为结婚耗尽全家积蓄的新房。这巨大的反差有几个婆婆愿意坦然接受？小女人也就成为了婆婆心里最不受欢迎的女人，甚至这种厌恶还胜过老公身边假想状态的“狐狸精”。所以婆婆和媳妇之间注定不会是一条平坦的大路。而是充满荆棘，歪歪扭扭的羊肠小路。

作为现代家庭中的女人，也应该和案例中的女主人公一样，凡事不要太较真，和对方开个玩笑，不要那么严肃，整个家庭氛围也就轻松多了。

那么，作为年轻人，除了幽默外，在婆媳问题上，该如何对待呢？

1. 适当尊重

对待老人还是要尊重，如果老人比较开通就可以在形式上当她是老人，从内心里尊重她，和她逛逛街，给她买一些能够让她在朋友面前炫耀的小礼品，让她教你做做饭之类的，和她多沟通，不要在她和老公之间有误会存在，这样老公也不好做人的。

2. 理解最重要

凡事顺其自然；遇事处之泰然；得意之时淡然；失意之时坦然；艰辛曲折必然；历尽沧桑悟然。

你说的这些只是以你的角度去看待问题，找个熟人，去你婆婆那儿闲聊套套话，看婆婆那边怎么看待你。或许真有你没注意到的细节。以后要注意到这些细节，避免自己不对的地方。

婆媳始终是一家人，包容理解才主要。要婆婆理解你，你先得理解婆婆，从她的角度考虑。

幽默启示

有人说“家不是讲理的地方”，这话一点都没错，有时候尽管分手了，是非反而让家庭破裂，有什么意思呢？家永远是讲爱的地方，作为女人，要明白，与其针锋相对，不如幽默一些，缓和矛盾，增加感情，才能使婆媳关系更加和睦。

夫妻间多一些幽默就多一些乐趣

夫妻之间幽默地相处能使两个人在心理上减轻对婚姻无趣的负担，重新激起两个人的激情，不断摩擦出爱的火花。爱情是虚无缥缈的东西，它神秘不可捉摸，因而耐人寻味，给人以充分的想象空间，这样婚姻便成了顺理成章的事情。但是婚姻不像爱情，它必须公开，两个人的关系在众目睽睽之下，便再无神秘感可言了，此时要有调节的办法才能找回当初的感觉。

小军的姑姑得了严重的风湿病，花了很多钱，总是治不好，于是小军想把姑姑接到城里来治疗。可是，小军知道，家里突然多一个人，老婆阿梅肯定是不会同意的。

这天下午，小军早早下班回家，用姑姑给的红豆精心熬了一锅粥，阿梅回家后，尝到美味可口的粥，非常开心。

吃完饭后，阿梅问道："老公，这是哪里买的红豆啊，熬出来的粥这么香，你和我说一下，我多买点去。"

小军趁机说道："这个红豆可是世上独一无二的，花多少钱也买不来。这是姑姑上次看我的时候带的。"

阿梅说："也确实难为她老人家了。等下次见到姑姑，我一定得好好谢谢她老人家。"

小军说："是啊，老人挺不容易的。"说着，小军又说起以前的伤心往事，直说得阿梅心里酸酸的。

想想丈夫这么多年来，过得实在是太辛苦了，多亏了姑姑的精心照顾。阿梅心里酸酸的，她问道："姑姑最近生活都还好吧？"

小军说："生活起居都还行，就是她那病，治疗了这么久也不见起色，而我这个做侄子的，却什么忙也帮不上，想想心里就难受得不行。"

阿梅不假思索地说："那让姑姑来城里治疗吧，城里的医院设备好，有好大夫，而且，到时候住在我们家里，也让我们有机会好好伺候伺候她老人家。"

听了阿敏的话，小军感动地握住她的手，点了点头。

在锻炼双方承受玩笑的能力时，要记得多将幽默的矛头对准自己。在新婚阶段，不愉快的经历很可能是因为一个不经意的玩笑而起，例如，取笑对方新烫的头发像受过电击的卷毛狮，或者取笑对方壮硕的身材像河马。因为这一阶段双方还没有熟识到"视玩笑为亲密"的程度，没有意识到互相逗乐取笑是比甜言蜜语更高端的调情方式。

常说别忘给爱情加加油，幽默确实是一个好方式，它能使夫妻更恩爱和睦。如果夫妻间的冲突迫在眉睫，那么，幽默可以让一触即发的矛盾冰消雪融。夫妻间经常保持幽默感，会使夫妻恩恩爱爱，感情历久弥新。在我们现代家庭生活中，夫妻间因各种各样的矛盾，闹点小摩擦，吵几句嘴，发生一点小误会都是难以避免的。如果我们动辄打骂，经常争吵，不但于事无补，弄不好还会扩大矛盾，增加隔阂，伤害感情。假如夫妻双方能运用一点幽默，效果就会截然相反。用幽默来对待夫妻关系吧，充满乐趣的生活能为两个人精心经营感情提供良好的环境，同时也会使双方更加珍惜彼此，越来越离不开对方。

幽默启示

幽默可以让一触即发的矛盾冰消雪融。夫妻间经常保持幽默感，会使夫妻恩恩爱爱，感情历久弥新。

用幽默来表达责备可增进家人感情

发生错误和失误都是在所避免的。太过于直接的批评会伤害人的自尊，尤其是小孩子和少年，他们正处于叛逆的年龄，对于直接的批评很可能会产生抵触心理，结果不但不会起到教育的作用，反而会使其变本加厉，愈演愈烈。这时用幽默的方式暗示责备，不但可以缓解由于错误而带来的紧张气氛，而且可以使其认识到错误所在，促进家庭成员之间的感情。

宇峰和妻子是大学同学，两人在大学谈了三年的恋爱，毕业后，为了爱情都留在了上海。宇峰的妻子叫袁芳，上大学的时候，袁芳就是个很爱美的女孩，每个月的生活费，她总是会把一多半花在穿衣打扮上，宇峰追求她的时候，也总是喜欢让宇峰给自己买这买那，那时候宇峰虽然不是很宽裕，但还是会竭尽所能地满足袁芳的要求。

结婚以后，小两口的生活也不是很宽裕。当初结婚时，宇峰在这座城市按揭买了一套一室两厅的房子，不但要还房贷，还要维持生计。而袁芳虽然收

入不是很高，但非常爱花钱。买衣服、买零食，家里的开销却一分不出。有时候，宇峰希望袁芳能够节省一点，可是袁芳不但不愿意，还会冲宇峰大吼："你一个大男人，连我都养不起，你还有什么用！"这话把宇峰气得够呛，宇峰也只好作罢。

因为这件事情，宇峰和袁芳发生过好几次争吵，可是每次都会以宇峰的道歉结束。宇峰觉得这种方式无法解决问题，于是决定换一种方式来暗示自己的妻子，希望她可以节省一点。

自此之后，宇峰总会在袁芳面前提到，什么什么东西又涨价了，什么什么费用又该交了。有一次，宇峰和袁芳去超市买日用品，无意间走到了卖婴儿用品的专柜。

这时候，宇峰故意指着货架上面的奶粉说："袁芳，你看现在小孩的奶粉都这么贵了，以后我们的小孩都可能会吃不起呀！"听完宇峰的话，袁芳抬起头看了看，然后陷入了沉思，其实对于袁芳来说，孩子一直都是她梦寐以求的，宇峰的一句话算是说到了她的心坎上。

沉思一会儿后，袁芳将自己购物篮中的很多自己很喜欢吃的小零食，统统放到了商品架上。这一举动让宇峰大吃一惊，忙问袁芳怎么了，袁芳很干脆地回答："我要为我们以后的小孩攒奶粉钱！"

当你批评别人、指责别人时，就是在冒一种风险，因为它极有可能伤害到对方的自尊。即使你的批评和指责是出于善意，但对方因为自尊受到伤害，就算知道错了，也会为自己辩护，死不认错，甚至故意跟你唱反调。所以要委婉地进行表达，幽默的方式不仅可以打动对方使你的意见得到重视，而且可以为整天处于紧张状态的人缓解疲劳，身心上得到安慰和暂时的解脱。

现在的离婚率越来越高，很多年轻夫妻结了婚以后，才发现相爱容易相处难，生活中常因一点小事就批评和责备对方。有些夫妻整天吵架，起因都是些鸡毛蒜皮的事情。当两个人真正分开后才悟出当初自己的失误，但后悔已经晚矣。有人说，富有幽默感的人家庭会特别和睦。这是因为幽默是人类自我完善的一种途径，也是一种引发喜悦以愉快的方式使人娱乐的艺术。幽默可以增进你与对方的关系，同时也是在完善你自己；它可以帮助你应对人生的各种压力，消除烦恼，振作精神；可以使对方更加喜欢你，信任你。既然幽默这么美好，自然而然地成了许多人追求的生活和交际艺术。用幽默追求家庭宽容和谐的境界，唯有经过岁月和感情的冲刷、洗礼方可领悟相亲、相爱、相敬才是真。

幽默启示

幽默可以增进你与家人的关系，同时也能完善你自己；可以帮助你战胜人生的各种压力，消除烦恼，振作精神；可以使对方更加喜欢你，信任你。

中篇
做个懂包容的女人

第6章 女人善待自己，用包容面对人生的不如意

女人的一生会遇到各种各样的苦难，正如一位哲人所言："没有苦难的人生不是真正的人生。"正是经历了苦难的洗礼，女人的人生才能焕发出生命的光彩。面对人生的不如意，有些女人总会哀叹命运的不公，结果只会让女人陷入无尽的痛苦之中，实质上是对自己的一种折磨。其实，人生原本就充满了不如意，如果我们无法改变现实，就只能改变自己。聪明的女人懂得接受生活中的不公，包容人生的不如意，才能让自己活得开心快乐，这同样是在善待自己。

用包容心接纳不完美的自己

生活中，很多人往往看自己的优点时很清晰，却忽略了自己的缺点和不足。即使有的人发现了，也不去面对，觉得自己情有可原。殊不知，正是这些不足和缺点给我们自身带来了瑕疵，尤其是一些女人，自身的毛病很多，却不去面对，不去改正，这严重地阻碍了自我的完善，在生活和工作中给自己设置了障碍。

人的生命是有限的，尤其对于女人来说，青春更容易失去，美好也很难时时停留。随着时间的逝去，我们会遇到各种不如意的事情，这让我们怀疑自

己、不确信自己，自卑甚至自暴自弃。然而，女人要明白，世界上不存在绝对的完美，也不存在完人，每个人都有缺点。同样，也正是因为缺点的存在，我们的人生才会精彩，追求才会变得有意义。所以，每个女人都应该摆正心态，学会包容自己，接受自己的不完美。

女人，不要怕缺点成为你成功路上的障碍，只要能够善于发挥自己的优势，任何女人都可以创造出不一样的人生。面对人生的不完美，如果每个女人都能够像下文中的大仲马一样，相信无论再大的困境，都能够迎刃而解。

《基督山伯爵》的作者大仲马的命运非常坎坷。他从小和母亲相依为命，由于家境贫寒，童年时期的大仲马并没有像其他孩子一样进入学堂。为生活所迫，不得不辗转来到巴黎，因为缺乏找工作的基本技能，大仲马始终未能找到养活自己的方式。后来，他找到了父亲的同学，希望对方能为他提供一份工作。

父亲的同学非常同情大仲马，听了他的请求之后，问道："你有学历吗？"大仲马摇了摇头。"那么，你能告诉我你有什么技能吗？"大仲马不好意思地说："我什么也不会。""那么，你就干装卸工吧，你觉得呢？"朋友的父亲友好地说。大仲马吞吞吐吐地说："先生，恐怕这个工作我没法胜任啊。你看看我的身板，根本扛不住这种体力活。"

父亲的同学无奈地摇了摇头，说："那么，你填个表格吧，有合适的岗位会通知你的。"大仲马的内心有些失落，自己什么也不会，真不知道究竟干什么。他拿过一张表格，认真地填了起来，尽管他感觉得出来，父亲的同学的话是在应付他，但是他还是当真了。

父亲的同学详细地看着这份登记表，说："哦，我亲爱的大仲马，你的字写得太漂亮了，你刚才为什么不告诉我呢？""字写得漂亮也算是优点吗？"大仲马有点不相信自己的耳朵。"当然了，"父亲的同学说："刚好奥尔良公爵府缺一位文书，我想你一定能适合这份工作。"

就这样，大仲马找到了一份工作勉强糊口。后来，他也曾替法兰西剧院誊写剧本，补贴家用，后来他开始自己写剧本。

在这个故事中，著名的作家大仲马因为生活原因，从小也没有读过什么书，更没有学历。当父亲的同学在询问他具体情况时，他沮丧地发现自己既没有认识，更没有能力，还没有任何体力，只有字写得还算好罢了。面对现实，他接受了自己的不完美，并努力发挥自己的优点，替剧院誊写剧本，在不断地努力下，他开始自己写剧本，最终成为闻名一世的作家。面对人生的不完美，他并没有因此而抱怨或是放弃生活，甚至是放弃自己。正是因为他发现了自己的优点，才能够发挥优势，最终成为作家。如果在缺点与不足面前，他放弃自己的理想，继续过以前游荡的生活，历史上也就不可能留下他的名字。

这个世界上没有任何事物是十全十美的，它们或多或少都有这样那样的瑕疵，人类亦同。每个女人都会有缺点，这是无法改变的事实。面对缺点，女人所能做的就是尽自己最大努力使人生更完美一些。莎士比亚说："聪明的人永远不会坐在那里为他们的损失而悲伤，却会很高兴地去找出办法来弥补他们的创伤。"因而，聪明的女人不会强迫自己做"完人"，她们会允许自己犯错误，并且能采取适当的方式正确地对待自己的缺点和不足。

每个女人都有自己的缺点和优点，面对缺点没有什么可羞愧的，更没有什么可自卑的。只有包容自己的缺点，发现自己的优点，在机遇来临时，才能够找到自己的优点并与之结合，那么人生也就有了好的转折。然而，女人如果只把目光盯在自己的缺点上，就只会让自己沉浸在自卑当中，放弃自己的优点，从而错失良机。

生活中每个女人都会有不如意的时候，当面前横亘着无法逾越的障碍时，女人如果不能够包容自己的缺点，那么，也就不能很好地分清自己的优势所在，甚至自暴自弃。女人的人生也就因此而失去了许多原本属于自己的光彩和快乐。聪明的女人懂得，只有包容自己的缺点，发现自己的闪光之处，才能创

造出良好的环境，拥有美好幸福的生活。

包容启示

只有包容自己的缺点，发现自己的优点，在机遇来临时，才能够找到自己的优点并与之结合，那么人生也就有了好的转折。

给心一个笑容，包容失败和挫折

也许你精心准备的约会被临时的加班通知代替了；也许你兴致勃勃挑好中意的商品，结账时才发现忘记带钱了；也许你正在享受外出旅游时的美好景致，却忽然遇到恶劣的天气……每个女人都会遇到一些烦心的小事，面对这些事情，女人是为此而耿耿于怀，被情绪牵着鼻子走，还是用一颗平常的心态接受，包容所有的不如意呢？

生活中，女人遇到烦心的事情在所难免。虽然，这些不如意的事情在某种程度上会给情绪带来影响，但是，如果能够改变心态，换一种角度来思考问题，相信你会得到更多。因而，如果想要拥有良好的心情，就要学会接受人生中的不圆满，调整自己的心态，用一颗包容的心去对待生活中不顺心的事情，这样任何烦恼都会冰雪消融。

生活中，女人与人交往时，难免会出现一些磕磕碰碰、鸡毛蒜皮的事情。原本这些事情对女人的影响并不大，然而，因为不懂得宽容，过于在意这些事情，以至于影响到了本来的好心情。虽然，女人无法阻止这些不完美的事情发生，然而，面对这些不如意，女人可以改变自己的态度。当面临不如意时，想要保持良好的心情，就要做到以下几点：

（1）怀抱包容的心，学会宽容，必要时要懂得换一种角度来思考问题。无论是哪个女人，都不可能保证不会遇到一些意想不到的事情。人的一生是短暂的，如果总为这些小事而伤脑费神，不仅浪费你的时间，而且浪费你的精力。在有限的时间做一些损人不利己的事情，不值得。既然如此，在面对烦心的事情时，何不放宽心情，主动接受。

如果女人还是无法说服自己放松心情，就再转换一下角度来思考问题。突如其来的加班，可以让你在工作上有所收获，同时还可以增加收入。虽然现在不能赴约，但是适当的距离也可以加深彼此之间的感情；突变的天气会让我们的好心情受影响，然而，却可以欣赏到别样的景致。生活中，如果女人时刻都能够以一种宽容的心态来思考问题，相信你的人生一定会收获更多。

（2）拥有宽容的心，学会理解、体贴他人，懂得用忍让来化解生活中的矛盾。事分大小、轻重缓急，不同的女人，面对不同的事情所做出的反应也是不同的。试想一下，如果一个女人每天都为人际关系的矛盾而伤脑费神，那么，生活对于她来说，还有什么美好可言。当然，如果能够以一颗宽容的心来对待，那么，世上烦心的事情自然少了一些。因而，如果想要拥有美好的生活，女人就得学会用忍让来化解生活中的矛盾。

与人相处，与他人产生矛盾是不可避免的。如何处理矛盾直接影响到女人的生活与工作。聪明的女人懂得主动接受人生的不完美，让自己获得平静的生活。如果遇事能够多替对方想想，就可以为自己争得更多的理解与支持。相反，如果女人只是一味地抓住他人的过失不放，只是在自己心中不断重复这件事情的经过，无疑对自己精神上是一种折磨。这样一来，既破坏了自己的人际关系，也会对自己的健康造成影响，其结果可以说是得不偿失的。

（3）日常生活中，要培养自己的度量，更好地包容生活中的不如意。无论任何人，都不是生来就懂得包容与宽容的。更多的女人，是在生活的磨练中感悟出了这个真理。面对人生的不如意，女人过分较真只会让自己遭受损失，

懂得包容，却可以拥有美好的生活。女人想要学会包容，懂得包容，在日常生活中，就要培养自己的度量与器量，要有“宰相肚里能撑船”的气度。只有这样，在遇到不顺心的事情时，才能保持良好的心态，不被小事破坏了自己的情绪。

上帝对每个女人都是公平的，它既不会因为你老实，多让你经历一些困难，更不会因为某人优秀就受到眷顾，不经历烦心的事情。有些女人之所以会烦恼，是因为每个女人考虑问题的角度不同。凡事都能看开些，遇到问题时用宽容的心去对待，多往好的方面想想，女人的内心也会有所感悟，当然，生活也会出现截然不同的境遇。

包容启示

女人如果想要拥有良好的心情，就要学会接受人生中的不圆满，调整自己的心态，用一颗包容的心去对待生活中不顺心的事情，这样任何烦恼都会冰雪消融。

过分苛刻要求，无异于自虐

人生充满了挫折，当然不可能事事都如女人所愿，更不可能事事都保证完美无缺。女人追求完美，固然是一种积极的人生态度，但世界上并没有十全十美的事情。实践证明，苛求完美的女人，会被完美主义所累，其结果往往不会真正完美。尤其是当这类女人遭遇不如意时，无论对人还是对己都不可能会有好的结果，更有甚者，会加重心理负担，造成心理上的疾病，有损身体健康。

追求完美，原本是人类自身在成长过程中的一种心理特点或者天性，正是在这种不断地追求中，女人才得以完善自我，争得一次又一次进步。因此，从某种程度来讲，追求完美并不能成为一个缺点，当然也不能称之为坏事。人生就像维纳斯的断臂一样，永远不可能是十全十美。凡事都要有一个“度”，如果女人一旦让自己陷入凡事都追求完美的情结中去，其结果对人对己就只能是一种折磨。

也许有的女人会说，追求完美只会让自己不断地前进，怎么可能像你说得那么严重。生活中，有一些女人虽然一辈子忙忙碌碌，可是到最后却依然一事无成，究其原因就在于她们过于追求完美，一生被完美主义所折磨。那么，女人过分追求完美，会带来哪些危害呢?

（1）女人不能够包容生活中的缺憾，过分地追求完美，会让女人陷入自我折磨的境地。女人追求完美虽然并没有过错，然而，人生很难有十全十美的事情。女人对事物要求尽善尽美，并且付出很大的精力把它做到天衣无缝的地步，表面看来这种精神可嘉，然而，有些事物其实只是浪费时间和精力而已。生活中随时都会出现意外，面对生活中的不完美，一个懂得包容的女人，会用宽容的心态去接受不完美，可能会退而求其次，对于这些不太圆满的结果，仍能从中找到乐趣。一个过分追求完美的女人，往往会迫使自己一次次努力，向着最完美发展。在外人看来，这些完美主义者追求完美的努力，无异于一种自我折磨。

（2）女人如果过分追求完美，很容易给身心带来影响。对丁一些完美主义女性，如果事情始终不能让自己满意的话，她们会产生心理上的压力，从而影响到正常的生活，更有甚者会破坏自己的情绪，引起烦躁、沮丧，最终可能会完全放弃手中的事情。追求完美就像是一把双刃剑，它在不断给女人向上动力的同时，也会给女人带来沉重的压力。当这种压力达到一定的程度，完美主义者就很容易对自己产生怀疑，有时会表现出不良的情绪，对健康并不利。当

女人心理应激压力大于承受能力时，则会引起她们心理上的失衡，从而引起心理疾病。因而，完美主义者容易在现实面前受到打击。

（3）过分追求完美的女人，在与他人相处时，也会因为双方标准不同，产生矛盾。与人相处，不可能要求他人都像我们一样具备哪些优点。生活中，女人会遇到各种各样的人，面对人性的弱点，不同的态度，其带来的结果也是不尽相同的。一个懂得包容的女人，会以包容的心态去容纳他人的过失与不足，原谅他人的错误。与人交往时，不仅可以向他人展现自己的人格魅力，还可以为自己赢得更好的人缘，更有利于营造轻松愉快的生活。

相反，一个过分追求完美的女人，由于把自身的目标定得过高，会要求自己去做一些不可能做的事情。同样，在与人交往中，她们会以同样的标准去要求对方。现实生活中，当对方的行为不能达到预期目标时，这些完美主义者通常不会妥协自己的要求，仍然会按照理想的状态去改造别人，这样双方之间就容易产生矛盾。与这种完美主义者交往时，简直就是一种折磨。

正所谓："水至清则无鱼，人至察则无徒。"对于一个完美主义女性来说，高标准要求自己并没有什么过错。然而，一旦跨越了这个度，事情就有可能向着不好的方面发展。因而，对于女性朋友来讲，无论是待人接物，还是工作生活，保持一颗平常心最重要。面对生活中出现的残缺，女人要学会理解包容，用一颗宽容的心接受生活中的所有不完美，这样你的生活才会变得越来越完美。

包容启示

对于女性朋友来讲，无论待人接物，还是工作生活，保持一颗平常心最重要。面对生活中出现的残缺，女人要学会理解包容，用一颗宽容的心接受生活中的所有不完美，这样你的生活才会变得越来越完美。

原谅自己的软弱，女人要懂得包容自己

我们经常听到这样一句话：有压力才会有动力。诚然，适当的压力可以激发斗志，但是如果压力过大，就会成为负担。当你被压力压得喘不过气来的时候，你得到的便不再是动力，而是痛苦和煎熬，是灰心和绝望。对于女人来说，千万不要给自己过多的压力，否则你会失去快乐，不快乐的女人往往没有魅力。

人生在世，世事难料，女人的一生会经历许多的不如意。面对现实的变化，有些时候女人的内心会产生一股强大的压力，这种压力有时会让女人感受到痛苦、郁闷、焦虑与绝望。为什么会出现这种情形，究其原因就是这些女人往往对生活期望值太高，或者是害怕面对失败，失意面前永远只盯着自己失去的。生活中固然会有不平事，然而，如果不能够包容生活的不如意，不懂得为自己减轻压力，肯定会被生活所累。因而，做一个聪明的女人，在强大的社会压力下学会自我减压，轻松地面对人生。

小娜是汽车配件销售公司的销售员，她来公司只有半年的时间，但是凭借着不断地努力，业务做得也是有声有色，在上个月的评选中，被评为第二名，离第一名，也就是销售主管只差了10万块钱的回款。

按理说，这已经是她最好的成绩了。她应该感到开心。可是小娜的脸上却看不出一丁点快乐的表情。相反，她总是每天阴着脸，拼命地做业务。她的目标是超过销售主管，拿到第一名。

可是，销售主管在这一个行业已经做了整整五年了，光老客户每个月走的货就有20万的量，更别说她还非常努力做到最好。可想而知，小娜的压力有多么大。由于小娜不断地开发新客户，在对于一些老客户的维护上疏忽了很多，在新客户没有增加的基础上，反倒丢了一些老客户，这让她的压力更大。

由于压力大，所以心情不好，这样一来，在跟客户的沟通中便失去了耐

性，好几次由于她的马虎，给客户发错了货，结果被客户狠狠地骂了一顿。而小娜本身就已接近崩溃的边缘，于是和客户争吵了起来。

为此，她又被公司的经理狠狠地训了一顿，小娜彻底崩溃了，看着自己的工作越做越糟，越来越不开心。她陷入了深深的绝望当中，当她准备辞职的时候，销售主管找到了她，和她进行了一番深刻的交谈。

当小娜了解了销售主管的情况后，放弃了和她争夺第一名的念头。她顿时感觉轻松了很多，露出了久违的笑容。就在那时候，她感觉生活里有了光，心情也格外舒畅。她没有穷奢极欲地去开发客户，而是加大了精力去稳定老客户。

渐渐地，小娜的销售量又开始直线上升。不过现在的她不去和任何人攀比了，而是让自己每个月都进步，这是她的目标。

故事里的小娜因为得了第二名，便有了争夺第一名的想法，无形之中给自己背负了过重的压力。但这种压力没有变成动力，反而变成了她的负担，从而把她压得爬不起来，她不快乐，甚至很痛苦。后来当她放下压力的时候，顿时觉得轻松了许多，露出了开心的微笑。可见，在给自己压力的时候一定要适当，千万不要让压力成为负担。

每个女人的一生，都在不停地做着加法与减法的游戏。虽然选择加法，通过努力能让女人的生活更美好，然而，如果一个女人一直做加法，只会让自己背负的东西越来越多，给自己带来巨大的精神压力。相反，女人如果能够包容生活中的不如意，适当做一些减法，可能会更有利于自己将来的发展。

人有悲欢离合，月有阴晴圆缺。生活就是这样，不可能事事都能如女人所愿。既然女人无法改变这样的事实，何不从容面对生活中的不如意，适时为自己减轻压力。如果你也想要拥有幸福的生活，从现在就开始做一个有宽容心的女人，懂得“有所为，有所不为”的道理。学会给自己减轻心理压力，保持良好的精神、心理状态去面对生活。

包容启示

当你被压力压得喘不过气来的时候，你得到的便不是动力，而是痛苦和煎熬，是灰心和绝望。如果你也想要拥有幸福的生活，从现在就开始做一个有宽容心的女人，懂得“有所为，有所不为”的道理。

及时释怀，女人要懂得包容生活

有句话是这样说的：“别让昨夜的眼泪弄湿今日的心情。”说的就是在遭遇了伤心和失望之后，要及时地从伤痛中走出来，去继续迎接前面的挑战和机遇。因为你的坏心情往往会让你错过欣赏沿途的风景，会让你失去前行的兴趣，继而给你带来更糟糕的事情，让你更加郁闷。

有人说：生活其实就是一首苦与乐的交响曲。也有人说：生活是一面镜子，如果你选择微笑面对，那么它就会还给你微笑；如果你选择悲观厌世，那么，它所能给予你的也必定是伤心难过。女人这一生，不如意的事情太多，然而，面对人生的失意，是该宽容对待还是悲伤地逃避，完全在于女人自己的选择。如果想要拥有美好幸福的生活，就应该学会笑对生活，用一颗包容的心对待人生的不如意。

俗话说：“人生不如意事十之八九。”那么，如此人生岂不是让人伤心透了？其实并非这样。人活一世，经历挫折与失意是在所难免的，如果女人能够从挫折与失败中学到知识，那么，即使再大的挫折与失败也都是值得的。然而，现实社会中，许多女人经受不住一点挫折的打击，稍有不顺心的事情，就抱怨上天的不公，更有甚者想到轻生。其实，人生的快乐与否，并不是取决于

女人物质生活水平的高低，而是在于心态。如果女人选择积极面对生活中的失意，给生活一张笑脸，那么，女人的人生也将守得云开见明月。

晴晴是个非常聪明的女孩子，尽管只有12岁，钢琴却弹得非常好。她常常给大伙儿演奏一曲。因此，有朋友曾经开玩笑说，她一定是将来中国最美丽的钢琴师。可想而知，晴晴听到这话是多么开心。

可是，命运却跟她开了个不小的玩笑。一次，她去参加同学们组织的爬山活动，不小心从山上滚了下来。随后，大家迅速把她送到医院抢救。命虽然保住了，可是两只胳膊却因为受到了巨大的创伤，不得不截肢。这对晴晴来说，可想而知有多么难过。那一段日子，她常常哭泣，眼睛总是红红的，爸爸妈妈看在眼里，疼在心里。

没有了手，晴晴的生活落寞了很多。她常常坐在钢琴面前发呆，有时候一个人趴在钢琴上流眼泪。为了让晴晴从生活的阴影中走出来，爸爸妈妈悄悄地把钢琴抬走了。晴晴得知后，哭着闹着一定要爸爸妈妈抬回来。无奈，爸爸妈妈只好又把钢琴抬了回来。

从那之后，晴晴开始慢慢地练习用脚来弹钢琴。她经常从椅子上翻滚下来，但是她从没有喊过疼，也没有哭过。而是咬着牙一直在拼命地坚持着。半年过去了，晴晴能在椅子上坐得住了，而且能谈一些基本的音调了。一年之后，她能弹一些基本的曲目了。

时间过得很快，转眼间过去了五年。在这五年中，晴晴没有像别的小朋友一样去上学，而是把自己关在屋里，苦练钢琴。五年之后，她已经完全可以用脚来熟练地演奏了。而且在比赛中，一举拿得了一等奖。

所有人都被她深深地感动了。当记者采访她究竟是如何坚持下来的时候，她只说了一句话：要么你就好好活着，要么你就赶紧去死。她说，也正是因为她记着这句话，所以才一直坚持不懈地努力着。

故事里的晴晴本来是个音乐天才，但是命运却跟她开了个不小的玩笑，让她失去了双臂，但是她并没有因此而向生活屈服，而是用坚强的意志赢得了命运的尊重。可见，对于我们来说，生活的打击和挫折是人这一辈子避免不了的事情，关键在于你是否坚韧不拔地接受生活的挑战，坚持下来。也正是她坚强不屈的信念才支撑着她寻找到人生的方向，迈向成功之路。相信与她相比，时下许多年轻女性所受的挫折根本不算什么，至少她们还有一个健全的身体，那么，你们还在害怕什么，抱怨什么呢？人生不容易，既然生活已经给予女人太多的不如意，那么女人何苦还要为难自己呢，何不给自己一个美好的心情，宽容对待人生的失意，相信可能会收获更多的东西。

人生的历程中，有悲就有喜。面对挫折与失意，如果能够保持豁达乐观的心态去面对，相信女人一定能够战胜眼前的困难。做一个包容的女人吧，包容生活的不平事，相信坚强的信念与勇气一定可以将你引向成功之路。

包容启示

面对人生的失意，女人是该宽容对待还是悲伤地逃避，完全在于女人自己的选择。女人如果想要拥有美好幸福的人生，就应该学会笑对生活，用一颗包容的心对待人生的不如意。

女人过分执着，等于跟自己过不去

很多时候，我们明知道一些东西是不可能得到的，但是却不肯放弃，非要去争取，去纠结，结果失败和绝望，痛苦不已。这时候，如果你能舍得放下，那么便得到了解脱。作为女人，只有懂得放下，才能获得心灵的救赎，才能获得真正的快乐。

人生在世，不如意之事十之八九。生活中，难免会遇到许多不如意的事情，这是人生的常态。当然，有些不如意的事情是由于女人自身的原因造成的。无论成功与失败都要勇于面对自己，女人如果陷入一种困境当中，不懂得迂回曲直，仍然固执己见，一条道走到底的话肯定是行不通的。说文雅一点这是刚愎自用，通俗一点，就是顽固不化，做事喜欢钻“牛角尖”。

然而，实践证明，如果一个女人做事总喜欢“钻牛角尖”，注定终将以失败告终。一个女人的一生中，需要做的事情很多，需要学的东西也很多，女人不可能什么事情都懂，什么都会做，自然也就不可避免地会犯一些错误。对于自己不懂得的，或者是犯错的地方，女人要学会包容，如果做事一味喜欢“钻牛角尖”无异于自掘坟墓。

慧文结婚了，可是她的婚姻并不幸福。她和丈夫是经人介绍认识的，所以彼此之间并没有多少感情。即使是在结婚的时候谈的更多的也是物质与金钱。用慧文的话说，人就是活在现实之中，不谈现实，谈什么呢？

她是这么说的，也是这么做的。她的丈夫曾经承诺要给她买一辆车，可是结婚之后却没有兑现之前的承诺。于是结婚之后，她便不停地和丈夫纠结于此事，硬是逼着丈夫为她买了一辆车。

在外人看来，她是多么得风光。一出门便要开车，而且在平时还带着朋友们四处兜风。可是她每个月的工资只有2000块，每个月的加油费都要花去她一大半的工资。再加上自己要穿好吃好，每个月丈夫都要为她支付高昂的油料费。

时间一长，丈夫便受不了了。因为家里的开支已经让他焦头烂额了，而且有了小孩，花销更是大得惊人，又要照顾老人，又要照顾孩子。每个月的那点工资根本不够。慧文还要在车上花去一大笔。为此，两口子经常吵架、打架。

慧文拿出自己的撒手锏，动不动就撒泼，丈夫是个老实巴交的人，哪里是她的对手。经常纠结，便常常不回家。几个月之后，慧文得知丈夫在外面有了别的女人。这时候的她才意识到自己活得是多么虚假了。

为了维持婚姻，她不得不选择妥协，在向丈夫真诚地道歉之后，她把用来炫耀的私家车卖掉了。这下家里节省了很大一笔开支。丈夫也回心转意，对她比之前好多了。现在的慧文活得真实得多，每天按时上班，和丈夫一起经营婚姻，照顾孩子。

两口子的感情也得到了很大的弥补，生活也渐渐地好了起来。丈夫时不时还会带她和孩子出去旅游。这时候，她才真实地感觉到什么是幸福。

故事里的慧文为了满足自己的虚荣心，逼着丈夫为她买车，为她付燃油费，结果把丈夫逼到了别的女人的怀里，危及到了婚姻和家庭。后来，她毅然决然地斩掉虚荣心，活得简单而又满足，挽回了丈夫的心，捍卫了自己的婚姻。可见，对于女人来说，虚荣的东西毕竟无法与现实生活相融合。要想得到幸福，就要斩掉虚荣，做单纯而又真实的自己。

生活中，总有一些女性朋友，在思考问题时，不会变通思路，只认为自己的思路才是最正确的，最终导致了严重的后果。对于一个成熟的女人来说，固执己见，喜欢"钻牛角尖"无疑是致命的。因而，女人如果想要取得成功，就要学会换位思考，懂得包容生活。那么，女性朋友想要改变这一现状，应该从哪些方面做起呢？

1. 包容自己的缺点，允许自己有不足的地方

金无足赤，人无完人，每一个女人都不可能成为十全十美的人。如果想要学会包容，就要首先学会证实自己，主动接受自己的弱点与不足，允许自己有不如别人的地方，接受自己的缺点与不足并不是什么难堪的事情，只有从心里认可这一点，才能更有利于女人从心理上认识到自己的不足之处。

2. 女人要学会包容，学会接受现实，勇于承认自己的能力

虽然出发点很完美，然而并非总能达到理想的彼岸。女人对于自己所犯的错误或失误要主动承认，敢于承认自己的失利，不要为了保全面子，而故意扭

曲自己的意图，或者是在明确知道自己的行为后果时，仍然拿着自己去赌注，这种“明知山有虎，偏向虎山行”的做法，也只是羊入虎口而已，这并不是一种勇敢，而是一种愚蠢的行为。

3. 女人要懂得包容，就要学会接受别人的意见与建议

一个喜欢“钻牛角尖”的女人，最终结果只能是让亲者痛，仇者快。为了避免发生不好的事情，在某些情况下，女人要学会聆听他人的意见与建议，特别是对于一些朋友的忠告更应该虚心听取才是，过样可以避免女人言行过激，出现极端化倾向。

包容启示

俗话说：“听人劝，吃饱饭。”一个喜欢钻牛角尖的女人只会让自己脱离成功之道，更会加快失败的脚步。女人如果想要拥有成功，就应学会接受他人的意见，用包容的心去面对人生的不足，多角度地考虑问题。

打开心结，懂得包容才能达到新境界

小雨是公司销售部的一名普通销售员。由于心肠特别好，所以跟大伙的关系处得都很不错。但唯独跟一个叫大梅的女孩合不来，也不知道是为什么，两人就是合不到一个拍子上去，为此她们没少争吵。两人跟仇人似的，水火不容。

这天早晨，刚上班没多长时间，销售部的经理管军将大梅叫进了办公室，紧接着是一阵“暴风骤雨”，不一会儿，大梅红着眼睛走到了自己的位置上。原来，大梅在做销售的时候，由于给客户的报价出了问题，报高了价格，结果

导致一个非常重要的准客户流失了。经理非常愤怒，让大梅必须在当天把客户预定好的货给走出去，否则就卷铺盖走人。

可是当时已经是下午4点半了，大梅手里的客户一时半会儿也没有人要走货。因此，大梅急得哭了起来。同事们都在为大梅感到难过。就在这个时候，突然小雨想起来，自己的一个客户刚好今天要发货，而且需要的货物跟大梅所失去的那个客户需要的差不多。于是她径直来到大梅的身边，把自己的想法告诉了大梅。

大梅望着小雨，泪水再一次流了出来。那天，小雨和大梅一起，把大梅预定好的货物发给了小雨的客户，而且小雨在发货单子上写上了大梅的名字，这就意味着这批货物算到了大梅的销售额里，所带来的提成也会算到大梅的身上。

天有不测风云，就在这件事情过去后的第五天，小雨也被经理叫进去狠狠地批了一顿。原来，她在跟客户的合作中，没有将发货的费用谈清楚，结果客户以为是公司承担，而小雨以为客户会承担。结果造成了客户拒绝接收货物。

那么，这个发货的运输费就只能是小雨自己来承担了，否则客户不接收货物，小雨势必要承担更大的责任。

当小雨垂头丧气地从经理的办公室里出来之后，大梅凑上前去，问明了情况。她对小雨说："没事，以前我经常遇到这样的事情呢。我跟客户沟通一下。"说着打通了小雨客户的电话。不一会儿，她兴冲冲地告诉小雨，客户同意了付运费。

实际上是大梅事先跟客户说好，她把钱打给对方，让客户支付的。当然，这些她没有告诉小雨。

故事里的小雨，在大梅出现失误，遇到难处的时候，没有因为和大梅处不来而打击和嘲笑她，而是及时伸出援助之手，给予大梅帮助，帮助大梅渡过了难关。后来，在她的工作出现失误的时候，大梅也给予了她及时的帮助。可

见，女人之间，互相帮助是难免的事情，要学会包容他人，这样才能打开心结，把敌人变成朋友，多一个朋友比多一个敌人划算得多。

人的一生，会经历许多，有一帆风顺当然也会有怅然失意。面对人生失意，有些事情会成为女人的心结无法割舍。其实，这些能够称得上心结的东西，往往只是因为女人过于执着，才会让它囚禁了心灵，破坏了情绪。正是因为女人的执迷不悟，才让自己看不到眼前的美景，忽视了人生中更多的美好与快乐。女人如果能够放下包袱，以一颗包容的心去面对，那么，这些心结也就可以轻易解开，人生当然也就会上升到另一种高度。

所谓“穷则变，变则通。”当女人思想迷惑、考虑问题受阻的时候，往往会让自己进入一个死胡同中而不能自拔。如果想要打开心中的死结，就要学会变通，寻求解决之道，这才是最根本的解决办法。聪明的女人懂得用一颗包容的心去容纳所有的失意怅然，内心也就会有所顿悟，豁然开朗，那么，整个人生也就会因此而发生改变。

生活中，如果女人用仇恨去对待仇恨，那么仇恨将永远存在；如果用宽恕和包容去解决，那么仇恨也会被包容所化解。与人相处，以牙还牙地对待别人只会增加敌人，相反，如果能够宽容对待对方的过错，不仅没有了敌人，还会多一些朋友。生活中，女人拥有心结并不可怕，可怕的是一味地执迷不悟，从而陷入心结中无法自拔。做一个聪明的女人，用包容去打开心结，你的人生也会达到新的境界。

包容启示

当女人思想迷惑、考虑问题受阻的时候，往往会让自己进入一个死胡同中而不能自拔。如果想要打开心中的死结，女人就要学会变通，寻求解决之道，这才是最根本的解决办法。

第7章　女人心怀感念，用包容释怀他人的伤害

包容是一种气度，是对他人过失的一种释怀；包容更是一种智慧，能够看懂包容背后真正的意义。生活中，每个人都可能会出现过失，面对他人的过失，女人一旦有争强好胜、锱铢必较的心理，就很可能会给自己招来不必要的烦恼、嫉妒甚至是仇恨。古人曾说：“得饶人处且饶人”，面对他人的伤害，聪明的女人明白即使再耿耿于怀，事情也不可能改变。相反，女人如果能够拥有包容之心待人，原谅他人的过失，从某种程度来讲，这些人也曾给了女人许多帮助。因而，做一个聪明的女人，用包容心去对待那些折磨你、帮助你的人吧！

宽容小人，败坏的是他自己

俗话说：“林子大了什么鸟都有。”生活中的小人无处不在，很难避免，但是我们往往又不能忽视他们的存在，因为一着不慎，就可能满盘皆输。我们不可能总是和好人打交道，也不可能永远遇不到小人。“小人”这个角色的存在，绝对不是必然和一成不变的，“小人”对别人来说可能是好人，只是因为钱权名利或者和你有竞争关系，才变成了你生活中的“小人”。

也许有些女性认为，遭遇小人，就要学会迎难而上，勇敢地同他斗下去，

这年头谁怕谁啊。生活中，拥有这种想法的女人不在少数。然而，这种做法真的正确吗？并不见得。要知道，人生原本就不完美，遇到小人也是在所难免的事情。如果女人不懂得理智面对，很可能会因为小人的存在而打乱原本平静的生活，甚至还会失去更好的前途。因此，遭遇小人时，女人应该用包容之心去接纳“小人”的过失。先一起来看看下面的故事吧！

陆丽娜在一家电子企业做销售。工作上，她非常用心，尽管销售业绩不是最好的，但是也勉强过得去，因而在领导眼里也算是个好员工。可是，最近她却总是被经理批评。这让她多少有些委屈。原来，最近是销售旺季，经理安排她和同事小薇合作，互相帮助，可是小薇心眼非常小，不管大事小事，只要不按着她的想法去做事，便到经理办公室告状。

起初，陆丽娜觉得同事之间应该互相包容，因而没多计较，可是后来，她发现自己错了，小薇不但不加以收敛，反而变本加厉。在一次争吵之后，陆丽娜认真地思考，做出了一个重大的决定：那就是以后无论大小事情都让小薇做主，只要出现了错误，她再也不主动承担责任，而是顺势推到了小薇的身上，既然主意是小薇拿的，那么责任自然她得承担了。

在一次销售中，小薇由于疏忽，让客户拿走了商品，却没有及时结款，等到她们反应过来的时候，顾客早已经走了。事实上，当时陆丽娜意识到了这个问题，但是她并没有提醒。当经理问责的时候，陆丽娜说：“这是小薇在负责，我只是遵从她的意思在做事情。”经理了解了整个事情的经过，当场把小薇开除了，公司的损失自然由小薇来承担了。

在这个案例中，陆丽娜与公司“小人”合作，因对方老爱跟老板打小报告，她并没有公开与“小人”斗气，而是巧妙利用“小人”的强势，让小薇受到了应有的惩罚。可见，与其与“小人”争斗，不如适当忍让，让“小人”搬起石头砸自己的脚，这样不但能置身事外，而且让“小人”自食其果。

人生在世，难免会与人产生矛盾，自然也无法避免受到伤害。面对那些中伤、诽谤、伤害过你的人，能够宽容对待，若无其事般地一笑了之，才是真正的君子风度。中国从古到今，都在提倡宽容，历代圣贤都把宽恕容人作为理想人格的重要标准而大加倡导。然而，现实生活中，这样的女人却是少之又少。生活中，有些女性做事总害怕吃亏，面对“小人”的故意伤害，认为如果不能够及时反击，就吃亏了。面对小人的恶劣行径，女人如果不加思考，而是急着前去评理，不仅对对方毫无伤害，反而会产生更多的争执，令那些伤害你的人更猖狂罢了。更有甚者，还会扰乱女人的平静生活，产生记恨心理，自然也就难逃流入小人行列之中。

其实，“贵人与小人都是一样的”。香港著名心理治疗师素黑曾这样认为：凡事要学会辩证看待，遭遇小人，的确会给女人的生活与工作带来麻烦，然而，女人要知道，与小人相处的过程，不仅增长了见识，还能激励女人更努力地工作学习。从这个意义上来讲，小人的存在对女人提升自己能力是大有益处的。因而，面对小人时，可以用积极的心态来看待问题，还可以把小人当做对手乃至敌人，激起女人的竞争意识，从而获得进步。同时，“小人”还可以为女人提供“为人处世”的明镜，提醒女人时刻注意自己的言行，避免充当“小人”的角色。因此，女人难道不该感谢并包容那些“小人”吗？

智者能容，做一个聪明的女人，应该胸怀宽广，大度能容“小人”的过失。人生就是如此，女人面对“小人”要少一些计较。无论别人如何待自己，女人都要学会以包容的心来对待。女人更要学会感激，正是因为小人的存在，才丰富了女人的人生，让女人对生活更有经验，对工作更加认真，对自己要求更加严格，唯有如此，女人才可能取得生活与事业上的进步。

无论是生活中，还是职场上，每一个女人周围都可能会有小人存在。因而，可以说小人的存在是无法避免的。当然，小人的存在也并不是毫无益处的，只要能够正确看待，一样可以为女性带来进步。因而，从现在起，做一个聪明的女人，用包容心去面对身边的小人吧！

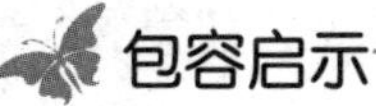

包容启示

无论别人如何待自己，女人都要学会以包容的心来对待。女人更要学会感激，正是因为小人的存在，才丰富了女人的人生，让女人对生活更有经验，对工作更加认真，对自己要求更加严格，唯有如此，女人才可能取得生活与事业上的进步。

原谅敌人，让他不战自败

生活中与人相处，女人也会因为一些利益关系与人发生矛盾，面对你的对手和敌人，应该以怎样的姿态来面对？也许有的女人认为理应爱憎分明才对。其实，真正聪明的女人懂得，宽恕、爱护你的对手或仇敌往往比打击报复更有用。

无论是动物还是人类，正是因为有了对手或敌人才能在竞争中取得发展。试想一下，如果自然界的所有生物都没有敌人，世界会是什么样子？毫无疑问，社会只会停止不前，历史也将无法进步，更别说人类能够拥有今天所能达到的高度文明了。因而，从这个角度来讲，每个女人都无法避免会遇到对手或敌人，然而，女人更应该感谢敌人的存在，因为正是有了他们，女人才能取得进步，走向成功。诚然，如果女人的生命中能够化恩怨为友谊，化冲突为和谐，那么，女人的生活也将变得无比美好，心境也会变得无比宽阔。

从古到今，历史上有许多有关包容“敌人”的典故，无不折射出他们宽广的胸怀与气度。

美丽不但人长得漂亮，而且待人友善，因而在公司里有很好的口碑，更主要的是她的工作能力很强，很受领导的赏识。

一天，公司的经理将美丽叫进了办公室，一本正经地对她说："美丽，最近公司销售部的经理辞职了，依照你的能力，完全能带好这个团队，不知道你是否愿意当销售经理呢？"

听到经理这么一说，美丽有点不敢相信自己的耳朵，她说："经理，你说的是真的吗？我没有听错吧？我要当销售经理了？"

经理点了点头说："你没有听错。这是真的，你工作能力强，而且人缘很好，公司有理由相信你绝对能胜任这个职位。"

美丽说："不过，说实话，我觉得巩丽丽比我更适合这个职位，她比较强势，能更好地管好这个队伍。"

经理想了想说："让我再考虑一下吧。"

一天，美丽在公司门口遇到了巩丽丽，巩丽丽没好气地说："告诉你，销售经理这个位置，我是绝对当定了，你也不看看自己什么水平，敢跟我竞争，不知天高地厚！"

美丽想解释，可是最终她把到嘴边的话咽了回去，什么也没有说。

在一天晨会上，公司经理当众宣布：美丽担任销售团队的经理。

后来，在一次闲聊中，公司经理对美丽说："当时，我认真地考虑了你的建议，准备提拔巩丽丽，可是巩丽丽却突然来到我的办公室，说了你很多的坏话，这让我觉得她人品有问题，经过再三权衡，我觉得你更适合当领导，因为作为一个领导，不仅要工作能力强，更重要的是要带领好团队，一个人品不好的人，怎么能胜任这个职位呢，要知道我们不仅需要能力强的业务员，更需要能力强的团队。"

在这个故事中，美丽主动为同事着想，而巩丽丽却自私自利，为了升迁，恶意中伤美丽。相比之下，美丽的人格变得高大，而巩丽丽则变成了不折不扣的"小人"，美丽用包容成功地打败了敌人，赢得了别人的尊重，赢得了最终的胜利。

实践证明，她这样做也是对的。女人如果能够怀抱包容之心，不仅能够化

解双方之间的矛盾，同时还可以为自己争取到敌人的支持。诚然，外在的敌人可以用武力去消失，然而，却无法消除自己内心的心魔。聪明的女人懂得，真正的强者不是打败别人，而是战胜自己的内心。圣严法师说过："慈悲没有敌人，智者没有烦恼。"一个真正懂得包容的女人，不只是会包容你所爱的人，更应该是能够宽恕和爱护你的敌人，这才是真正的包容，也是真正的智慧。

人与人能够在一起相处，皆是一种缘分。虽然，外在的敌人可能会给女人的经济或利益带来威胁，然而，他却同样能带给女人发展和进步，无论从哪种层面上讲，女人都应该学会包容自己的敌人。这不仅可以体现出自己的胸襟，还可以为自己赢得支持。

包容启示

圣严法师说过："慈悲没有敌人，智者没有烦恼。"一个真正懂得包容的女人，不只是会包容你所爱的人，更应该是能够宽恕和爱护你的敌人，这才是真正的包容，也是真正的智慧。

包容伤害，放下往事等于放过自己

释迦牟尼曾这样说过："以恨对恨，恨永远存在；以爱对恨，恨自然消失。"当我们恨自己的仇人时，实际上等于给了他们制胜的力量。这种力量可能会影响我们的睡眠、胃口、血压、健康和快乐。如果仇人们知道他们是如何令我们担心，令我们苦恼，令我们一心想报复，他们一定会兴高采烈地跳起舞来。我们心中的怨怼不仅无法伤害到他们，反而会使我们的生活变得像地狱一般。

一个女人的胸怀能够容得下多少人，也就能够赢得多少的尊重和喜爱。面对他人的伤害，如果斤斤计较，耿耿于怀，那么，女人的一生都会处在报复和被报复的泥潭中不能自拔；相反，如果女人能够放开胸怀，以德报怨，学会把伤害留给自己，就可以为自己赢得一个充满温馨的世界。

与人交往，自然少不了利害冲突，为了让自己的利益最大化，一些女人甚至不惜去伤害别人。当女人遭受挫折与不愉快时，该如何做，是否也该像伤害你的人一样，把你所受的伤害转嫁给别人呢，如果真这样做了，结果又会怎么样呢？试想一下，如果全世界上的人都秉承“有仇必报”的做人原则，那么，这个世界又会成为什么样子？你还能拥有平静幸福的生活吗？

爱爱和斌军是大学同学，大二的那一年，他们牵手了。至今已经有整整五年的时间了。他们爱得都很拼命，所以彼此都很珍惜对方。可是就在他们商量着谈婚论嫁的时候，斌军意外地变了心，跟一个有家庭背景的女人结了婚，这让爱爱痛苦不已。

那天，斌军像往常一样把爱爱约到了肯德基的门口，他给爱爱买了一个很好吃的汉堡包。这让爱爱感动不已，当年他们牵手的时候，就是这样一个场景。可是等爱爱吃完汉堡包之后，斌军说出了自己的决定。

爱爱站在原地，半天没回过神来，等她清醒过来之后，斌军已经转身离开了，于是她拼命地跑上去拽住斌军的胳膊，一个劲地问为什么。斌军只是不断地摇头，什么话也没有说。爱爱伤心地哭了，她狠狠地抽了斌军一个耳光，蹲在了地上。斌军转身离开了，头也没回。

在接下来的几天里，爱爱拼命地给斌军在QQ上发消息、打电话、发短信，可是斌军直接将她的QQ号删除了，而且不停地挂电话，最后索性直接关了机，短信发出去也是石沉大海，没有任何的回音。爱爱心里乱糟糟的，不知道该怎么办。

那几天，爱爱像丢了魂似的，每天无精打采的，上班没有精神，晚上睡不着，没过多久久就病倒了。她一天天憔悴下去，内心中期望的斌军并没有出现。渐渐地她明白了，她和斌军是真的不可能了。

事情就这么过了一个多月，爱爱也慢慢地从失恋的阴影中走了出来。一次，她无意间和朋友们闲逛的时候，被别人再次拽进了肯德基，和斌军在一起的一幕幕重新出现在了她的脑子里，斌军对她的好，以及对她的承诺再次让她抱有了幻想。

于是，她去斌军所在的单位找，刚好碰到斌军和她的未婚妻手牵着手走了出来，爱爱看到后，眼泪忍不住流了下来，而斌军则对突然出现的爱爱无动于衷，就好像不认识一样。那一天，爱爱回去后整整哭了一个晚上。

故事中的爱爱，在遭遇男朋友变心之后，一直没有放下。结果一次次地被伤害，陷入了悲伤痛苦之中。如果当初斌军提出分手之后，她也一笑而过，或许随后的痛苦和伤害便不会降临到她的身上。可见，对于一些无能为力的事情，只有及时地放下才能获得真正的快乐。

人生在世，难免会受到伤害，如果女人总把这些伤害都记在心里，就会使自己的情绪失常，长此以往会有损于健康。同时，当女人再次记起曾经遇到的伤害时，就等于是又一次受到伤害，这其实是对自己的折磨。相反，女人如果能够用积极的心态去替代这些消极的记忆，那么，心灵所遭受的伤害也就可以得到治愈。因而，做一个聪明的女人，要学会包容，就需先学会大度，学会忘记，用宽恕来应对自己受的伤害，这才是明智女人做的事情。

握紧拳头，双手没有什么空间，自然也就什么也得不到，只有松开拳头，才能显示出你接受的态度，人生才会有收获。女人的思想也是如此，如果一味地耿耿于怀，只会让女人失去得越来越多。如果学会包容、宽恕他人所犯的错误，女人一样可以拥有幸福美满的生活。

包容启示

女人再次记起曾经遇到的伤害时，就等于是又一次受到伤害，这其实是对自己的折磨。相反，女人如果能够用积极的心态去替代这些消极的记忆，那么，心灵所遭受的伤害也就可以得到治愈。

宽恕对手，是对自己最大的仁慈

赵钰是报社刚刚聘请的高材生，据说他的写作水平非常高，在校期间就在各大报纸上发表过好多文章，在文学界有不小的知名度。因此，赵钰的到来引起了报社不小的震动。不但领导非常器重他，同事们对他也是分外地看重。

这让报社里原来的红人王敏非常恼火，因为赵钰的到来，动摇了她的地位，领导再也不像以前那么重视她了，同事们也渐渐地远离了她而围在了赵钰的身边。她对自己说："我一定要想办法把赵钰挤走，把本该属于我的东西抢回来！"

于是，她精心谋划了一个阴谋。这天，她也像别的同事一样，向赵钰请教很多写作中的问题。赵钰热情地给她做了细致的讲解，而且把许多写作经验和工作心得毫无保留地告诉了王敏。这正是王敏阴谋中所希望的，她想借此接近赵钰，把她的优点学来，然后抓住她的小辫子，挤兑她。

机会终于来了。一次，赵钰把她写的一篇评论拿给王敏看，评论中的一些话在批评政府，批评党，这与报道的方向大相径庭。于是她把这个消息悄悄地告诉了报社的领导，很快，赵钰被领导叫去询问，她的文章一个阶段内再也不能在报纸上发表。

可奇怪的是，当这一切发生的时候，王敏的心里并不像她自己期待的那样开心，而是隐隐有些酸楚。更让她接受不了的是，她写的文章依旧被报社打了回来。再加上赵钰在接受调查，没有办法帮助她。

过了一个星期，赵钰恢复了正常的工作，但她并没有因此而嫉恨王敏，当王敏把自己所做的一切告诉赵钰的时候，赵钰语重心长地说："一个人不能只做空头文学家，得有思想，你才是有价值的。没事，王敏，至少你让我看到了你的匮乏之处，我给你介绍一些书，你多看一下，或许对你的成长很有帮助。"说着从书架上取了很多书籍，递给了王敏。

当天下午，赵钰帮助王敏修改了被打回来的文章，又给她提了很多的建议。渐渐地，王敏的稿件见报率逐渐提高，几乎与赵钰的稿件不相上下。两人也成了非常要好的朋友。

故事中的王敏处心积虑地想要把赵钰挤走，当她的阴谋得逞之后，赵钰并没有因此而嫉恨她，而是真诚地帮助她，帮她迅速地成长。这样她就多了一个朋友，少了一个敌人，工作起来更加轻松。由此可见，对于女人来讲，无论是工作还是生活，面对比自己优秀的对手，要用一颗包容之心来对待，如果用敌视或嫉妒的眼光去看待对方，那么，受伤害的肯定是自己。

生活中，遇到强劲的对手，有些女人存在像王敏这样的心理，不是想着如何去寻找自身的不足，而是千方百计想除掉对手。究其原因，主要是自尊心在作祟。在与对手相处中，这类女人往往惧怕竞争，害怕自己在竞争中失败。为了绝后患，干脆把对手当成敌人来对待，恨不得能够马上消灭，这样自己就可以高枕无忧了。但真实情况却并非这样，面对对手时，即使除掉了眼前的对手，以后就真的没有对手了吗？答案很明显，后面还可能会有更多的对手在等待着你。因而，女人如果每天都让自己活在仇视和嫉妒中，只会加重内心的怨气，在仇视中消耗掉自己的精力，浪费了生命，甚至因为对方得到了自己得不到的东西，而让心灵整天在痛苦中煎熬，看不到活着的意义，对于女性来说，这无异于一种自我折磨。

下棋的时候，棋手想要提高自己的棋艺，就必须和真正的高手过招，生活也一样。聪明的女人懂得感谢对手，善待对手。因为，正是由于对手的存在，女人才有了前进的动力，使得女人的能力得到不断的提升，女人方能取得一次又一次的成功。同时，正是因为对手的存在，女人才能及时发现自己的不足之处。与对手交手，如果能够消除敌对和嫉妒，那么，女人一定可以从对手那里学习到更多的知识。因而，对于一个聪明的女人来讲，宽容对手，也是在宽容自己。

做一个聪明的女人，抛开你对对手的成见吧！只有对对手心存感谢，才会使女人认识自我，改变自我，从而提升自我。唯有学会感谢对手，才会使女人的精神在孕育中成长，在成长中得到释放，在释放中得到升华。

包容启示

聪明的女人懂得感谢对手，善待对手。因为，正是由于对手的存在，才让女人有了前进的动力，使得女人的能力得到不断的提升，方能取得一次又一次的成功。

包容他人，是莫大的鼓励

生活中，我们总是在有意无意间伤害别人。有些时候，我们会意识到，但是更多的时候我们会忽视掉。因为你总是觉得那是无关紧要的小事，别人不会计较，这样你就会轻而易举地原谅自己。但是，对于别人的过错却不会轻易地原谅。也许有人会说，如果轻易原谅了某人的错误，就会让他失去警惕性，再次犯错。甚至还有一些女人会认为，如果犯错了，就应责罚、打骂。生活中，也的确存在因某人犯下严重的过错后，女人内心产生抱怨，情绪失去控制而出现责骂等现象。

其实，只要用心想想，就能知道这样做的利害关系。对于女人的责罚与打骂，能够改变事实吗？能让双方拥有好的心情吗？双方是不是今后就不用再相处了？如果双方还要相处，双方的关系还会像原来一样吗？答案很明显，无论女人的责罚程度如何，损失已经无可挽回，除了让双方的情绪变坏，别无收获。女人的一些过激行为，只会导致双方关系的破裂或留下永久的伤痕。责罚

打骂只会让事情越来越糟糕，相反，唯有包容他人的过错，女人才能在包容中收获更多。

赵杏大学毕业后，来到一家药厂做实习员工，由于他学的是医药专业。所以公司安排他去跟女药剂师学习。

这天，女药剂师在配一种中药，赵杏在一旁学习，师傅每做一步，都要认真叮嘱，赵杏学习得也很认真，把师傅所说的话，都一字不落地记在了本子上。配完一副药之后，女药剂师让赵杏复述每一步的重点和要点。

说实话，赵杏并不清楚，他只记在了本子上，却没有记在脑子里。女药剂师明显很不高兴，因为她觉得赵杏态度不端正，自己认认真真地教，而对方却一问三不知。但是她还是忍住了火气，又做了一次示范，这一次赵杏眼睛一眨不眨地盯着，也认认真真的把女药剂师的叮嘱记在了脑子里。

之后，女药剂师再次询问的时候，赵杏对答如流。女药剂师很高兴，她让赵杏来配一副药。赵杏按着步骤和要点，认认真真地配起了药。过了一会儿，赵杏配完了药，让女药剂师过来检查，女药剂师仔细一看，赵杏将好几个配药的流程颠倒了，而且还放错了剂量，她刚要发作，但转念一想，对方毕竟是第一次接触，出现这样的情况也是正常的。

于是她二话没说，把赵杏叫了过来，让他仔细地看。女药剂师又认认真真地配了一副药，而且在赵杏出现问题的地方认真地强调和叮嘱。赵杏在看师傅示范的时候，才发现了自己的严重失误。

之后，赵杏又按着师傅所教授的步骤，认认真真地配了一副药，女药剂师再次检查的时候，露出了满意的微笑。

赵杏犯了严重的错误之后，女药剂师并没有批评他，而是选择了包容，耐心地加以引导，在这个过程中，赵杏认识到了自己的错误，并认真学习，最终将将事情做正确。事实上，女药剂师的包容从侧面鼓励了赵杏，如果这时候女药剂师横加指责，可能会让赵杏失去信心，产生厌烦心理。

然而，现实生活中，更多的女人喜欢宽于律己，严于待人。面对他人的一点点小问题，总喜欢唠唠叨叨个没完，问题严重点，恨不得当着大家的面开一次批斗会，给以警示。这样做，不但起不了作用，反而会让犯错者内心产生抵触情绪，并不利于女人摆正心态，改正错误，只会加深人与人之间的矛盾。

生活中，每个人都不可避免地会犯错，包容别人的过错，并不是让女人欣赏对方的过错，更不是让女人去成就、鼓励他人继续犯错，而是给对方一次主动改错的机会。包容他人的过错，其目的是为了让对方更好地改正错误，而不是对某人的放纵。生活中，面对犯错的人，女人用一颗包容的心去对待，实际上是一种鼓励，对犯错的人来说，鼓励他能够主动认识到自己的错误，改过自新。对于女人自身来说，也是鼓励自己能够包容他人的过错，让自己的心胸变得开阔。

然而，包容是一门艺术，如果不能把握好尺度，对于某人的错误一味地迁就，恐怕只会让包容变成溺爱，成为害人之举。因此，聪明的女人要把握好包容的度，用包容去鼓励那些犯错的人，使他们重拾信心，找回昔日的自我。

包容启示

生活中，面对犯错的人，女人用一颗包容的心去对待，实际上是一种鼓励，对犯错的人来说，鼓励他能够主动认识到自己的错误，改过自新。

容纳别人，才能被人尊敬

活着，也让别人活着。世界是多元化的。你不可能让每个人都和你保持

同样的思想。人的身份地位不同，自身的阅历也就不同，思想观念和情感认同也自不相同，对于某些事物的“理解”也就不尽相同。面对同一事物，也就自然会形成不同的观点、看法。面对他人的异议，聪明的女人懂得容纳别人的观点，可以更好地成全自己。然而，却很少有女性能够真正做到这点。

现实生活中，许多女人都喜欢听到与自己相同的声音，同样喜欢与自己性格相合的“拍档”一起共事。若不巧遇到异样的“声音”，马上就会觉得心里难受，全身所有地方都会觉得不舒服，这也属于人之常情。然而，现实生活中，女人无法避免遇到异样的声音，那么，这个时候女人该怎么办？面对不同声音，是打击、挑剔、鄙视，还是主动接受？女人的心态不同，选择的结果也就必然不同。然而，只有胸怀宽广的女人，不同的观点和声音才可以让女人看待问题更全面，更让女人认识到自己的不足，从而提升自己的能力。那么，生活和工作中，来自各个方面不同的观点对女人都有哪些好处呢？

1. 容纳他人的观点，可以让女人思考、处理问题更加全面，有利于事情的解决

“智者千虑，必有一失；愚者千虑，必有一得。”即便是再聪明的女人，思考问题时也无法避免地会出现一些偏差，更别提一个普通人了。无论工作还是生活，女人都可能会因为自己的经历有限，在看待问题的时候产生偏差。这个时候，如果你的身边能够出现不同的观点，至少可以给女人有所参考，在分析、比较中寻找到一条更适合当前形势发展的意见。就算对方的观点没有出现问题，也可以让你从中总结经验，避免日后自己也会犯此类错误。从这个意义上来讲，聪明的女人，应该善于容纳不同的观点。宽容他人，说起来容易，真正做起来却并不容易。包容是一种智慧，做一个智者，要学会接纳他人的观点。

2. 包容是一种美德，更是一种涵养，容纳不同的声音，表现女人的胸怀

俗话说：“树挪死，人挪活。”女人学会变通思想，可以让自己变得越

来越强大。尽管在某些时候，女人应该坚守自己的立场，抱定信念不改变，然而，在坚持自己的看法时，女人更要懂得给别人足够的尊重和理解。女人可以不赞成对方的看法，然而，要容许别人意见的存在。无意中伤他人的意见，或是对持不同意见的人打击或排斥都会让女人变得卑微和孤独。因而，女人要学会用宽广的胸襟来听取不同的意见，接纳他人的意见。

3. 包容他人的意见，可以让女人拥有宽广的胸襟，赢得良好的人缘

与人交往时，女人如果时时以自我为中心、目中无人，听不进去他人的一丝意见，那么，即使她天资再高，也注定不能成就大业，也不可能成为受欢迎的人。只有懂得包容他人观点的女人，才会设身处地地为他人着想，理解他人，拥有亲和力和影响力，获得更多的朋友和理解。这就要求女性朋友们，在面对双方的观点并非相互排斥时，在不违背原则的基础上，应该尝试着将他人的观点融入自己的观点中。这样一来，不仅可以让自己的观点更完善，还可以缓解当前的冲动，为自己争取到更多的朋友，而非树立大敌。

面对不同的观点，愚昧的女人，只是从中看到他人对自己的否定，把它当成否定自己的利器。而聪明的女人却可以从中学到许多有用的东西，把它当做进步的阶梯。其实，观点并没有改变，只是因为女人的心态不同，产生的感受不同罢了。如果，你也想要取得事业的成功，那么从现在开始，多倾听他人的观点，不断改进自己，使你的能力真正得到提升。

包容启示

在面对双方的观点并非相互排斥时，在不违背原则的基础上，应该尝试着将他人的观点融入自己的观点中。这样一来，不仅可以让自己的观点更完善，还可以缓解当前的冲动，为自己争取到更多的朋友，而非树立大敌。

包容他人，才能成全自己

生活中，人与人之间免不了会发生不愉快的事情，有些人遇此情形就和对方斤斤计较，甚至得寸进尺，不给对方留下任何余地，结果不但气大伤身，而且容易使双方的关系陷入僵局；相反，有些人遇此情形却能够宽容对方，给对方一个改正的机会，同时，对方也会真诚地向你道歉，从内心深处感谢你。因此，宽容其实就是放下对自己的惩罚。

人生在世，谁也不能够保证自己不犯错误，然而，面对别人的错误女人应该如何做呢？是赶尽杀绝，还是给他人留一些余地呢？可谓“仁者见仁，智者见智”，大家众说纷纭。然而，老话说得好，不给别人留余地，自己也就没有立锥之地。因而，无论是接人还是待物，都应学会包容别人，给他人留一丝余地，这样既是为了别人，也是为了女人日后更好地行事。

生活中，需要适当的妥协和退让。任何人都会犯错误，对于女人来说，如果你身边的人犯了错误，或者是伤害了你，如果你斤斤计较，势必会失去对方。这时候你不妨怀一颗宽容的心，适当地退让，不要太过计较别人的过失，这样才能更好地和睦相处，才能让别人因为你的宽容和原谅而感激你，才能更有利于两人的关系向健康的方向发展。

怀玉和丈夫柄期结婚也有十年的时间了，夫妻二人感情一直不错。可是最近两人剑拔弩张，闹得非常凶，几乎到了离婚的地步。原来，最近怀玉和姐妹们一起逛超市的时候，竟然碰到了谎称在公司加班的丈夫，被一个妖艳的年轻女人挽着胳膊闲逛。怀玉当时异常气愤，上去就给了那个女人两个耳光。

晚上，丈夫回来后，怀玉什么话也没有说，而是静静地坐在沙发上看电视。柄期坐到怀玉的边上，说：“老婆，对不起，我错了。”怀玉没有任何反应，柄期伸手抓住了怀玉的手说：“我真的错了，你就给我个机会吧。”

怀玉转过头来，狠狠扇了他一个耳光，然后转身回屋插上了房门。整整一个月，怀玉没有跟柄期说过一句话，期间柄期多次找怀玉认错，但迎来的都是一个狠狠的耳光，两人就这样僵持了一个月。一次怀玉的一个姐妹来看望她。她问怀玉："事情已经这样了，你打算怎么处理啊？"

怀玉生气地说："敢背着我去找别的女人，我可不能就这么轻易地饶过他。"

姐妹说："都这么长时间了，你也要考虑清楚了，是继续过呢？还是打算离婚呢？"

怀玉说："我还没有想呢。"

姐妹拍拍她的肩膀说："你可真能沉得住气啊，不过你可得抓紧时间想了。要是想过，就要给他机会。根据你刚才所说的，柄期确实认识到自己的错误了，要不你就原谅他算了。谁不犯个错误啥的。"

怀玉咬牙切齿地说："哪能就这么便宜了他。不让他吃点苦头，还以为老娘好惹呢。"

姐妹笑着说："你可要把握住度啊，都一个月了，可别把他的心弄凉了，要不然到时候可真没有挽回的余地了。"

怀玉听了，认真地点了点头。

这天晚上，柄期来到了怀玉面前，"扑通"一声跪了下来，哭着说："老婆，我真的知道错了，你就给我个机会吧，原谅我这一次，我以后真的再也不敢了。"

怀玉看了他一眼，没有说话，柄期伸手抓住了怀王的手，不断地请求她原谅自己。

怀玉狠狠地骂了柄期一顿。然后对他说："你要给我保证，发誓以后绝对不乱来，并且写下保证书。"

柄期一一照做了。之后，怀玉把他扶了起来，说："男儿膝下有黄金，怎么可以随便跪人。"柄期哭着说："只要你能给我个机会，我干啥都行。"

听到这里，怀玉心里一酸，两人抱在一起哭了起来。

故事中的丈夫柄期有了外遇，结果被妻子怀玉撞了个正着。于是怀玉始终不肯原谅柄期，冷战了一个月之后，在姐妹的提醒下，怀玉原谅了柄期，因为她不想离婚，不想失去柄期。试想如果她一直不能原谅，那么最后的结局也只能是离婚了。可见，女人要有一颗宽容的心，懂得适当的妥协和退让，这样才能显得你有修养，才能真正地建立起健康的人际关系。

人能生时，也必然会求生，女人如果给对方留下一条退路，那么，他必不会冒着生命的危险来与你拼命。试想，如果女人把事情一下做绝了，对方想要生存的话，必定会奋起反抗。到头来，女人自己也就别想有太平日子过。因而，与人交往时，女人要学会不为难别人，适当地让对方三分，才是为人处世的良方。

钢太强则易折，人太直则无友，为人处世不必过于计较得失。既然每个女人都不可避免地会犯错，那么，今日女人以大度宽容的态度放对方一条生路，他日等到自己犯错时，也就会得到他人的宽恕。因而，聪明的女人懂得给他人留余地，实际上就是给自己不可预见的人生道路上留余地。

包容启示

女人要有一颗宽容的心，懂得适当的妥协和退让，这样才能显得你有修养，才能真正地建立起健康的人际关系。

第8章 女人保持乐观，用包容为自己赢得机会

包容是一种智慧，面对人生诸多的不完美，它可以隔开快乐与哀愁、幸福与黑暗。只要能够跨越过去，女人便可以拥有幸福的人生。聪明的女人懂得，“人生多憾事，十事九难全”，女人活着本来就不容易，何苦要跟自己过不去呢。拥有包容的心态去看这个世界，自然也就少了许多不平事，人生自然也就多了几分快乐与惬意。学会了宽容，与人相处时，也就可以得到他人的认同，为自己争取到成功的机会。因此，可以说，一个会包容的女人，可以拥有更多的快乐；一个懂得包容的女人，可以为自己赢得发展的机会。

包容别人的不是才会被人爱

生活中，想要被人理解其实挺难。不是你不会和他人沟通，而是因为每个人的世界都以自己为轴心。你的包容，会让别人觉得你很理解他。那么他人也会尝试着去理解你，帮助你。尤其是女人，来到这个世上，无法避免与许多人打交道，人与人的交往难免会产生各种矛盾。面对这些矛盾，聪明的女人懂得去解决矛盾，而不是避开矛盾。当然，想要解开各种矛盾，就应该学会宽容与理解，用一颗包容之心去对待别人，女人的人际关系才会变得和谐。

然而，生活中也有一些女性在与人交往时，总是害怕吃亏，与他人发生矛

盾或别人的做法不符合自己的要求时，她们会斤斤计较，甚至发脾气或者要性子。这样做表面看来没有什么不妥，然而，久而久之，别人便会在女人的不满情绪中渐渐远去。相反，如果女人能够用包容的心去面对这些不愉快的事情，不仅可以换来他人的理解，有时还能为自己争取到他人的帮助。看了下面的故事，你也许会相信这一点的。

薇微是某设计公司的资深设计师，她在这一行做了整整10年，她所做的设计风格独特，独领风骚，在业内有一定的知名度。也正是因为如此，设计公司的经理黄总才花重金从别人那里把她挖了过来。

俗话说：一山不能容二虎。薇微的到来，让公司原来的首席设计师陈菲感觉特别别扭。要知道陈菲虽然没有薇微那么有名气，但是她的设计理念和水平也是一流的。或许是因为这个原因，她对薇微并没有好感。

就在薇微到来的第二天，公司的经理黄总接了一个高档楼盘的设计任务。这天早上，她把薇微叫到办公室里。往常这个时候，到办公室里谈工作的应该是陈菲，而现在却变成了薇微，陈菲觉得是薇微抢走了本该属于她的尊严和她在公司的地位，因此，她对薇微恨之入骨。

当薇微从办公室里出来之后，陈菲随即进了黄总的办公室。

第二天，薇微主动找到了陈菲，对她说："陈菲，我知道你是公司的首席设计师，我一来就抢了你的风头，实在有些不好意思。不过这个设计实在有些难，我一个人拿不住，我们一起做吧。你看怎么样？"

陈菲没有想到薇微会来找她，而且还邀请她一起做，多少有些意外。想了半分钟之后，她说："要么你做，你要是觉得拿不下来，那就我做，我不跟你合作，否则算谁的功劳啊。"说完，忙自己手里的事去了。

薇微的好意被拒绝之后，她并没有放弃。而是在这天下午再次找到了陈菲，她说："陈菲，我是真心实意想要邀请你一起来完成这个设计的。我认真地看过你之前的成功案例，做得非常精彩，但是实话说，少了一些灵魂深处的东西。而我的设计恰恰缺乏一些基础的工笔塑造。所以，咱们俩结合起来一起做，才能做出最完美的设计方案。”说完，她把陈菲的一些成功的案例和自己的一些知名作放到了陈菲的跟前。

几分钟之后，陈菲握住了薇微伸过来的手。两人通力合作，方案设计得完美无瑕，一举赢得了当年的设计大奖。从那以后，两人成了谁也离不开谁的完美搭档。

故事里的薇微刚到一个新的环境里，就接到了一个棘手的任务，在这种情况下，她主动向自己的对手陈菲寻求合作。结果正是因为两人联手，才创造出了奇迹。可见，同事不一定全是对手，即使是对手，有时候也需要他们的帮助，这样你才能迅速地成事。这个案例旨在告诉女性朋友们，唯有包容可以化解他人内心的怀疑与不满，女人善用包容，不仅可以换来他人的理解，同时，还能为自己赢得他人的帮助。

生活之中避免不了会有一些矛盾存在，每个女人都可能会遭遇失业、婚变、亲人离去、朋友背叛等事情。无论生活带给女人什么，都不能失去与人为善的人生态度，用一颗宽容的心去对待别人，你会发现自己也会得到益处。相反，如果害怕吃亏，一味斤斤计较，人生也难以成就生命的辉煌。面对那些不和谐的人与事，女人如果能够做到将心比心，用一颗包容的心去对待别人，便可以让自己变得强大，你的理解还会换来别人的理解，从而主动帮助你完成人生的理想。

包容是一种理解，更是一种忍让，面对生活中不和谐的音符，女人该如何做？当然，你可以为此大发雷霆，然而，这并不是解决问题的最佳途径。要知道，心生抱怨，只会让女人的心灵寄生于黑暗当中，唯有做到将心比心，学会理解他人的苦衷，才能让女人的心灵得到放飞和愉悦，才能做到真正的包容。聪明的女人，懂得用自己的理解换回别人更多的支持。

细微之处，方能见伟大，当女人与他人有矛盾时，如果能够以包容的心

去对待，你会发现生活更加美好，更加充实，人生也更加幸福。因而，从现在起，做一个会包容的女人，用你的包容为自己换来更多的理解与帮助吧！

包容启示

女人如果能够做到将心比心，用一颗包容的心去对待别人，便可以让自己变得强大，你的理解还会换来别人的理解，从而主动帮助你完成人生的理想。

用包容浇灌的友谊之花最美丽

大千世界，芸芸众生，两个人能够走到一起，相识相知，的确是一种缘分。人人都渴望友谊，事实上这也是健康人际关系的基础。人的一生，一旦没有了这种感情，生活就会随之失去色彩，人生也就会变得孤寂无依。虽然每个女人都渴望能够拥有真诚的友谊，然而，并不是所有的女人都能够那么幸运。为什么有的女人可以拥有友情，而有的人终其一生也不会拥有。相知相爱，必定会有伤害，重点在于，女人能否学会包容。

来自不同生命轨迹、不同人生经历的两个人，都会有着各自的优点与缺点。如果不能够包容对方的一切，那么两个人最终肯定不可能拥有美好的友情。朋友得来不容易，女人如果想要维持自己的友情，就要懂得包容。只有用一颗包容之心去对待对方，才能浇灌出美丽的友谊之花。

没见过萧雅的人，总是对她充满了遐想，觉得叫这个名字的人应该是个绝色美女。而实际上，萧雅相貌平平，一点也不漂亮，相反，她的身材胖得几乎走了形。都说胖人脾气好，这倒是真的，萧雅脾气好得出奇。

和别的女孩子不一样，萧雅并不忌讳别人说她胖，反而引以为豪。为此，她有很多的知心朋友。而他们中间的很多人，就是因为在讥诮萧雅的过程中和她成为好朋友的。阿梅就是其中的一个。

那时候，萧雅刚刚来公司不久，和同事们还不是很熟悉。一次，她去上厕所的时候，刚要进门，忽然听到厕所里有几个女同事在窃窃私语，其中就有阿梅。当时，阿梅对另外几个女同事说："我的妈呀，你看看新来的那个叫萧雅的女孩，那么胖，我真为她担心，你说她在我们面前会不会自卑啊？"另外几个女生哈哈大笑起来。

这时候，萧雅推门走了进去。

阿梅一伙没有想到萧雅会在门外，她的出现着实让她们尴尬。但萧雅并没有生气，而是笑着说："你这人心眼怎么这么实在呢，老爱说实话，你看看她们都藏着掖着不说，我就喜欢说实话的人。"

阿梅以为萧雅说的是反话，涨红了脸，站在那里不知所措。

萧雅拍了拍几位女孩的肩膀说："我就是胖啊，这是事实啊，没什么可隐瞒的，再说了，胖还有胖的优势呢。坐公交车一个人坐两个人的座位，吃饭一个人吃两个人的饭量。这可是占了大大的便宜啊。"

几个女孩见萧雅真的没有生气，心里的石头终于落了地。阿梅接着说："你真这么想的啊？"

萧雅拉着阿梅的手说："是啊，我天生就胖，减肥又减不下去，所以不为难自个儿了，享受肥胖者的优越吧。"说完，昂起头，自信地走了出去。

从那以后，阿梅和萧雅成了无话不谈的朋友。

故事中的萧雅很胖，当她听到别人在讨论她的时候，并没有因此而计较，而是选择了原谅对方，宽容对方，从而获得了知心朋友。可见，作为女性朋友，千万不要斤斤计较，要学会宽容，这样才能化解矛盾，还会获得真诚的知己。

生活中，就算是再要好的朋友之间也会产生摩擦。面对双方之间所存在的问题，是选择宽容相待，还是伺机报复？完全取决女人的心态。然而，女人如果不懂得包容，只是一味地斤斤计较，那么，最终只会让两个人之间出现裂痕。

生活中，当朋友背地里说你的坏话，或是做了一件令你伤心难过的事情，抑或是为了自己的利益，做了损害你的利益的事情时女人如果不懂得宽容理解，就只会让自己整日陷入悲观失望、抱怨不公的情绪中。这样的行为只会让双方之间的误解越来越深，最终导致友谊消失殆尽。然而，一个聪明的女人懂得用包容去宽恕朋友的错误，有利于事情的解决。在原谅中，给朋友一次改过自新的机会，相信真正的朋友定会以良好的行动报答你的宽容与理解。

包容启示

善待朋友，可以体现出女人的美德；包容、宽恕朋友的错误，则可以体现女人的宽广胸襟。如果想拥有美好的友谊，那么，从学着包容开始，用一颗包容心去宽恕他人的错误吧，你会发现人生还有更多的美好！

多一分包容，多一份美丽

人与人之间的交往缺乏诚信，各种各样的社会问题便接踵而来。你总觉得别人欺骗了你，伤害了你，因而把伤害也同样加到对方的身上，总觉得这样才能达到公平。试想一下，当你和别人斤斤计较的时候，你得到了什么呢？无非是多了一个敌人，少了一个朋友。其实，生活原本就是不完美的，面对各种问题，女人应学会包容，有一颗心去包容生活中的不完美。面对生活，女人多一分包容心，生活也就会变得快乐起来。聪明的女人，懂得以宽容的心态对待生活，那么，生活也就会给你更多的快乐。

人生在世，不如意的事十有八九。作为一个普通人，无法改变这样的现实。尽管如此，并不代表女人这一生就要注定每天都在这种艰难的日子里煎熬。女人可能无法改变生活中发生的事情，然而，却可以选择以什么样的态度去面对生活。实践证明，以微笑的态度去面对生活，那么，生活也就会给女人更多的快乐；反之，如果以忧愁的心情面对生活，生活就会把同样的忧愁还给你。

生活就是这样，如果不能够容忍别人的错误，势必会与人结下仇冤；如果不能容忍别人的做法，他人自然也容不下你的行为，必然会造成睚眦必报的心态。如果每天都处于一种如何算计别人，防止别人算计的生活中，周而复始，女人不仅会感到身累，更会感到心累，生活还有什么乐趣可言？因而，做一个聪明的女人能够以乐观的心态面对社会，少一些计较，那么，生活也就自然轻松、快乐许多。包容能够给女人带来快乐的生活，那么，在生活中，女人应该如何从包容做起呢？

1. 与人相处，与人为善，包容他人的过失

“人非圣贤，孰能无过。”既然连圣贤之人都可能会出现错误，就更别提我们这些普通得不能再普通的人。也就是说，人活一世，犯错在所难免，那么，女人在与人相处时就要怀抱一颗宽容之心。面对他人的伤害与错误，女人要学会理解、宽忍，更要学会站在对方的立场去思考问题，这样，女人也就自然会少生一些闷气，与朋友之间也就可以建立起真诚的友谊。

2. 面对人生不平事，要放宽胸怀，给自己寻找开心的理由

生活中，的确会存在许多的不平事，面对这些不平事，并不是生气郁闷就可以解决掉的。聪明的女人懂得，与其让自己的情绪陷进不平事中无法自拔，

倒不如主动看开些，或许能够从中找到解决问题的有效途径。也许，今天你的确受了很大的委屈，然而，如果让自己的精神、注意力始终盯在这件事情上，那么，你就会错过更多的事情。同时，每一次的回顾，更是对自己的折磨，无异于加重自己的痛苦。因而，女人要学会包容这些不平事，主动为自己寻找一些快乐的理由，那么，生活仍然还是美好的。

3. 面对人生挫折，要多看看身边的人，以感恩、包容的心，面对生活中的不如意

女人的一生，无法避免各种挫折。有的女人面对挫折，会从此一蹶不振，意志消沉，终日处在痛苦与煎熬之中，仿佛世界末日一般。其实，挫折并不可怕，人的一生都会经受挫折，只是有的女人选择把挫折当成一种磨练来看待，不善言表罢了。女人不仅要注意到自己失去的，更要注意到自己得到的。失去，其实是另一种拥有，有时，失去只是为了更好地拥有。因而，对待生命，女人要学会感恩，虽然上帝让你失去双手，但要感谢他还给予你明亮的眼睛看世界；即使失去了眼睛，女人还要懂得感谢你还有灵敏的耳朵聆听世界。对待生活中的不完美，如果能够以包容心、感恩的心去对待，那么，必然会发现生活中更多的快乐与美好。

万念皆由心生，如果一个女人认为自己活在不幸当中，那么，你的生活也就变得越来越不幸，身边的烦恼也就越来越多。反之，如果女人能够包容，以幸福的心态去看待世界，看待生活中的遗憾，你会感到生活原来是这样美好。那么，世界在你眼里也就是美好幸福的。

人生苦短，聪明的女人懂得，以包容的心态对待生活，可以收获更多的快乐。如果你也想成为聪明的女人，拥有幸福快乐的生活，那么，从现在开始试着用心去包容一切吧！

包容启示

对待生活中的不完美，女人如果能够以包容心、感恩的心去对待，那么，必然会发现生活中的更多快乐与美好。

女人用包容的心去换位思考

生活中，没有抱负往往会碌碌无为，但是如果你的抱负不切合实际，根本实现不了，就会成为折磨你的欲望，让你每天背着这样的压力而生活。你每天想的便是如何挖空心思来满足自己的欲望，去争取自己喜欢的东西。自然也就免不了会为一些琐事而烦恼，当然也会为种种复杂关系的处理而伤脑费神。女人之所以会为此而忧虑，主要是因为一己私利。倘若女人没有了私心，生活中的所有烦恼也就自然会烟消云散。当然，生活中，每一个女人都能容忍自己的私心，然而，面对他人的私心，女人应该如何做呢？

张彤和李艾是某地产公司的员工，她们都是名牌大学的高材生，都有很强的工作能力。进公司已经五六年了，为公司也做了很多贡献。这次公司打算从两个人中提拔一位，作为公司的运营经理。这个消息传开之后，李艾和张彤就成了仇人。

一次偶然的机会，李艾无意中得知张彤的父母都在农村，生活条件很差，最近张妈妈又生病住院了，尽管生活的打击很残忍，但是张彤一直坚强地面对。得知这个情况之后，李艾的内心隐隐作痛，于是她想把这个机会让给张彤。

在这个时候，公司让她们两人每人做一个项目策划书，以此来考察她们的整体运营策划能力。李艾故意把策划书做得一塌糊涂，而张彤则是认真仔细地

做了个完美的策划案。结果可想而知，张彤胜出，被领导提拔当了运营经理。不但薪水翻了两倍，而且每年还可以拿到公司的一大笔奖金。

张彤一直以为是自己的实力比李艾强，所以见了李艾总是高高在上的样子，有时候李艾主动跟她说话，她根本都不搭理。她觉得像李艾这么不自量力的人根本没有资格和自己说话。而且，她还在私底下说了很多特别难听的话。这些话传到李艾的耳朵里之后，她只是淡淡地笑了笑，什么也没说。

由于当上了领导，接触公司的机密就比较多了。一次偶然的机会，张彤看到了李艾当时做的策划书，她感觉到很好笑。但是，仔细一想，她之前跟李艾共事过，李艾的能力她是知道的，她怎么会做出这么差劲的策划书呢？

后来，张彤从李艾的朋友那里知道了事情的真相。她找到李艾，感动地说："李姐，你为了我想了这么多，而我不但不感谢你，还说了很多中伤你的话，我真的不是人。"说完，张彤哭着抽了自己一个耳光。

李艾走过去，拍了拍张彤的肩膀说："说实话，我渴望这个运营经理已经很久了。可是当我知道你更需要的时候，我做出了让步的决定。我从小家庭就比较困难，受过很多苦，所以我能理解你的感受，希望你少受点苦。"

张彤走过去，抱住李艾，哭了起来。从那之后，两人成了非常要好的朋友。

故事中的李艾和张彤之间成了竞争对手，当李艾得知张彤更需要这个职位的时候，毅然决然地把这个职位让给了她。她之所以这么做，就是因为她懂得换位思考，为张彤考虑才做出了决定。可见，要想和同事做朋友，赢得良好的人际关系，就要站在同事的立场上为他着想。

洪老前辈在《菜根谭》修身篇中曾提到这样一句话："容得性情上偏私，便是一大学问；消得家庭内嫌雪，才为火内栽莲。"这句话的意思是说，一个人如果内心能够容得下性情上的私心杂念，就是一门很大的学问。一个聪明的女人懂得，只有学会包容，以宽容之心去对待私心，才能为自己的发展赢得机会。

自然界中，无论是人还是动物都会或多或少存在些许私心，作为女人，首先要做到的是肯定私心的存在，正视他人的私心。聪明的女人懂得，私心不仅别人有，自己也会有，只是存在的方式或场合不同罢了。只不过有的女人考虑自己偏多，有些女人私心偏少罢了。

因而，女人在指责别人的私心时，不妨先学会换位思考试着宽忍他人，对待他人的私心，不要当面揭穿，要为他人留些尊严。女人，如果能够宽以待人，那么，自然就可以减少自己的私心，生活也就会越来越快乐。

包容启示

人在指责别人的私心时，不妨先学会换位思考试着宽忍他人，对待他人的私心，不要当面揭穿，为他人留些尊严。

理性包容，春暖花开

谁的一生都不可能一帆风顺，有高潮，自然就会有低谷。面对人生中的逆境，有时女人必须作出取舍。聪明的女人懂得，适当的妥协可以为自己带来更多的好处。如果能够做到理性妥协，一样可以不失精彩，最终走向成功。妥协说起来容易，做起来也是有些难度的，没有原则的妥协只会让女人失去更多的东西。因而，女人如果想要成功，就要做到理性妥协。

理想虽然很美好，然而，现实也总是很无奈。在各自的理想面前，女人可能会遭受各种挫折与困难。面对挫折与困难，也许有的女人会认为，不能向现实妥协，要坚持下去，然而，这种女人最终却免不了一次次碰壁。聪明的女人懂得，在现实面前，为了达到既定的目标，适当的时候，也可以做些妥协。

这样做，并不能代表女人的立场不坚定，相反，还可以在妥协中体现女人的智慧。因而，一个智慧的女人只有做到理性妥协，方能在曲径中找到解决问题的途径。人际交往中，女人要如何做才能达到这个要求呢？

1. 消除“妥协就是软弱”的偏见思想，树立起正确的观念

在许多女人看来，妥协是一个贬义词，只要一个女人妥协了，就表明这个女人已经放弃了自己的权利与立场，无异于举手投降。与妥协相比，那些宁死不屈、不依不饶的女人，则更显得有骨气一些，更能体现女人的精神。曾有许多女人认为，妥协就是一个人软弱的表现。其实并非如此。当今社会的发展，人们都在追求个人利益的最大化，为了能够取得成功，有时双方必须做出一些让步，才能实现双赢。其实，真正懂得妥协的女人，往往具有大智慧，她们懂得在一种软弱的表象掩饰下，求得自己的成功。因而，女人如果想要获得人际关系的成功，就要树立起正确的观念，懂得眼前妥协，是为了获得更长远的利益。

2. 要明确妥协的目的，端正妥协的态度

当今社会的发展，更多的时候，双方是想在一种“和为贵”的理念下，双方达成共识，互取利益。因而，无论什么时候，女人都要牢记妥协的目的，就是在妥协的基础上，从长远的角度来看，得到自己应有的利益。然而，现实生活中，有些女人在面对挫折与困难时，不懂得坚守自己的原则，遇到一点小问题，不经过任何努力，就完全向现实妥协。这种行为是完全错误的。在挫折与困难中，我们提倡理想妥协，但是并不代表要求女人不经过努力就毫无原则地放弃自己的利益，这样做与懦夫没什么区别。因而，女人要做到理性妥协，就要先做出努力，把握好妥协的时机，方能为自己争取到既定的利益。

3. 掌握好妥协的度，为自己争取最大的权益

女人要生存下来，只是凭借着意气用事没有用，要靠理性的思考。面临困境时，如果没有更好的办法，就试着做出一些让步，又有何妨，毕竟在妥协中

女人可以把损失降低到最小。然而，女人在做出妥协时，要理性对待，不能为了坚持次要的目标而放弃主要目标。对于聪明的女人，理性的妥协是一种让步的艺术，也可以体现出女性的智慧与优良品质。

4. 用包容的心态看待妥协，才能取得成功

所谓妥协，也就是两害相权取其轻，就是通过一定的让步，以换取到自己想要的东西。因而，也可以说，女人坚持努力方向与妥协并不矛盾，相反，理性的妥协正是对女人坚定方向的一种坚持。因而，当生活面临妥协时，要学会放开心态，既不能紧咬目标不放松，更不能在妥协中耿耿于怀。人生随时都充满妥协，女人只要学会包容妥协，一样可以在妥协中成就明天。

5. 懂得妥协的女人，人生更容易成功

妥协并不意味着放弃自己的原则，一味地让步。理性的妥协，只是女人获取成功所运用的一种手段。在困难与挫折面前，如果女人拒绝妥协，则可能为自己招来烦恼与伤害。相反，一个懂得妥协的女人，在与人相处中，不会事事都要求别人按照自己的意愿行事。她们懂得，在忍让与让步中，建立自己的良好人缘，为以后的成功积累基础。

女人的一生，其实就是不断妥协的过程。作为一个女人，无论是伟人还是乞丐，都不得不向现实低头。面对人生中的妥协，其实也没什么害怕的，只要能够做到理性对待，生活一定会在你的意想当中。在挫折与困难面前，女人如果想要走出眼前的困难，就要学会与现实妥协，为自己争取到更大的成功。

包容启示

当生活面临妥协时，女人要学会放开心态，既不能紧咬目标不放松，又不能在妥协中耿耿于怀。人生随时都充满妥协，只要学会包容妥协，就一样可以在妥协中成就明天。

包容中蕴含着机会

我们身边经常会出现一个现象，就是遇到一点小事就大吵大闹，更有甚者发展到拳脚相加的地步。其实，每个女人都有一些缺点，聪明的女人懂得，包容与理解有时可以让他人改掉缺点。因而，如果想要改变你身边的人，女人，请试着爱他们，用一颗包容的心去对待他们的过失吧！

人际交往中，吃亏、被误解、受委屈等都是一些无法避免的事。面对这些事情，女人应该如何做？如果总是为这些无法释怀的东西坚持，就只会造成永远的伤害。雨果曾说过："比大海更广阔的是天空，比天空更广阔的是人的心灵。"女人如果能够从自我做起，以宽广的胸怀看待他人，那么，女人一定会收到许多意想不到的结果。

一天早上，一位怒气冲冲的顾客冲进馨雨服装公司总经理王馨雨的办公室。他是为了300元从外地到北京来的。

事情的起因是，这位客户购买馨雨服装公司的西装，欠了该公司300元。公司信托部门给他写了几封信催促他把账结了，可是他却忘了这笔欠款，而且认为是公司弄错了。于是他便不远千里，来到北京，要弄个清楚。

这位满脸怒意的顾客一进办公室，就一口咬定是公司搞错了。他说他不但不会出这笔钱，而且再也不会买馨雨服装公司的任何东西了。王馨雨当时非常生气，但是她并没有打断这位顾客，而是耐心地听完了客户的牢骚和气话。

直到客户说完，她才平静地说："我要谢谢你到北京来告诉我这件事。你帮了我一个大忙，因为如果我们的信托部门给你增添了麻烦，他们也就同样可能干扰了别的顾客，那就太不幸了。相信我，我比你更想听到你所告诉我的。"

客户怎么也没想到，他说了那么多严厉而尖刻的话，得到的却是这样平静温和的回答，他甚至因为他的牢骚话和生气的态度没有得到想象中的效果而有点儿失望。

王馨雨接着说："你是一位十分仔细的人，只有一份账目，不大可能出错。而公司职员要管几千份账目，应该容易出错。请放心，这笔账将就此消除。既然你不再买我们的服装，那么，我可以向你推荐别的服装公司。"

王馨雨随后请这位客户共进午餐，客户不好意思地接受了。吃完以后，回到办公室，客户又出人意料地与该公司签订了一个很大数量的订货单。

事情结束后，双方都感到十分愉快。那位客户回去后不久，王馨雨意外地收到了一张300元的汇票和一封致歉信。原来，那位客户回家后又重新看了账单，发现有一张放错了地方，因而把它忘记了。

故事中的王馨雨面对客户的无理谩骂和纠缠时，非常生气，但是她并没有发泄出来，而是控制住了情绪，没有冒失，没有冲动，包容了对方的所有"不是"，和颜悦色地给客户道了歉，并邀请对方一起共进午餐，从而赢得了客户的心。由此可见，女人一定要懂得控制情绪，不要被情绪所左右，这样才能赢得更多的朋友。

"海纳百川，有容乃大。"老子所谓的"有容乃大"是心量广大，无所不容，像王馨雨这样的心量，就可以称为大心量。生活本来就是这样，如若不能容人，就会与人结下冤仇，别人也自不会容忍与你，更不会主动帮你，当然，也就不可能有成功的机会。因而，聪明的女人懂得用包容成就自己的快乐人生。

生活中，女人只有包容，才能为自己争取更多的机会。那么，要注意哪些方面？

1 众生平等，要包容别人，就要学会尊重他人

人际交往的前提是沟通交流，然而，这种沟通与交流又必须是主动的、相互的、有来有往的。人生在世，每个女人都希望能够得到他人的尊重。因而，与人交往时，要学会主动尊重人。无论对方的身份、地位、能力及长相如何，都要做到一律平等。只有发自内心地尊重每一个人，才有可能得到每个人的尊重。

2. 女人要做到真正包容，就要用心去容纳他人的好与不好

包容，不仅仅是指包容他人的好，更应该包容他人的不好。每个女人都会有缺点与不足，然而，明知对方有缺点与不足，还能与之相交，并友好相处的女人，才能称为会包容的女人。这需要女人在与人相处时，要懂得宽忍、豁达，能设身处地为他人着想，这是女人获得人心的根本。因而，做一个包容的女人就要包容他人的所有。

3. 女人要学会包容，为自己争得机会，还要懂得互惠互利

“商人无利不起早。”有些女人为钱，有些女人为权，有些女人为名，也有一些女人为欲。然而，女人想要成功就应明白，只有你给别人好处，才能从他人那里寻到帮助。因而，女人要学会给予别人帮助，让别人有所收获，才能为成功打下基础。

人都是凡夫俗子，自然也就有缺点和不足的地方，只有大家团结起来，才能形成强大的力量。然而，要想真正团结，就必须学会包容与理解。明白了这个道理，相信女人成功会更容易一些。

包容启示

女人想要成功就应明白，只有你给别人好处，才能从他人那里寻到帮助。因而，女人要学会给予别人帮助，让别人有所收获，才能为成功打下基础。

第9章　女人感动人心，用包容赢得尊重和力量

包容是一种尊重，与人相处时，你敬人一尺，人就会敬你一丈，女人要想得到他人的尊重，就要学会包容他人；包容也是一种凝聚力，懂得包容的女人，不仅可以容人之长、还可以容人之短，更可以容人之失，因而，懂得包容的女人，无论身处哪里都有一种感动人心的力量。包容，既可以体现女人的智慧，还可以体现女人的个人魅力。因而，一个包容的女人，可以打动他人的内心，获得良好的人际关系。因此，女人如果想要在人际关系中赢得他人的心，就请学着从包容开始吧！

包容的心能使人弃恶从善

人心都是肉长的，即使是十恶不赦的人，内心也有良善的一面。关键在于你是否能让他们的善来战胜恶。相信很多人都无法做到这一点。《弟子规》中说："凡是人，皆须爱；天同覆，地同载。"它要求我们要关爱所有的人，因为我们生活在同一片蓝天下。生活在这个世上，女人会与许多人打交道。这些人中有的心地善良、性情耿直，但也会有一些行为不端的坏人。面对好人，女人能够轻易做到包容，然而，面对恶人，女人又该怎么办？也许有些女人认为，只要是恶人，就得全力铲除，以绝后患，这样的做法，就

真的正确吗？

其实，好人与恶人之间并没有严格的标准，只是相对而言。如果一个人因为做错一件事便称之为恶的话，这种做法未免有些偏激。生活中，当面对恶人恶行时，许多人会义愤填膺地表现出正气在胸的昂扬。然而，在女性“痛打落水狗”的思想背后，是否想过你的行为其实就是“以恶制恶”，那么，你的行为与恶人相比又有何区别？因而，面对恶人，能够以君子的胸怀来善待“恶人”，才是真正的智者。相信看了下面的故事，你也会深受感动。

梁建红是河北邯郸峰峰矿区一名普通的农家妇女，然而，在面对给她带来巨大伤害的“凶手”面前，她却能够以一颗包容心去对待，不是选择了报复，而是选择了原谅他的过错，这种境界是很多人都无法达到的。

2008年初，她年仅27岁外出打工的儿子因为经济纠纷被工友乱刀捅死。事情的原因很简单，因为保安公司拖欠她儿子几千元钱，而她的儿子拖欠了工友宋晓明500元钱。无奈之下，宋晓明找到梁建红的儿子，并用随身自带的刀具连捅他数十刀，造成伤者因失血过多而死的事实。事发时，距离死者结婚的日子只有十天，这个噩耗对于梁建红来说，无异于五雷轰顶，老年丧子，是人生最悲痛的事情。面对事情的突变，原本已经怀有身孕的儿媳妇只得打掉腹中的胎儿。对于梁建红来说，可谓连失两命，其悲痛之情可以想象。

遇到如此情形，许多女性可能都会要求严惩凶手，替儿子报仇。然而，她却背着家人，千里迢迢赶到北京在法庭上替凶手求情。庭审现场，宋晓明对自己的罪行供认不讳。当法庭问梁建红有什么要说的没有时，她竟然呜咽地向法官求情，有可能的话对宋晓明从轻发落。在这个平凡的女性看来，她的儿子已经死了，宋晓明也是一条鲜活的生命，也是由父母生养的，她不想再让人间多一个悲惨的家庭。

听了她的话，坐在被告席上的宋晓明顿时泪流满面，“哇”地哭出声来，就在宋晓明被带出法庭前，他竟然跪在梁建红的跟前，给她磕了个头。最后，宋晓明被判有期徒刑12年。正是她的宽容让宋晓明决心认真改造，争取早日出来，报答她的大恩，他还称从监狱里出来后要给梁建红当儿子。

在这个案例中，朴实的农村妇女梁建红，晚年失去了自己的儿子。面对杀人凶手，她不仅没有要求严惩凶手，反而替对方想，替对方的母亲想，向法官求情轻判凶手，使得宋晓明当场跪地。面对他人的伤害，梁建红作为一个普通的女性，没有趁机报复，而是以德报怨，泯仇为爱，令全场的人都为之动容。最终在她的帮助下，宋晓明被感动得落泪，甚至还要在出狱后给梁建红做儿子。这个故事旨在告诉女性朋友们，善待他人，用一颗包容心去面对那些有过错的人，让他们有改过自新的机会，挽救一颗堕落的灵魂，才是最大的善行。

这是一个感天动地的事例，更是一个以德报怨的事例，更演绎出一首现代版的千古绝唱。当然，梁建红之所以能够做到这些，完全在于她胸怀宽广，能够以一颗包容的心去对待他人的过失。梁建红是伟大的，面对有杀子之仇的人，她不仅没有抱怨，反而替对方求情。她的善举最终也感化了宋晓明，使他用积极的心态接受改造，同时，他还表示出狱后当梁建红的儿子。人世间的恩恩怨怨，永远也无法说清楚，人与人之间不可能永远存在着大是大非，面对那些犯了错的人，如果能够懂得包容，便可以让他们意识到自己的错误，并且极力改正错误，这才是从根本上消除恶行，当然，女人的这种行为，也算是一种善举。

生活中，有一些女人面对他人的一点点的伤害，往往会锱铢必较，更不要说是在人命关天的大事上，更是恨不能手刃凶手。面对已经造成的伤害，面对逝去的东西，“以其人之道，还治其人之身”，就真能改变这一切吗？显然不能，伤害已经造成，无论你报复也罢，打击也好，都不可能改变历史，只会让

更多的人受伤害罢了。梁建红无疑是伟大的，她的宽容感化了凶手，让他重新认识到人生的美好，唤醒了起他的良知，立志重新改造，回报社会。面对这样的结果，也是大家喜闻乐见的。善恶只在一念之间，女人的宽容有时可以拯救一个人，女人的惩罚也可能彻底结束一个人的生命。两者之间，孰轻孰重？相信每一个女人都明白。

在人际交往中，包容，不仅仅可以体现女性良好的修养与魅力，同时，还可以帮助那些犯了错的人改过自新，重新做人。聪明的女人懂得用包容去消除人与人之间的矛盾，方能结出善果。因而，做个聪明的女人，就先从包容他人过错开始！

包容启示

善恶只在一念之间，女人的宽容有时可以拯救一个人，女人的惩罚也可能彻底结束一个人的生命。两者之间，孰轻孰重？相信每一个女人都明白。

包容让生活更加美好

尽管我们能主宰自己的生活，却无法安排人生的境遇。生活岂能事事如意呢？在面对生活的各种挫折和打击后，如果女人只会一味抱怨，生活也将处于绝望当中。抱怨就像是鸦片，会让女人生活得无精打采，同时，这种不良的情绪还会影响到周围的人。最终，无休止的抱怨只会让女人的生活越来越糟糕。因而，如果想要找到自己的立足之地，赢得人心，就要学会克服抱怨情绪，用包容为你的抱怨画上休止符。

生活中，我们经常会遇到这样的女人，她们总是对生活充满了不满，时常会和周围的人唠叨自己的生活总会遇到这样那样的难题，似乎她们每人都生活在水深火热当中。虽然，生活中喜欢抱怨的女人，不见得不善良，但是这种女人往往在生活中不受欢迎。究其原因，就是因为她们的抱怨会让周围的人产生远离的感觉。

张凯最近遇到了些尴尬。

原来，张凯在结婚之前有一个恋爱了6年多的女朋友，两人的感情非常好。就在他们商议结婚的时候，女朋友邓慧却不辞而别出了国。后来，张凯认识了现在的妻子王倩，接触了两个月后便匆匆地结了婚。

由于王倩善解人意，家里家外操持得头头是道，对张凯也特别好。两人的感情越来越好。结婚后的第二年，他们有了自己的孩子。一家人生活得和和睦睦，其乐融融。

这天，张凯回到家里，刚坐下休息，突然电话响了。他接通后，正是他之前的女友邓慧。二人寒暄了几句后，便挂了电话。这时候王倩关切地问道：“是谁啊？”

张凯说：“是邓慧，她从国外回来了，约我出去见个面呢。”

王倩笑了笑说：“你怎么回应的啊？”

张凯望着王倩说：“我当然拒绝了。这还用问吗？”

王倩说：“你干吗拒绝啊？应该去啊。人家一番好意，你怎么拒绝了呢。多伤人家的心啊。”

张凯不高兴地说：“说什么呢！”

王倩认真地说：“真的，应该去，好歹也谈了那么多年，没走到一起，至少应该是朋友嘛，你不能拒绝别人的友善啊。这样，你待会儿打个电话，主动约她，到时候咱们俩一起去，好好聊聊。毕竟是这么多年的朋友了。”

当他们俩一起出现的时候，着实让邓慧有些不好意思。本来邓慧是想着通

过这次见面，试图和张凯重归于好。尽管她知道张凯已经有了妻室。

那晚，王倩关切地问起了邓慧在国外的生活，以及回来的打算，并表达了自己的善意。临走的时候，还诚恳地邀请邓慧到家里做客。之后，她不断地给邓慧打电话，关心和帮助邓慧，渐渐地两人成了非常要好的朋友。

之后，在王倩的积极张罗之下，为邓慧介绍了个男朋友。这年年底，张凯亲自为邓慧张罗了婚事。尽管在之后的交往中，张凯和邓慧关系非常好，但是却从来没有出现过任何问题。

故事中的张凯在有了妻儿的情况下，接到了前女友的电话。如果不是妻子王倩的成熟处理，说不定他和邓慧真的会旧情复燃，给他的家庭带来毁灭性的打击。可见，作为一个好的妻子，不但要照顾好家庭，还要学会帮助老公变得成熟，以此来正确处理与前女友的关系，捍卫自己的家庭。

1. 女人想要做到不抱怨，就要用包容的心理解他人

人生在世，难免遭遇不如意，面对来自他人的误解、排挤等行为，要学会理解他人。如果只是站在自己的立场上，女人永远也不可能明白对方心里在想什么。因而，女人想要找到答案，不妨多替对方想想，站在对方的角度上来思考问题，更有利于女人看清当前局势。

2. 女人想要不抱怨生活，就要学会包容，要学会感恩

女人之所以会抱怨，是因为对身处情况不满，或者是认为社会对自己不公。女人想要克服抱怨情绪，就要学会包容生活中的不完美，用一颗感恩的心去看待周围的一切。作为子女，女人要感谢父母给予自己生命；作为学生，女人要感谢老师辛苦的培养；作为同事，女人要感谢他人的帮助，等等。只要能够发现生活给予我们那么多的东西，就不会再因为不公、不满而抱怨。

人生遭遇困难或不公是一回事，抱怨又是另外一回事。对于生活中的不如意，要允许女人向他人倾诉，然而，如果一味地抱怨只会令女人日后前行的路

途更难走。因而，做一个聪明的女人，从此刻起，学会克服抱怨，用一颗包容心为自己的抱怨画上完美的句号。

包容启示

女人之所以会感到抱怨，是因为对身处情况不满，或者是认为社会对自己不公。女人想要克服抱怨情绪，就要学会包容生活中的不完美，用一颗感恩的心去看待周围的一切。

包容让女人广结友缘

生活中，女人想要为自己赢得朋友，就应该多运用包容的力量，相信你也一样可以成为受人欢迎的女人。

漫漫人生路，女人前进的每一步都可能会遇到伤害与烦恼。当与他人产生矛盾或摩擦时，要如何做才能化解矛盾，为自己赢得朋友呢？

1. 用一颗包容心看待对方，多发现对方的长处

“尺有所短，寸有所长。”无论哪一个人都有他的长处，也自会有他的短处。与人相处，如果眼睛只盯着对方的短处，以自己的长处来比对方的短处，那么，内心肯定会充满烦恼，对他人产生厌恶之心。因此，女人如果想要为自己赢得更多朋友，就要学会包容他人，只要用心观察，一定可以从对方身上找到许多优点，经常多赞美、学习对方的优点，有利于双方建立起良好的人际关系。

2. 用包容的心接受对方的缺点，原谅他人所犯的错误

“人非圣贤，孰能无过。”每个人都会有这样那样的缺点，同样也会犯各

种错误。面对缺点或错误，如果不能够以包容的心态对待，斤斤计较，肯定会身心俱疲。聪明的女人，懂得原谅他人就是原谅自己。因而，在人际交往中，如果想要得到朋友，就要学会包容对方。

也许有人会说，面对他人的错误，想要包容谈何容易？这个时候，不妨多站在对方的立场上想想，如果换作是你，你希望他人怎么做？请以你希望他人做的方式去对待别人吧，相信你一定可以放下心中的偏执，原谅他人的过错。

包容是一门学问，女人懂得了包容，也就学会了如何生活。女人懂得了包容，也就拥有了快乐。包容更是一种力量，运用包容，可以化解与他人之间的矛盾，赢得对手的支持。包容是一种美德，一个懂得包容的女人，往往具有优良的品质，在人际交往中，这样的女人往往会成为最受欢迎的人。女人懂得了包容，也就为自己积累了资本，赢得了更多的朋友。

包容启示

包容是一门学问，女人懂得了包容，也就学会了如何生活。女人懂得了包容，也就拥有了快乐。包容更是一种力量，女人运用包容，可以化解与他人之间的矛盾，赢得对手的支持。

女人用宽恕化解矛盾

人生在世，不可能永远离群索居。而有人的地方就会有矛盾，有斗争。尽管这种争斗或许并没有到必须的程度上，但是却让很多人无法释怀，总觉得宽恕他人，适时忍让是软弱的表现。殊不知在鸡毛蒜皮的争斗中会两败俱伤。例如，邻里之间的矛盾，同事之间的纷争，夫妻之间的争吵。可以说，矛盾无处不在，也无可避免。其实，有了矛盾并不可怕，可怕的是面对矛盾一味斤斤计较，甚至采用消极的手段打击报复。对于女人来说，这样做无疑是自寻烦恼，为双方之间制造痛苦，加深矛盾，甚至结成冤仇。

“以和为贵”是中华民族的传统美德。中国传统文化的最高境界是和谐，强调人与人之间以和为贵，以忍为上。整个社会的和谐发展需要如此，人与人之间的交往也需要如此。面对矛盾，女人只有学会宽容，以和为贵，才能从根源上化解矛盾，为自己、为他人创造一种和谐友好的生存环境。

人生在世，女人之所以会身处矛盾中，感到烦恼忧愁，主要是因为不懂得包容。聪明的女人，懂得用包容去面对矛盾，痛苦也就会消失殆尽。那么，面对现实中的矛盾，女人具体应该从哪些方面做起，才能根除矛盾呢?

1. 女人想要化解与周围人之间的矛盾，先要学会认清自己，包容自我

每个女人都是一个生命的独立体，在这个独立体上，会承载着女人的优点和缺点。你有，别人也一样。聪明的女人不会把自己看得过于完美和高大，因为她们明白世上没有十全十美的事物。因而，女人要想用包容的心去对待世界，对待他人，先要学会认清自己，既要在别人的眼中看到自己，更要用包容心去审视自己，发现自己的优点与缺点，对于不足的地方，要学会扬长避短。只有如此，在面对矛盾时才会心清神明，才能够站在公正、公平的角度上来看待问题。

2. 女人想要化解矛盾，要学会用包容的心对待他人，学会理解、尊重他人

既然人与人之间的矛盾无可避免，那么，当面临矛盾时，女人就要学会积极地去解决矛盾。现实生活中，有许多年轻女性与人发生一点小摩擦，冲动之下就拳脚相加。虽然，武力可以帮助女人消灭外在的敌人，但是，它却不能去除一个人内心的烦恼与痛苦。聪明的女人懂得，面对矛盾最明智的解决办法，就是学会包容。与人相处，多给他人一些尊重与理解，发生矛盾时，要学会多

站在对方的角度想想问题。试想一下，如果换成是你，你希望别人用什么样的方式来对待你？“己所不欲，勿施于人。”生活就是这样，尊重、理解对方像对待自己一样，与他人交往时自然就会少一些摩擦，自然就可以帮助女人化解许多矛盾。

3. 如果他人的确伤害过你，学会包容，试着宽恕对方，原谅对方的过错

生活中难免会遇到磕磕绊绊的时候，当他人伤害了你，如果抱着复仇的心态面对，只会让双方的矛盾更加激化。“冤冤相报何时了”，只会让双方处于无休止的战争当中，无法自拔，谁的日子也别想好过。聪明的女人懂得，用包容心对待他人，学会宽恕他人的错误，可以让双方都放下心中的包袱，拥有美好的心情。

4. 面对他人的伤害，女人要学会包容，以德报怨，而不是睚眦必报

人心都是肉长的，面对他人的伤害，谁都会感到痛心。面对他人的伤害，女人如果继续以报复的方式还给对方，便会受到更大的伤害。“能栽花，就不种刺。”如果不计前嫌，不计较自己所受的伤害，以十倍的好还给对方，就会感动对方放弃伤害。这才是解决问题最明智的做法。因而，在处理生活中的矛盾时，女人要用包容的心去看待对方的错误，万事以和为贵，能对他人好十分，就不要对他人坏一分。到头来，受益的终究还是自己。

其实，生活中有许多矛盾都是因为双方的误解、猜忌与冲动产生的，并没有什么深仇大恨。面对这些矛盾，女人如果能够保持冷静，以包容的心态来对待一切，秉持“以和为贵”的精神理念来处理，往往可以更为迅速地化解矛盾，赢得他人的心，同时为自己树立起好的名声，何乐而不为呢？

包容启示

面对他人的伤害，如果继续以报复的方式还给对方，女人便会受到更大的伤害。“能栽花，就不种刺。”女人如果不计前嫌，不计较自己所受的伤害，以十倍的好还给对方，就会感动对方放弃伤害。

豁达的女人给别人面子

李霞是个非常要强的女人，她的能力非常强，一个人做起了一家企业。相反，她的老公杨一却是个非常儒雅的书呆子，每天除了做学问之外，就是带带孩子，收拾收拾屋子。所以李霞经常骂杨一是个十足的窝囊废。也难怪她会这么说，杨一每个月挣6000多块钱，尽管跟别的男人比起来已经不少了。可是跟李霞每个月入账6万多相比，就显得不足为道了。

为此，杨一在李霞面前非常自卑。但是李霞是个非常聪明的女人。不管在家里她说话多么的刻薄，怎样羞辱和嘲笑杨一，但是在外人面前，她却温顺得像个绵羊，总是小鸟依人地挽着杨一的胳膊，把杨一的面子给足了。

这天，李霞早早起来去上班了。由于杨一晚上熬了夜，所以一大早他睡了个懒觉，谁知一觉睡到了12点，也没有去送孩子上学。直到李霞回家吃饭的时候，他才醒过来。

李霞回家后，见家里一塌糊涂，便开始不停地数落杨一，杨一抓紧时间收拾屋子。这时，门铃响了，李霞气呼呼地打开门一看，原来是隔壁的王阿姨，见开门的是李霞，她便笑呵呵地说：“李霞在啊。”

李霞的脸上迅速布满了笑容，一边把王阿姨往屋里让，一边说：“是啊，

王阿姨请进。”说着赶紧着手收拾屋子，一边收拾，一边说：“老公，我来收拾，你去看会儿电视。”

杨一转身来到了客厅，笑着对王阿姨说：“王阿姨，最近忙吗？”

王阿姨笑着说：“不忙，不忙，我一个老婆子一天有啥忙的。”

……

当杨一和王阿姨聊天的时候，李霞迅速地做好了饭，把饭盛好后，放到了杨一的面前，说：“老公这是你的。”声音非常温柔，王阿姨笑着对杨一说：“你看看你媳妇对你多好啊，你啊，可真是上辈子修来的福。”

这时，王阿姨起身说：“行了，你们赶紧吃饭吧，我也得去做饭了。”

等王阿姨走出门之后，李霞关上了门，生气地说：“吃，你还好意思吃，你说说你一天到晚憋在家里，连个饭也做不好，还得我跑来给你做饭。你个窝囊废。”

杨一没有说话，只是低着头悄悄地吃自己的饭。

故事里的李霞非常强势，总是在家里欺负老公，可是在外人面前，却表现得分外温柔体贴，给给足了杨面子。事实上，这样也让丈夫杨一觉得在外人面前脸上有光，觉得李霞善解人意，也正是因为这个原因，尽管李霞的数落让杨一很不舒服，可是他还是无话可说，因为妻子在照顾他面了的时候，已经铺好了后面的路。可见，男人都爱面子，都需要女人在别人面前尊重自己。即使私下里怎么折腾，他们也不会计较，毕竟是自己的妻子，需要忍让，需要疼爱。那么，作为女人，如何才能给足老公面子呢？

“面子”可谓是中国人人际交往中最不可或缺的一种人情媒介。纵观世界，再没有一个民族能够像中国人这样“爱面子”了。也许你会质问我为什么会这样讲，单从汉语词汇中就可以看到这一点。在汉语中，表达面子的话有很多，如“给面子”、“死要面子活受罪”、“不看僧面看佛面”等，有关这样的还有许多。由此可见，中国人在人际交往中，还是很注重“面子”这个东西的。然而，“面子”谓何物？体现在具体事物上就是人的一张脸，除此以外，它还代表着一种荣辱观念和社会行为的潜规则。

常言道：“人活脸，树活皮。”这句话看似简单古老，却道出人性的特点：爱面子。在人际交往中，每个人都很重视自己的面子。女人如果能够抓住这个窍门，将“高帽子”一顶顶戴在别人头上，别人看来自会觉得有尊严，虚荣心得到了满足，当然也就会心照不宣地给你面子，答应你的要求。然而，现实社会中，总有那么一些女人，仗着自己获得的那点小成功，就在人后不惜贬损别人以提高自己，根本就没有“给别人面子的意识”，到头来，只会引起他人的不满，反而让自己很没面子。

面子问题很微妙，人际交往中，如果想让别人给自己面子，就要先学会给别人面子。那么，现实生活中应如何给对方面子？首先，女人要学会尊重对方，遇到问题时要注意处理问题的方法，不能做有伤他人面子的事情。其次，与人交往，要主动给人面子。与人相处，要多说表扬赞美的话，及时给他人台阶，化解对方的尴尬，自然会引起对方的感激，也就会为你争取面子。如果能够做到这两点，相信女人就可以在给人面子的同时，为自己铺就一条通向成功的阳光大道。

包容启示

女人如果能够抓住这个窍门，将“高帽子”一顶顶戴在别人头上，别人看来自会觉得有尊严，虚荣心得到满足，当然也就会心照不宣地给你面子，答应你的要求。

懂得忍让，彰显女人的智慧

舌头和牙齿在一起，都还会有打架的时候，更别说是人了。相处久了，自然会有这样那样的误会和分歧，如果双方都不懂得忍让，那么原本极小的事情也可能会造成纷争，甚至演变成流血事件，有的甚至会后悔终生。由此可见，忍让在生活中的重要性。

中国的传统文化中，忍让一直是备受褒扬的词语。然而，随着社会的进步与发展，越来越多的女人遗忘了忍让，更多的女人为了一些鸡毛蒜皮的小事，争论不休，甚至大动干戈，到头来酿成大祸，这样的事情在我们身边并不少见。“小不忍，致大灾”，“忍一时之气，免百日之忧”。古往今来，人世间有多少的遗憾与不幸，都是因为与人之争不会忍让，逞强斗狠而造成的。可见，女人想要拥有幸福平静的生活，拥有良好的人缘，就必须拥有忍让精神。

美琪家在农村，有一个不大的小四合院。最近邻居家要盖房子，占用了本该属于美琪家的一些空闲地方。为此，美琪的丈夫余石忍无可忍，在她婆婆的怂恿下，叫上了本家的一些青壮年，准备用武力解决问题。对方也纠集了一群人，顿时双方剑拔弩张，一场流血事件在所难免。

这天，余石拿着准备好的棍棒前去拼命，美琪吼道：“你给我站住！”

余石正在气头上，吼道：“男人之间的事情，女人别掺和。”

美琪三步并作两步，走上去，狠狠地抽了余石一记耳光。

美琪说：“不就是点地方嘛，咱们也没有用，占了就占了呗，值得让你这么拼命吗？”

余石：“这不是地方大小的问题，这是关于咱们脸面的问题，要是我就这么让给他了，以后我在村里还怎么立足啊。好歹我也是个热血男儿。”

美琪：“你的脸面就那么重要吗？你是个热血男儿，我看你就是个孬种，没一点男人的度量。”丈夫气呼呼地站在那里。很显然他并不服气。

美琪语重心长地说："我给你讲个故事吧！"

余石："都啥时候了，你还给我讲故事，等我把这事解决了，再听你讲吧。"说着就要往外走。

美琪又吼道："你给我站住！"

"你知道吗？据说明朝有个宰相，非常清廉。一次，他老家的邻居扩建宅子，占用了走道的三尺。宰相的家人不依不饶。在交涉无果的情况下，给宰相写了信，希望他能出面解决此事。宰相在给家人的回信中写道：'让他三尺又何妨'。家人随后不再追究，邻居得知后，也主动让了三尺。"

余石："人家是宰相，能做到，我一小老百姓，怎么能跟宰相比呢？"

美琪："他是宰相不假，但他同样也是个男人，你也是个男人，为什么他能做的事，你却做不了呢？是他的面子大，还是你的面子大？"

余石不再言语了。随后他解散了众人，邻居得知后，也解散了聚集起来准备械斗的众人。没过几天，对方腾出了强占的空地，从此两家和好如初。

故事中的余石因为邻居占了自己家的一些空闲的地方，觉得受到了别人家的欺压，面子上下不去，便要跟别人家去拼命，后来在妻子美琪的劝说下，放下了面子，成全了对方，结果对方知道后，主动让出了地方，两家和好如初。

忍让并不代表软弱，或是无能。相反，忍让，是女人的一种智慧，更是女人的一种美德，也是女人的一种无私的胸怀。人生的忍让，有很多种，一声"没关系"，一个微笑的表情都可以是忍让。我们不敢想象，生活中如果没有了忍让，世界会变成什么样子？没有了忍让，生活也便没有了平静，将到处是争吵声；如果没有了忍让，世界也就不再和谐，处处存在争斗；如果没有了忍让，人与人之间也就不存在友谊。

忍让，说起来容易，真正想要做起来，却并不是一件容易的事情，也并非所有的女人都可以做到这一点。生活中，一个心胸狭窄、爱慕虚荣、唯利是

图、脾气暴躁的女人，想要学会忍让，多少有些难度。然而，一旦她们内心有了忍让的境界，那么，生活对于她们而言也会随之改变，自然会帮助她们获得友情。

尽管生活中我们提倡忍让，然而，忍让也是人生的一大学问。身处纷杂的社会中，能够懂得忍让，是难能可贵的，但是忍让也是有限度的，忍让并不意味着女人面对难题时，就要退缩不前或任人欺负，而是一种面对现实，着眼未来而不得不采取的权宜之计。因而，女人的忍让，也要分情况，那么，在哪些情况下女人可以忍让，哪些情况下又是不可以忍让的呢？

面对现实，对于那些来自于他人的无意冒犯，作为女人理应学会忍让。然而，面对那些“小人”的恶意为之，有可能对你造成极大的伤害，或是女人的尊严面临威胁时，如果继续忍让，就会让自己损失更多。这个时候，你所能做的，就是据理力争，与那些坏人斗争到底。最重要的是，尽快找到合理解决问题的途径，才是最根本之道。

生活，原本就充满了各种矛盾。学会忍让，可以帮助女人减少与他人之间的矛盾。对于女人来讲，适时的忍让，可以体现出女人的智慧，反映女人的大度。在忍让中，还可体现女人的人格魅力，帮助女人赢得更多的友情。如果你也想成为聪明的女人，拥有良好的人缘，从现在开始，学会忍让吧！

包容启示

忍让并不代表女人的软弱，或是无能。相反，忍让，是女人的一种智慧，更是女人的一种美德，也是女人的一种无私的胸怀。

宽恕能软化强硬的心

天下最柔弱的东西，可以奔驰穿行在最坚硬的东西当中。无形的力量可以穿透那些没有间隙的东西。这就是我们常说的运用包容化解激烈的矛盾冲突的战术。纵观历史，不难发现，刚烈之人更容易被柔和之人征服。

因而，在与人相处时，女人为人处世更需要懂得包容，学会以柔克刚，用女人的包容去化解所有的冲突。很多女人都知道“以柔克刚”的战术，然而，现实生活中却很少有女人能够真正做到这一点。

隔壁的王阿婆今年都90多岁了，身体还是那么硬朗，走路不用人扶，而且气色非常好，红光满面的。她的女儿说，从她记事起，就没见过她母亲生气、发火的样子。可能就是因为王阿婆凡事都想得开，很少有烦恼，从不生气，所以才这么长寿吧。

据说王阿婆年轻的时候，她的丈夫是个酒鬼，经常喝得酩酊大醉，回来就在她们母女俩身上撒气。但每次不管她丈夫怎么闹，怎么折腾，王阿婆都从来没有在她女儿面前对丈夫发过火，她总是一边安慰着年幼的女儿，一边端来醒酒汤给丈夫醒酒，并且麻利地收拾好丈夫吐下的秽物。

时间长了，邻居们都看不下去了，纷纷指责她的丈夫，说王阿婆这么好的女人，又会过日子，脾气性格又好，他怎么就不懂得珍惜呢。后来不知是邻居们的劝说起了作用，还是觉得自己岁数大了再闹下去太不像话，王阿婆的丈夫渐渐不去喝酒了，对王阿婆和女儿也格外体贴关心起来。一家人日子过得和和美美的。

王阿婆50岁的时候，不知道怎么地竟得了中风，她的丈夫带她走遍了省城的各大医院，大夫都说治不好了，但在她丈夫的坚持和悉心照料下，最后硬是痊愈了。知道的人都说这真是个奇迹。从那以后，邻居们更加羡慕王阿婆了，都说她嫁了个好人，现在是苦尽甘来。

由于从小就耳濡目染，母亲的言谈举止早已铭刻在心，王阿婆的女儿也和王阿婆一样，脾气非常好，对人既热情又和善，经常被左邻右舍的人当作教育子女的样板。而且最重要的是，王阿婆的女儿对王阿婆非常孝顺，从来不顶撞王阿婆。人们都说，王阿婆是个有福气的女人，说做女人做到这个份上，也算是功德圆满了。

故事里的王阿婆可谓是中国传统女性的代表，她通情达理，乐观豁达，她的所作所为不仅赢得了丈夫的心，获得了邻居们的尊重和赞赏，更重要的是她的行为成了女儿最好的教科书，使女儿长大后也像她一样受人欢迎。王阿婆是幸福的，她的幸福很大程度上来自她从不生气、不发火，她的情绪始终是健康的。

生活中，作为弱势群体的女性，想要凭借着自己的力量与外界对抗是不太可能的。女人如果任性妄为，逞强好胜，结果肯定不会好到哪儿去。即使侥幸能够在争斗中取胜，也势必会付出一定的代价。然而，如果女人能够学会包容，运用“以柔克刚”的处世方式，相信一定会取得最终的胜利。

那么，面对现实生活中的矛盾与纷争，想要战胜对手，应注意哪些方面呢？

1. 女人想要战胜对手，就要学会包容，改变自己为人处世的态度

水之所以能够包容石头，是因为它的至柔特性，人也一样。女人如果想要战胜他人，就要学会包容万物，学会虚无、柔弱，能够接纳世间万物。想要达到这一点，就要求女人有博大的胸怀，在面对现实时，要能够保持客观的态度来对待，这样才能看得更清楚，也只有这样才能更快地找到破解当前难题的捷径。

2. 面对困境，女人想要成功，必须学会包容生活，学会婉转迂回

双方发生冲突，强对强的结果只会是两败俱伤。既然如此，女人就要包容生活中的不如意。对于不能正面解决的事情，采用迂回战术，避开对手的优

势，巧妙地获胜，才是最明智的做法。这就要求女性朋友与人发生冲突时，要懂得用一颗包容心去对待，不要过多地计较。有时，善于使自己处于弱势，往往更能获胜。

包容是一种智慧，聪明的女人懂得，面对无法抗衡的对手时，与其拼个鱼死网破，倒不如学会包容，主动求和，可能还会收获更多的结果。因此，女人如果想要战胜对手，可以试着去包容他人，以自己的柔弱战胜强大。

包容启示

女性朋友与人发生冲突时，要懂得用一颗包容心去对待，不要过多地计较。有时，善于使自己处于弱势，往往更能获胜。

第10章　女人掌控幸福，用包容温暖婚姻和家

有人说：“婚姻如饮水，冷暖各自知。”的确，每个女人都会步入婚姻的殿堂，与另一个人开始一种全新的生活。面对这种生活，有人经常感叹婚姻不幸福，有人抱怨爱人一无是处。那么，天底下到底有没有幸福美满的婚姻呢？要如何做才能获得幸福美满的婚姻成为许多女人心目中的难题。其实，幸福婚姻并不遥远，如果能够掌握秘诀，每个女人都能够成为婚姻生活中幸福的小女人。有人问这个秘诀什么？答案是：包容。

懂得包容的女人才能获得婚姻幸福

有人说：婚姻是爱情的坟墓。依我看，并非完全这样。如果多一点包容，多一点理解，婚姻就是幸福的天堂。然而，很多人并不了解。总是觉得对方应该怎么样，把自己的意愿强加在对方身上，希望别人变成自己希望的那样。毕竟婚姻生活，每天都是柴、米、油、盐等烦琐的家务，激情渐少，矛盾增多。理想与现实的差距愈发突出，梦想中的爱人早已灰飞烟灭，不明白为什么自己会和这样一个毛病多、问题多的人在一起，而且要在一起一辈子。随着结婚时间变长，积存在女人内心的疑问越来越多，面对婚前与婚后判若两人的男人，甚至会对婚姻产生怀疑。有些女人有一种上当受骗的感觉。更有甚者，开始怀

疑自己曾经的付出是否值得。

于是，女人开始爆发、开始争吵，开始伤害。最终，女人进入婚姻生活的怪圈中，就是越想从婚姻中得到回报，就会越来越觉得失望，越是失望，就越会产生抱怨，慢慢地对婚姻也就变得绝望。在绝望中，有的女人选择放弃婚姻，有的女人为了孩子、为了家庭选择凑合过完下半辈子。面对理想与现实的差距，婚姻专家指出，女人想要营造幸福美满的婚姻，与包容是分不开的。也就是说，在一段幸福美满的婚姻中，包容是女人义不容辞的责任。

两个原本性格、经历、价值观完全不同的人，忽然间走到了一起，难免会在一些问题上产生分歧。面对这些问题，女人如果不懂得包容，只会让自己陷入婚姻的怪圈中无法自拔，不仅会让自己身心疲惫，同样也会给对方带来伤害。这样做的结果，必定会导致婚姻关系走向破裂。

和陈海一样，何丽是家里的独生女，从小娇生惯养，一直享受着生活的幸福甜蜜。可是自从结婚后，她的生活被彻底地改变了。

他们是在一次朋友聚会的时候认识的，当时，何丽对陈海的第一印象非常好，觉得他阳光、帅气。后来在朋友的撮合下，两人最终牵手了，经历了一段浪漫的爱情之后，最终走向了婚姻的殿堂。

对于何丽来说，她内心憧憬着幸福，也努力去营造婚姻。刚开始小两口甜甜蜜蜜，出双入对的，在生活上陈海对何丽也是百般呵护。可是，时间一长，何丽渐渐发现彼此之间有了隔阂。

原来，陈海过惯了饭来张口、衣来伸手的生活，不仅不会做家务，而且还不学，这样一来，所有的家务就都落在了何丽的身上，何丽跟他沟通过很多次，可是陈海依旧我行我素，没有一点儿长进。白天，何丽忙着上班，晚上还要做饭洗衣服，而陈海不是出去跟朋友玩，就是坐在沙发上看电视，连一句问候安慰的话也没有，这让何丽的心凉了。

想想结婚前后的差别，何丽留下了伤心的眼泪。结婚之前她是娇小姐，可

是结婚后却成了老妈子，她的幸福婚姻在哪里呢?

她原本想离婚，永远离开这个长不大的男人。可是毕竟两个人走到一起不容易。后来，何丽还是选择了留下来，但是，后来发生的事情让她对婚姻彻底死心了。

原来，何丽想要个孩子，当她向丈夫征求意见的时候，丈夫却说："这个，我得先问问我妈。""咱们要孩子，问你妈干什么啊?"何丽非常不解。

"不问我妈，难道问你啊，你一个人能生就生去呗。"听到丈夫的话，何丽彻底绝望了。第二天，她提出了离婚。

在这个案例中，婚姻生活中的何丽因为无法忍受丈夫的缺点，最终导致了关系的破坏。面对婚姻，有许多女人会认为丈夫变了，婚前那个对自己关怀备至、细心呵护的人不见了，取而代之的是一个懒惰、无主见、不讲卫生，有着许多毛病的男人。面对这样一个全身上下都是缺点的男人，女人热恋时的甜蜜没有了，剩下的只有抱怨、争吵。

爱情是美好的，婚姻却是平淡的，包容是女人获得完美婚姻的前提。婚姻生活中，聪明的女人懂得，包容可以让自己得到更多。如果心怀包容，那么幸福的婚姻就会展现在你眼前。如果想要经营一段完美的婚姻，包容是女人的一种责任。

"金无足赤，人无完人。"女人追求完美幸福的生活本没有错，然而，现实毕竟不可能十分完美。整天面对自己的另一半，自然也会发现对方的各种优缺点。幸福婚姻生活需要的是相互包容与理解。女人想要拥有美满婚姻，拥有包容之心很重要。婚姻生活中的包容心，体现在这些方面：首先，要学会包容对方性格上的差异，每个人都有其独立性，也有些独特的性格，女人要从内心真正承认其性格特征。其次，当对方出现过失时，要学会及时原谅对方，要懂得允许对方犯错，主动包容对方的错误。最后，要学会善于装糊涂。夫妻之间，原本就没有什么原则性的问题，必要的时候，如果能够装一次糊涂，更能

够体现女人的大度。

面对婚姻生活，女人之所以会感到失望与痛苦，主要是因为女人把婚姻想得过于完美。女人如果懂得包容，宽容婚姻中不完美的地方，那么，你的婚姻生活将变得幸福美满。

包容启示

女人追求完美幸福的生活本没有错，然而，现实毕竟不可能十分完美。整天面对自己的另一半，自然也会发现对方的各种优缺点。幸福婚姻生活需要的是相互包容与理解。女人想要拥有美满婚姻，拥有包容之心很重要。

女人要用包容的心接受他的缺点

一天，一个刚结婚不久的女孩哭哭啼啼地跑回了娘家，向父母说了很多丈夫的毛病，不是抱怨他不讲卫生，就是指责他睡觉打呼噜，等等。父亲只是静静地听着，并没有说话。母亲则是百般劝解，可是女儿伤心欲绝，打定主意要跟丈夫离婚。

父亲默默地拿起一张白纸和一只碳素笔，并对女儿说："孩子，听爸爸说，你仔细想想你丈夫的缺点，每想到一个，就在纸上划一个点，让我看看他到底有多少缺点。"

女儿拿起笔，划了起来。几分钟过去了，女儿将纸交给了父亲，只见白纸上密密麻麻地划了很多点。父亲拿起纸，对女儿说："那么，告诉我你看到了什么？"

“很多黑点啊，也就是他那些臭毛病，让我忍无可忍。”女儿回答道。“那么，除了黑点之外，你还能看到什么呢？”父亲追问道。“什么也没有。”“那你再认真地看看，到底有什么？”看着父亲认真的眼神，女儿仔仔细细地看了起来，可是她依旧没有发现任何东西。

“对了，爸爸，除了黑点之外，我还看到了这张白纸，我把它给忽略了。”女儿调皮地说。

“那么，你再认真地看看，在这张白纸上，被点黑的地方多，还是没有被点黑的地方多？”

“那自然是没有被点黑的地方多了。”

父亲接着说：“那么，如果把你的丈夫当作这张白纸的话，他的优点要比缺点多了。”

女儿不解地望着父亲，说：“不会啊，你不知道他浑身上下都是毛病。”

“那么，你试着去想一下他究竟有多少优点呢？”

女儿认真地想了起来，慢慢地她笑着说：“爸爸，你还别说，他身上的优点也挺多的，比如顾家、对我好、有爱心……。”

父亲说：“那么，你比较一下，是优点多，还是缺点多呢？”

女儿破涕为笑，高兴地回家去了，从那以后，她再也没有抱怨过丈夫的缺点。

在这个故事中，女孩子一开始只是一味地细数丈夫的缺点，在她的眼中，丈夫一无是处。然而，父亲用一张白张和黑点的关系让她明白过来，其实，白纸就像是一个男人，无论他有再多的缺点，也总还是会有优点存在的，只是看你有没有发现罢了。如果能够换一个角度，你会发现除了缺点以外，他还是有许多优点的。在婚姻生活中，面对男人的缺点，聪明的女人，懂得用包容心去接受缺点，那么，缺点也可能转化为优点。

原本两个在不同环境下成长的男女，即使心灵再默契，也难免会发生冲突。面对婚姻生活中不再完美的男人，女人如果不懂得包容，无形之中就会放大内心的痛苦，觉得对方越来越无法忍受。就像是女人一直盯着白纸上的黑点一样，时间长了，那么眼前除了黑色以外，就什么都看不到了，这正是女人狭隘的心灵遮挡住了我们观察白纸的视线。婚姻生活也一样，女人如果想要解除当前的心灵壁垒，就要学会包容，以豁达的态度去对待他的缺点。

婚姻是一个学习与调试的过程，男女双方在婚姻中都已把当初恋爱时的心境去掉。在现实面前，你发现那个你曾经以为的童话中的白马王子，其实是一个睡觉也会打呼噜的男人。女人天生爱做梦，梦醒了，从高高的云端被送回到现实生活当中，面对许多缺点的男人，女人到底该怎么办？是改变自己，还是改变身边这个男人？人无完人，每个人都有缺点，面对婚姻生活中男人的缺点，女人应该如何做？

1. 女人要学会接受，不要试图去改变一个人

婚姻与恋爱是两个截然不同的人生历程，两者的最大区别在于，恋爱时，所有人都会刻意掩盖缺点，因而双方眼中都是优点；婚姻生活中，双方会把真实的自己毫无保留地展现在对方的面前，因此，想要生活下去，女人就要学会接受男人的缺点。现实生活中，有些女人总会对男人提出这样那样的要求来改造其缺点，然而，实践证明，想要违背一个人的意愿改造一个人是行不通的。因此，女人只能顺其自然，主动接受、包容对方的缺点。

2. 女人要放宽心态，主动寻找男人的优点

世上没有十全十美的事情，面对对方的缺点，女人要放宽心态，学会自我调节。如果真正爱一个人，就要尝试着用一种欣赏的目光去看待对方，如果你用挑剔的目光审视对方，那么，你会发现他全身上下都是缺点。相反，女人如果学会欣赏一个人，那么，他所有的缺点都可能成为你眼中的优点。因此，女人要时常把对方的优点放在心中，多想想他的优点。

境由心生，改变也只是一念之间的事情。作为女人，如果能够用包容的心

接受男方的缺点，多寻找、发现其优点，自然就可以获得新生，得到幸福美满的婚姻。

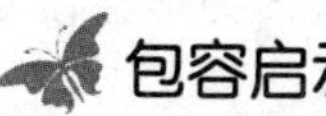

包容启示

婚姻与恋爱是两个截然不同的人生历程，两者最大的区别在于，恋爱时，所有人都会刻意掩盖缺点，因而双方眼中都是优点；婚姻生活中，双方会把真实的自己毫无保留地展现在对方的面前，因此，想要生活下去，女人就要学会接受男人的缺点。

包容的水才能浇灌出香艳的爱情之花

生活中，需要适当的妥协和退让。任何人都会犯错误，对于女人来说，如果你身边的人犯了错误，或者是伤害了你，斤斤计较，势必会失去对方。这时候你不妨怀一颗宽容的心，适当地退让，不要太过计较别人的过失，这样才能更好地和睦相处，才能让别人因为你的宽容和原谅而感激你，才能更有利于两人的关系向健康的方向发展。

浪漫的爱情是每个人都向往的。尤其是女人，更容易被感动。然而，爱情并不仅仅是约会与拥抱，更多的是两个人平心静气地交往，于是，无论再甜美的爱情也终归会走向平淡。此时，女人才发现原来一直陪伴着自己的那个男人，并不像自己曾想的那么优秀，他也会存在着这样那样的缺点。为什么会这样？当真相摆在面前的那一天，聪明的女人，你该如何选择，是转身走掉，还是宽容对待？

其实，每一个男人都不是魔法师，他们从根本上也都是一个有缺点、脆弱、坏脾气和自私的人。爱情中，不仅女人要求对方给予宽容，男人也一样，他们也希望女人能够给予包容。面对伴侣那些缺点和令人不满意的地方，女人如果不懂得包容，只会让自己陷入痛苦与烦恼当中。聪明的女人，要学会在爱情中包容对方，相信生活也会还你一份永不凋零的爱情之花。

慧伦和爱民牵手已经有大半年了，在这半年的时间里，他们品尝到了爱情的甜蜜，也享受到了幸福的浪漫。那段日子，他们每天都渴望着见到对方，尽管两个人在同一个城市，可每天还是要打好几个电话。用爱民的话说就是，听不到她的声音，我浑身不自在。

可是，也不知道从什么时候起，他们不再在网上眉来眼去、卿卿我我了。每天的短信也不像之前那样没完没了了。偶尔响一下，也是天气预报。每天的电话也只能接到一个，少了想念，只是一句简单的问候，再到后来，两三天也接不到一个电话。

当慧伦质问爱民的时候，换来的却是两人激烈的争吵。要是换作以前，爱民会紧紧地抱住慧伦，亲亲她的额头，动情地说："小坏蛋，我要缠着你，一生一世。"慧伦伤心极了，在争吵中，她吼出了分手的要求。回到家里，她不吃饭、不喝水，一个人伤心流泪。

慧伦有个嫂子，刚好这天在家。她和慧伦聊了起来。

得知事情的始末之后，嫂子笑着说："其实，两个人在一起，时间久了，会对对方产生反感，这时候正如你现在所感受到的一样，感觉对方不爱你了。实际上并非如此，只是情感的表达方式变了。以前你们需要用言语来表达才能让彼此理解对方的情感。现在你们很熟了，一个眼神、一个动作都能明白对方的情谊。你要用心去感受他对你的好。"

慧伦不解地望着嫂子说："真的是这样的吗？"

嫂子笑着说："这个过程是谁也避免不了的，关键在你的选择。有的人选择了放弃，有的人选择了坚持。你要做怎样的选择自己得想清楚。"

慧伦低下头不说话了。嫂子望着迷茫的慧伦说：“要不这样吧，嫂子给你提个建议。如果爱民打电话过来向你道歉，就说明他在乎你，爱着你，你就原谅他。如果不打电话，就选择放弃，行吗？”慧伦点了点头。

半个小时过去了，爱民打来了电话，给她道歉。两人又和好如初了。

在上面的案例中，慧伦和爱民是一对非常相爱的恋人，然而，随着时间的推移，双方彼此熟悉起来以后，便慢慢地开始要求对方。于是慧伦开始对男友产生不满，这种不满的情绪导致慧伦的抱怨。两人的爱情，在这种不良情绪下走向下坡。好在嫂子劝导慧伦包容爱民，这个故事告诉女性朋友们，爱情中，当女人发现对方的缺点、对爱情产生质疑时，要学会包容，用包容去浇灌爱情之花，它才会开得更美、更艳。

相爱容易相处难。当爱时，两人也确曾真心地爱过，然而，在爱的过程中，女人有时会因为不懂得如何相处而失去爱情。真正的爱情埋在女人的心间，虽然不一定浪漫，却因为那份包容与理解，更显得难能可贵。爱是一种包容，当女人爱上一个人时，已经注定要包容对方及与对方有关的所有东西。

爱情之花并不是一经建立就永不枯萎，女人如果不懂得如何去经营与呵护，即使它当初开得再美、再艳，经过时间的洗礼最终也只会凋零在岁月的痕迹中。女人如果想要让自己的爱情之花永葆青春，就要对它进行不断地培植和更新。用包容与欣赏，让它充满生机，直到永远。

包容启示

女人如果想要让自己的爱情之花永葆青春，就要对它进行不断地培植和更新。用包容与欣赏，让它充满生机，直到永远。

多疑是扼杀女人幸福的刽子手

女人天生敏感多疑，她们总是不相信身边的人，总觉得别人在欺骗自己。如果她们的怀疑得不到任何的确认，就会无休无止地怀疑下去。事实上，这是女人缺乏安全感的表现。她们总想证明自己是安全的，可是她们越是多疑，就越让周围的人反感，继而将本没有的事情变成了她们所怀疑的事实。

朵影结婚已经整整7年了，也有了自己的孩子。丈夫沿见经营着一家不大的公司。也许是最近沿见的公司出了一些状况，所以他总是起早贪黑地努力工作，想尽一切办法让公司尽快地恢复到正常的轨道上来。

可是朵影却总是怀疑丈夫在外面有了别的女人，经常询问他为什么回来得那么晚。起初沿见还觉得妻子是在关心自己，可是渐渐地他发现朵影给他的不是关心，而是怀疑。她总是打电话询问他的秘书、助理，证明沿见是在公司，是在工作。这让沿见特别被动，因为秘书和助理等人总是在后面窃窃私语。

回家后，沿见跟朵影认真地交谈了一次，两人互相取得了理解和信任。沿见觉得这样妻子应该就不会再怀疑自己了。可是一次偶然的机会，他发现妻子在翻他的手机，在帮他洗衣服的时候，还逐个在衣兜里寻找着什么。这让他非常生气。

他走过去生气地问："你在找什么？"

朵影理直气壮地说："找你出轨的证据，你每天晚上回来那么晚，究竟在哪里？跟哪个野女人在鬼混，别以为我什么都不知道。"

沿见生气地说："现在我的公司出现了危机，我拼命地努力，想让公司回到正轨上去，而你不但不支持我，还一个劲地怀疑我，你真让我寒心啊。"

朵影也跳了起来，吼道："谁知道你又在编什么谎言来欺骗我。你是不是嫌弃我老了，是不是觉得我没有你的女秘书一样温柔可人了啊？平日里看你们眉来眼去的，指不定借着加班的名义在搞什么见不得人的勾当呢。"

沿见生气地说：“你这是什么意思，你凭什么说我和别人怎么着了，我是你丈夫，难道你希望我和别人怎么着吗？”

朵影嚷道：“被我说着了吧，你还别不承认，明天你就把你那个女秘书给开除了，否则这事没完。”

沿见暴跳如雷地吼道：“你简直就是不可理喻。”

第二天一大早，沿见收拾好之后，便匆匆地赶往公司。朵影也出了门，悄悄地跟在了后面，一直跟到了公司。由于前天晚上吵了架，没睡好觉，所以沿见工作的时候状态很差，这时候，女秘书走进来，为他冲了一杯咖啡，关切地问道：“经理，你没事吧？”

总经理笑了笑说：“没事，昨晚上没有睡好。”

这时候，朵影冲了进来，狠狠地抽了女秘书两个耳光，冲着沿见吼道：“还说没问题，被我抓了个正着吧，你怎么解释？”

沿见痛苦地抱着头，无奈地摆摆手说：“咱们离婚吧，你回家去等我，我晚上跟你谈。”

……

故事中的朵影，对丈夫产生了无端的怀疑，尽管她知道自己所有的怀疑都没有被印证，可是还是不停地怀疑，继而变本加厉地对待沿见，这让沿见感觉到痛苦万分，最终做出了离婚的决定。这时候的朵影想必是后悔万分。可见，生活中，女人不要在没有任何根据的情况下去怀疑身边的人，这会让别人反感你，从而远离你。

每一个走进婚姻殿堂的女人，都希望自己能够拥有幸福美满的婚姻。然而，现实生活中，有一些女人刚迈进婚姻殿堂就开始了无休止的烦恼，原因很简单，就对婚姻缺乏安全感，她们总觉得对方会做出背叛她的事情。其实，原本就是一些子虚乌有的事情，然而，一段理应幸福美满的婚姻却最终走向破裂。

面对来自婚姻的伤害，有些女人会追问到底有没有幸福婚姻呢？其实，幸福婚姻肯定是有的，一段幸福美满的婚姻需要两个用心的人来一起经营。天底下没有不劳而获的事情，婚姻也一样，美满幸福的婚姻秘诀就是学会包容、信任。对于一个不懂得包容、信任的女人来讲，既使她拥有再强的能力，也注定会在婚姻生活中失去幸福。

生活中，夫妻之间难免会发生一些误会，女人如果不懂得信任，总是疑神疑鬼，最终只会让对方失去耐性，亲手破坏掉自己的婚姻生活。因为对于处于婚姻生活中的女人来讲，一旦出现误会，要保持健康的心态，给对方以充分的信任。同时，要学会积极沟通，通过交流来消除误会，化解矛盾。

包容启示

对于处于婚姻生活中的女人来讲，一旦出现误会，要保持健康的心态，给对方以充分的信任。同时，要学会积极沟通，通过交流来消除误会，化解矛盾。

包容爱的伤害，夫妻间不应有仇

不爱的爱情永远不会变坏。因为爱，所以会有伤害。彼此关系的跟进，不仅仅是增进了信任，同时也会增大对彼此的要求。当然，如果不爱对方，自然也就不会要求对方。但是，对于关系亲密的夫妻，这种要求是无法避免的，而且关系越亲密，这种要求就越高。相信你永远不会跟一个陌生人为中午吃什么饭吵架。

面对婚姻生活中无可避免的矛盾，如果处理不当很可能导致婚姻关系的

失败。有多少对夫妻，结婚前两人如胶似漆、山盟海誓。然而，经过婚姻的洗礼，最终走向了分手。为此，有很多女人说婚姻是爱情的坟墓，无论男女只要走进婚姻这座围城，爱情也就注定会形消魄散。其实，婚姻生活也并不像某些人想象得那么可怕。女人只要能够掌握其中的技巧，弄懂婚姻这门学问也还是很简单的。

归根结底，夫妻生活中，两人之间根本没有什么深仇大恨，处在婚姻矛盾中的两人在多数情况下，都是由于一些琐碎的事情引起的。唇齿都还有相碰的时候，更何况来自不同家庭、个性和经历的两个人在一个屋檐下生活，对于生活上的分歧可想而知。女人如果不懂得包容、忍让，那么，这些看似不起眼的小矛盾，最终就会堆积成不可调和的大矛盾。女人想要掌控自己的婚姻很简单，就是面对婚姻生活要多包容，多理解，遇到问题时要马上解决，不能让矛盾遗留到明天。

大夏和迦女是刚刚结婚的小两口。两人新婚燕尔，整天黏在一起，尽管两人上班的地方有一段距离，可是每天大夏都会亲自把迦女送到单位后再去上班。下班的时候还会亲自去接，两人时不时地还会来些浪漫。

这天下午下班后，大夏刚走出办公室，主管就把他叫住了。原来他之前负责的一个策划案出了问题。需要尽快修改。于是大夏给迦女打了电话，让她稍等片刻。可是等他把案子做好之后，已经是晚上九点多了。这时候他才突然想起迦女还在等他。打电话也没人接。

等他火急火燎地赶回家之后，发现迦女正一个人静静地坐在沙发上，神色沮丧。大夏走上前去，一个劲儿地赔礼道歉，使用各种办法哄她开心。但是迦女说她并没有生气。大夏知道，迦女嘴上说原谅了自己，可是心里还是在怪罪他。他对自己说："得想个办法把她逗笑，只要她开口笑了，心里便不好意思再生气了。"

想到这里，大夏悄悄地钻进了卧室。不一会儿，他来到了迦女的身边，可怜兮兮地学着蜡笔小新的声音说："神仙姐姐，小新肚肚好饿啊，麻烦你帮忙解决解决嘛。"

迦女瞪了他一眼，没好气地说："走开，走开。"

大夏向前蹭了蹭，撒娇说："解决解决嘛，你摸摸肚肚好饿啊。"说着便拉着迦女的手往自己的肚子上放。

此时迦女已经不生丈夫的气了，再加上大夏的撒娇，迦女笑着用脚踹着说："走开，走开，你这讨厌的死小新。"

大夏故意装作哭的样子，撒娇道："神仙姐姐不爱小新了，小新好伤心噢，呜呜呜……"

迦女笑着迎上来，和大夏打闹在一起。

在上面的案例中，迦女在面对婚姻摩擦时，也会使一些女人的小性子，然而，她却懂得及时给丈夫台阶下，能够包容对方的缺点。试想一下，面对婚姻中的摩擦，女方如不懂得把握时机及时消除矛盾，当对方主动示好时，依然摆出拒人于千里之外的表情，肯定会损伤男人的自尊，时间长了自然会加深矛盾。因此，女人在对待婚姻中的矛盾时，要懂得大事化小，小事化了，一旦遇到问题要及时消除。

正所谓："清官难断家务事"。在婚姻生活中，原本就没有对错之分，更多的时候是因为大家的立场不同，而产生分歧罢了。况且，夫妻之间也不是讲道理、判是非曲直的地方，更多的时候女人要懂得"情"字为先。当夫妻双方出现矛盾时，作为女人一定要懂得及时制止，只有把矛盾及时消灭在萌芽状态，抱着没有隔夜仇的态度来处理问题，才能确保夫妻之间的感情日久常新。

然而，现实生活中却总有一些女人，在婚姻生活中不懂得包容，无论做什么事情都过于看重自己的感受，夫妻之间稍有不合，便采用一些非常的手段来惩罚对方。要知道即使再有耐心的男人，如果在你面前丢失了面子，也可能会选择离你而去。其实，女人用惩治来处理婚姻矛盾，是一种得不偿失的做法。

聪明的女人，面对婚姻矛盾，懂得温柔体贴更能够打动男人内心世界。

人常说，“床头吵架床尾和”，夫妻之间不能有隔夜仇，这的确是经验之谈。夫妻相处，一旦发生摩擦，女人一定要懂得及时消除矛盾与误解，这样才能保持婚姻的历久弥新。

包容启示

当夫妻双方出现矛盾时，作为女人一定要懂得及时制止，只有把矛盾及时消灭在萌芽状态，抱着没有隔夜仇的态度来处理问题，才能确保夫妻之间的感情日久常新。

包容父母的无理取闹

“人非圣贤，孰能无过？”父母也是人，也会有犯错的时候。尤其是随着年龄的增长，心智会越发地不成熟。很多看似合乎情理的事情，在他们那里却始终无法被理解。那么，你该如何做呢？也许，每一个人都可以嫌弃你的父母，然而，作为女儿到底该如何面对自己的父母，这也是许多女性在面临这种情况时，经常会追问自己的问题。有许多女人面对父母的“不是”时无法接受。更有甚者，对那些“问题”父母采用一种极端的行为方式对待，比如，漠视、批评、争吵等。这样只会让矛盾加剧，并不能改变什么，聪明的女人，当然会有自己的办法来处理，不相信的话，就请看下面这一位吧！

江珊的家境相对来说比较优越，父母都是地地道道的城里人，两个人的退休工资加起来，过日子绰绰有余。不过，让江珊不理解的是，父亲不论走到哪里，都想占点小便宜。尽管她给父亲讲了很多的大道理，可是父亲始终改不了这个臭毛病，这让她多少有点恼火。

最近一段时间，父母特意赶来看望她和老公，这让小两口非常高兴。可是慢慢地江珊的心里就有了疙瘩。原来她在做饭的时候，父亲过来和她聊天，无意间看到了他们新买的电磁炉，于是笑着说："姗姗啊，你们这个电磁炉真不错，我那个电磁炉用了很长时间了，要不，我拿去用几天吧。"

听到父亲的话，江珊的心里非常不舒服，这话要是让老公听到，又不知要产生多大的矛盾。想想自己的婆婆公公，每次来看望他们，总是大包小包地带着很多东西来，用婆婆的话说："生活的压力很大，作为家人，要尽可能想办法替他们减轻负担。"再想想自己的父亲，却总是问自己索要，并不是他们买不起，而是从个人情感上来说，父亲根本不替自己着想，总是这么自私。也正是因为父亲的这种行为，她没少跟老公吵架，也越发地让她在家里抬不起头来。她很想跟父亲理论一番，但是话到嘴边，还是咽了下去。

"好啊，回头我给你们送过去啊。只要你们喜欢就行。"说着，江珊把父亲带到了客厅里，"爸，你看会儿电视吧，做饭的事情你老不用操心了，等我几分钟，马上就好，您要是饿了，冰箱里有吃的，您先垫垫。"

第二天，父母回去了。临走的时候，父亲还惦记着她们家的电磁炉。

送走父母之后，江珊来到商场里，买了个一模一样的电磁炉，给父母送了过去。用江珊的话说："他就那样一个人，与其跟他理论，不如学会应付，这样大家都省事。"

案例中，江珊的父亲有"爱占便宜"的小毛病。一开始，她也曾极力表示反对，可是最终并不能解决问题，相反，还会落下"不孝"的骂名。因而，面对父亲的问题，她明白只能从中圆场，谁让那是她的父亲呢。实践表明，江姗的"小聪明"更能解决矛盾，创造家庭和谐的氛围。这个故事告诉我们，在面对父母的"不是"时，女人要有包容之心，更要讲究艺术，往往更能化解矛盾。

生活中，许多年轻女人面对父母“不是”时，并不是怀抱一颗包容之心。相反，她们会认为：因为是父母，所以就更应该做好。其实，生活中，谁不曾有过缺点。女人要懂得，父母也是人，而不是神，不要把他们看得过于神圣化，更别用神的标准来要求他们。如果你实在接受不了，请想想难道只有你的父母有这些缺点吗？你的身边就没有这样的人吗？

千错万错，别人都可以说，也都可以嫌弃他们，唯独作女儿的不能嫌弃。面对父母的“不是”，多想想他们的辛苦吧，试着用包容的心态来对待吧！

包容启示

女人要懂得，父母也是人，而不是神，不要把他们看得过于神圣化，更别用神的标准来要求他们。

包容婆婆，才能让家更和睦

很多时候，老人所经历的年代比较久远，价值观和世界观都很保守，而现在的年轻人经历的年代不一样，对事物的看法和认识也不一样，所以发生矛盾是在所难免的。尤其是跟没有血缘关系的年轻人，更是水火不容。这就导致了很多的家庭矛盾，尤其是婆婆和媳妇之间的矛盾。

美丽今年25岁，刚刚结婚，结婚前她做事情总是喜欢按着自己的方式，自己高兴舒服就行。比如早晨爱睡懒觉，晚上总是喜欢熬夜。可是结婚后，矛盾就凸显了出来，不是说她的丈夫不习惯她，而是她的婆婆有些看不惯她。

这天早晨，天刚刚亮，美丽睡意正浓，可是突然传来了敲门声，这让美丽非常不高兴，她心想谁这么早敲门啊，有事不能等起床了再说。所以就没有搭理，可是敲门声更响了。美丽睡眼蒙眬地爬起来，开了门。只见婆婆站在门口说："怎么还在睡觉啊，都几点了，赶紧起床，洗漱完吃早餐。"

美丽关上了门，又开始睡了。刚刚过了十分钟，她再次被婆婆吵醒了，这一次婆婆没有敲门，而是直接闯了进来，揪着丈夫的耳朵把他拎了出去，并把他们的被子给抱走了。美丽气愤地叫了起来，那天她和婆婆吵了一架。

从那天起，她和婆婆便较上了劲。早上一大吵，晚上一小吵。丈夫在中间劝了这个说那个，可就是平息不下去。最后索性晚上待在单位不回家来了。美丽明白，如果不和婆婆处理好关系，迟早会影响他们之间的夫妻感情。

这天早晨，在吃早餐的事情上，婆婆又开始向她发难。这一次，美丽没有吱声，只顾着吃早餐，吃完后，便收拾好自己，打开门去上班了。只留下婆婆一个人在那里没趣地唠叨。晚上回来后，美丽做好了晚饭，将婆婆和公公一起叫出来吃饭。婆婆又开始发难，骂她说饭做得不好，美丽依旧没有吱声，就当什么事情也没有发生。吃完后就去洗漱了，而这时候婆婆一个劲地在叨唠，还没有吃呢。

连续几天，美丽对于婆婆的无端纠结，总是表现得很淡然，就当什么事情也没发生。这天晚上，婆婆还在一个劲儿地谩骂，美丽回房关上了门。婆婆怒吼道："你把门关上干什么？"于是美丽又把门打开，自己干自己的事情。婆婆一个人觉得没趣，叫骂道："你跑到屋里干什么？"于是美丽又从屋里出来，坐到婆婆的面前，听她叫骂。

见美丽总是不吱声，婆婆骂道："你干吗不说话？"美丽走过去倒了一杯水，递给婆婆，微笑着说："妈，您消消气，喝点水。"

婆婆接过水，望了美丽一眼，再没有说什么。从那以后，她再也没有骂过美丽。

故事里的美丽，在和婆婆的较量中，为了捍卫自己的婚姻，最终选择了用沉默来代替争吵，用自己的忍耐让婆婆无话可说。有些时候，老人看不惯你，

和你较劲，其实对他们来说也是一种伤害，如果你多退让，他们也就觉得没意思了，在你一个晚辈面前，会显得长辈没有涵养。

有许多年轻女性认为，结婚是两个人的事情。然而，实践表明这种想法是不对的。至少目前的现象表明，看似简单的婚姻其实是两个家庭之间的互相磨合。在这种磨合的过程中，如若婆媳关系处理不当，则可能直接导致一段美好感情的破裂。尽管婆媳关系很难处理，然而，也并不是什么要人命的难题，女人只要能够学会宽容，多一些理解，相信每一个女人都可以在与婆婆的相处中，感受到温暖的阳光。那么，聪明的女人在婆媳相处中，都有哪些绝妙招数呢?

1. 用包容的心对待婆婆，面对婆婆时，多用理解之情对待

婆媳之间的相处，也是一门艺术，作为婆婆，她爱自己的儿子，然而，由于爱的方式不同，可能会与媳妇之间产生矛盾。难道，女人可以因为丈夫是自己的，就可以找到反对的借口吗？当然不是。作为女人，面对存在巨大代沟的婆婆时，多理解一下她爱儿子的心，尽管这份爱心可能会有些自私，然而，毕竟她的用意是好的，女人还用去追究吗?

2. 用宽容心去面对婆婆，学会原谅对方

再高明的婆婆也会有犯错的时候，面对婆婆的错误，女人要懂得包容。不能因为她是你老公的妈妈就可以横加指责。既然女人可以对一个外人做到宽容，为什么就不能宽恕你所爱的人的亲人所犯的错误呢？聪明的女人懂得，原谅婆婆的错，其实也就是爱自己老公的表现，只有真正爱一个人才会爱屋及乌。

3. 用包容心对待婆婆，给婆婆以关爱

对待老年人，女人不必过于担心，有谁不喜欢被人关怀的感觉。与婆婆相处时，女人要记得在平常的生活细节中多夸奖她，给予她支持。多向对方达自己的关怀与孝心，只要能够用心去做，相信每一个女人都可以与婆婆建立起一

种其乐融融的氛围。

自古以来，中国的婆媳关系都最为微妙，也是最难处理的。稍有不慎，就可能会让一个原本充满祥和的家庭变得剑拔弩张。其实，看似复杂的关系，女人只要能够用包容的心对婆婆关怀与支持，相信一定可以突破眼前的藩篱，建立起一种轻松愉悦的关系。

幽默启示

作为女人，面对存在巨大代沟的婆婆时，多理解一下她爱儿子的心，尽管这份爱心可能会有些自私，然而，毕竟她的用意是好的，女人还用去追究吗？

下篇
做个心淡定的女人

第11章　女人要淡然，得意看淡、失意看开

生活是一个百味瓶，有甜蜜幸福，自然也有痛苦酸楚。遭遇情感的挫折、生活的磨难在所难免，但是失败本身并不可怕，可怕的是无法从失败的阴影中走出来。跌倒容易，可是爬起来却需要勇气。对于女人来说，与其在痛苦磨难中挣扎，不如看淡得失，释放自己的心，只有这样，你才能真正领悟到生活的真谛。在这一章，我们将要带领你去领悟生活，看透得失。

人生的失意是成熟的必修课

每个人都会有失意的事，包括事业上的失意、感情上的失意、家庭上的失意。事实上，在这个世界上真正让人舒心的事很少，即使有舒心的事人们也很容易忘记，萦绕于心头的事大多不那么令人愉快。

我们虽不奢望人生能一帆风顺，不过总希望人生的路是笔直一道的，尽管中间会遇到什么困难和挫折，不过始终是在前进——不走弯路，不停留在原地、不浪费时间。然而这样的生活就好像是电影一般，意外总是在不经意间出现，其中最让人难以接受的，往往不是失败和挫折，而是无能为力的煎熬，这就是失意时的感觉。

所谓失意，不是一场巨大挑战后的失败，而是根本没有挑战你的机会，

不管自己所处的现状在别人眼里看来是好是坏，但在自己看来都是没有希望的牢笼。虽说失意时的落寞时刻是一种如地狱般的煎熬，但在这时更需要自我反省，为什么自己会落到失意的境地？除了时运不济，是否应该去寻找一些主观上的原因呢？成功者总会抓住失意时的机会，自我反省，总结失败的经验和教训，然后有一天东山再起。

阿丽是个非常要强的女人，她总是希望着自己的日子能过得比别人好。所以，平日里兢兢业业地工作，而且为了多拿点加班费，牺牲了很多休息时间。这样一来，对家的照顾就少了很多，好在老公叶龙理解她，支持她，所以让她感到欣慰。

按理说，叶龙一个月三千多块钱的工资，完全有能力让生活过得好一些，但是阿丽想的却很长远，她可不想永远靠着老公的那点工资过活。再加上，孩子也开始上学了，不赚钱能行吗？

可是，让她失望的是，她辛辛苦苦地加了两个月的班，却只多拿了五百块钱。再看看她的姐妹阿梅，每天在外面闲逛，可是每个月的收入是她的三倍多。这引起了她的强烈不满。在认真地思考之后，她决定自己投资做点小生意。

说干就干，在阿梅的帮助下，她在商厦里租了一个摊位，跟着阿梅做起了化妆品的生意。由于阿梅做生意好多年了，懂得买卖之道。而阿丽却是个生手。干了三个月，不但没有赚到钱，还把自己辛辛苦苦攒起来的两万块钱赔了进去。于是她觉得自己可能真的不适合做生意，有了想要退出的念头。

在阿梅的劝说下，阿丽坚持了下来，她没生意的时候，总爱到阿梅的摊位前转悠，认真地学习阿梅如何跟客户谈生意。又过了半个月，她的买主渐渐地多了起来，她也学会了跟顾客讨价还价的一些技巧。

半年过去了，她的生意越做越好，不但收回了之前赔进去的两万块，还整整赚了五万多块钱的利润。看着眼前的一大沓钞票，她有些激动了，这些钱要是让她上班去挣，要整整三年的时间才能挣回来啊。

当她激动地把这个消息告诉阿梅的时候，阿梅笑着拍着她的肩膀说："瞧瞧，一个典型的小市民，没经过大场面，这么点钱就让你激动成这个样子，要是再赚多点，那是不是要激动得跳楼了啊。"

尝到做生意的甜头之后，阿丽让老公辞了职，又把赚来的五万多块钱投进去，租了一个不大的服装铺面。两口子整天扑在生意上，一个月下来就有两万多块钱的收入。这是他们之前想也不敢想的。

在每一个失意的背后，都往往隐藏着宝贵的经验与信念，实际上，失意本身就是人生自省的课题，它是一笔不可缺失的财富。尽管当我们遭遇失败、挫折的时候，都会感受到失意时的煎熬，但是，假如自己长时间深陷失意的情绪中难以自拔，不懂得自省，那么失意还是会找上你，失败则会成为你的代名词。

美国著名心理学家贝弗利·波特认为，当一个人在工作中的失败感大于他所取得的成就感时，就很有可能对自己的工作失去热情，而当这种失败感以一定的频率固定出现的时候，就很容易对自己的工作产生倦怠。所以，在人生失意的时候，我们需要的是自我反省，不断积累失败的经验，让失败成为一笔财富，而不是自甘堕落，自暴自弃。

1954年的世界杯，巴西人都认为巴西足球队能获得世界冠军，然而，成功总是不常在，巴西足球队在半决赛中意外地败给了法国队，结果，那个金灿灿的奖杯与巴西无缘。足球队的球员们十分悲痛，心想：自己去迎接球迷的辱骂、嘲笑和汽水瓶吧，因为足球是巴西的国魂。当回国的飞机进入巴西领空，球员们便开始坐立不安，因为他们心里很清楚，这次回国肯定会遭遇难堪的情景。然而，当飞机降落在首都机场的时候，首先映入他们眼帘的却是另一种景象：巴西总统带着两万多名球迷默默地站在机场，共举一条大横幅：失败了也要昂首挺胸！顿时，球员们泪流满面，暗暗下定决心：告别昨天的失败，为下一次比赛努力！

4年后，巴西足球队又一次站在比赛场上，这一次，他们不负众望，捧回了世界冠军，这是巴西足球队为国家捧回的第一次世界冠军奖杯。在巴西机场，16架喷气式战斗机为球员们护航，当飞机降落的时候，聚集在机场上的欢迎者达到了三万多人。从机场到首都广场不到20千米的道路上，自动聚集起来的人群超过了100万，里奥市长由于晚出发了一会儿，竟无法驱车去机场。在路途中，球员们被请进豪华汽车，几个主力球员则被人用手臂向前传递，在4个多小时的路程中，主力球员几乎脚不沾地，一直被送到了总统府。

失败并不可怕，失意的情绪也并不可怕，可怕的是因此沉浸在失意的痛苦煎熬之中。面对失意也要反省人生，也要昂首挺胸，也要懂得努力，这样我们才会迎来未来的胜利。人生的成功需要环环相扣，每一个阶段的终点都意味着你达到了新的起点。假如我们把人生的每一个失意都当做上天的考验，当做人生不断反省的课题，那人生就真的会给我们一次次重来的机会。

在人生道路上，成功没有巅峰，追求也没有止境。短暂的得意往往会束缚人们前进的步伐，一时的辉煌也往往会消减人们的斗志。而失意中的自省，让人痛心更催人奋进，既让人难堪又让人坚定，让人们在放弃时能鼓足勇气，想逃避时拾起自尊。失意是得意的前奏，是一笔财富，能够让人不断地反省自己，在低谷中抓住机遇，不断冒险与尝试，最终获得成功。

淡定启示

假如我们把人生的每一个失意都当作上天的考验，当做人生不断反省的课题，那人生就真的会给我们一次次重来的机会。

人生在世岂能事事如意

人的一生不会一帆风顺，当你在事业上和生活中遇到不顺的时候，往往人的内心是比较脆弱的。比如家人生病、亲友死亡或者婚姻不和睦，等等，这些突如其来的打击都会使我们心力交瘁，严重地影响我们的生活和工作。

但对于生活，人们却不能以同样的心态面对，他们总是希望生活可以过得更好，总是希望“万事如意”，而“万事如意”不过是人们相互祝福的颂词，“人生不如意之事常有八九”才是现实生活的真实写照，人们所面对的总是一些不尽完美的事情。我们无法控制事情，使其事事顺心，但我们可以保持一颗淡定的心，做到坦然面对，该放则放，不要把一些“垃圾”总堆在心里，把乌云总布在脸上，把牢骚总挂在嘴上，否则你就会变成倒霉蛋，周围的朋友也会觉着你烦人。

大学毕业之后，雨虹一心想着早点工作，早点赚钱，贴补家里的开支。可是当她工作了两个年头之后，她慢慢地发现，她的学历有点低。很多工作她根本没有办法入手。于是，她决定要考研究生。

从那以后，在工作之余，雨虹总是抽时间复习，尽管两年不摸书本了。可是她底子扎实，所以并不是难事情。而且她从众多的高校中，权衡利弊之后，选择了西北师范大学，她觉得这所学校的外语系应该能给她带来她想要的东西。

经过整整一年的准备，她参加了这年的研究生考试，可是由于之前对研究生考试了解得不够透彻，再加上两年多了没有参加考试，有些生疏，这年，她的成绩比录取线远远低了30分。当她得知这个成绩后，并没有太大的失望和遗憾。

于是，她再次投入了复习，不但学习了新的课程知识，还把从高中到大学所要考到的知识点一个不落地复习了一遍。当然，这占去了她大部分的业余时间。这一年，她几乎很少和朋友们聚会，即使跟男朋友的约会也少了很多。她的目标只有一个，那就是一定要考上今年的研究生。

可是，却事与愿违。在第二年的研究生考试中，她再次名落孙山。她的成绩只比录取线低了5分。想想这一年付出的努力，她有些灰心和失望了。但是很快，她就从这种阴影中走了出来，因为她看到了30分跟5分之间的差距，她的努力并没有白费。

第三年，她投入了更大的精力去学习，去努力。平日里她完成公司交代的工作任务之后，就抓紧时间学习。就连吃饭、上厕所，她也在不停地挤时间。晚上，她学习到深夜，早上天不亮就起床。整整一年的时间，她都在全力以赴地学习。

功夫不负有心人，她的付出终于有了回报。在第三年的研究生考试中，她如愿以偿，拿到了西北师范大学的入学通知书。那一刻，她露出了得意的微笑。她也再次感受到了那份成功的喜悦和兴奋。

故事中的雨虹在工作之后，感觉到了自己的学历低，工作中有困难，进而有了想要考研究生的想法，在遭受了接二连三的失败后，她并没有放弃，而是从中认识到了自己的现状，把握好自己，鼓起了更大的勇气去努力付出，最终如愿以偿。人生不如意之事十之八九，只要正确认识失败和挫折，就能化悲痛为力量，走出心灵的阴影，从而走向成功。

其实，生活中有很多这样的人，他们总是对生活现状不满，总是不断追求完美，有的人表现为对自己要求特别严格，而另外一些人则对别人非常严格，但总体表现，就是看不到生活中美的一面，他们的脸上总是愁云密布，其实，如果他们能换个角度，那么，生活中便处处充满了美好。

“不如意事常八九”。这是古代哲人在总结了历朝历代人类生活状态后所做的大体分析，就是说一个人一生不如意的时候占去了生命的十之八九，只有十之一二生活在快乐之中。这一分析未必准确，但人的一生中忧比乐多却是不争的事实。

曾有人用失意和诗意来形容人类生活的如意与否，确实很贴切。人在快乐的时候，似乎看到周围的一切都是美丽的，天空是蓝的，空气是现象的，甚至是孩子的吵闹声也成了赞美诗；而在不如意的时候，周围的一切都是噪声，春雨成了泪滴，阳光也刺眼得让人想躲起来，“感时花溅泪，恨别鸟惊心”，就是失意的真实写照。

但是，我们必须清醒地看到，诗意和失意都是人的心理感受，不同思想境界的人会对同样的人生做出不同的诠释。

然而，我们忽略的是，你说的失意在别人看来，可能是诗意，同样是失意，一个人可能深陷其中不能自拔，另一个人可能从中奋起走向诗意的前程。因此，我们不妨转换一下思维，当你贫穷时，不妨把它当成一种财富，因为它让你体会到人生不易，苦中作乐，以苦为荣，这也正是一种诗的意境。

认为自己可以获得更多，总是苛求生活，是导致人们不快乐的主要原因之一，他们总要按照一个不切实际的计划生活，总要跟自己过不去，总觉得生不逢时，机遇未到，所以整天郁闷不乐。而快乐的人则明智选择了美的角度去欣赏生活，在他们的眼里，总是透露着知足、开心，于是，工作得心应手，生活有滋有味。因为他们懂得生活的艺术，知道适时进退，取舍得当。快乐把握在今天，而不是等待将来。事实上，我们每天都可以做自己喜欢的事情，不要在乎表面上的虚荣，凡事淡然，不苛求，那么，快乐、幸福就会常伴我们左右。

追求圆满的人生，是每个人的愿望，但这个愿望，却是一种幻想，因为它不存在。生活中，很多人穷其一生，都在追求所谓的圆满，真的值得吗？每个人都有缺陷，每件事都会有缺乏。看人看事，要先看到其美妙的一面，假如你先入为主，认为此人不值得付出，那么，你看到的就都是对方的缺陷，眼光总盯在丑恶的方面，你就永远都找不到快乐，永远不会有好的心情。

比如，失恋是失意，但反过来想，人家既然离开了你，就说明不爱你，缘分已尽，何必强求，前边有芳草，也有美妙的诗篇。

再如，我们认为工作压力大、工作时间长是失意，但如果我们反过来看，

年轻时不是正应该努力奋斗的年纪吗？只有努力工作，才会有灿烂的明天！当工作的时候，你应全身心地投入，你高吟豪放派的诗歌，把工作当成享受，你乐而不疲，一切失意都会烟消云散。

而当有一天，你离开了工作岗位或者没有了往日的荣耀，你也不必灰心，更不必埋怨人走茶凉，你不必奢求儿孙绕膝，你可以读书，可以作画，可以与老友们一起徜徉于琴棋书画中，还可以采菊东篱，种豆南山，不也是诗意盎然么？此时，我们的心情大致就变成“如意之事常八九”了。

淡定启示

我们每天可以做自己喜欢的事情，不用在乎表面上的虚荣，凡事淡然，不苛求，那么，快乐、幸福就会常伴我们左右。

面对生活不幸女人不妨积极一些

积极的心态是一个人取胜的法宝，是走向成功的关键。而消极的心态则是通向目标的最大障碍。所以，心态决定着人们的情感和事业的成败。如果一个女人在心理上对自己的能力和向往的目标都缺乏信心，那么就算客观的条件再好，也不会获得成功。

幸福是每个人追求的，却不是每个女人都能得到的，我们渴望幸福的生活，却总是被生活开各种各样的玩笑。大到晴天霹雳般的厄运，小到芝麻绿豆的烦琐费心之事。

微笑面对吧！不要让命运掌控我们。不要向困难和命运低头！我们不可以选择命运，不可以选择生活，但我们可以改变态度，让微笑常伴我们左右，让微笑继续。继而改变命运，改变生活。生活有它无情的一面，它铁面无私地给予每个女人不可避免的风雨侵袭。此时，女人若是哭丧着脸摆出一幅懦弱的、楚楚可怜的样子，希望有人帮你一把，或者打抱不平，那生活只能会更加严厉地制裁你。欺软怕硬是一切困难最真实的嘴脸。

黄一是个苦命的女人，刚刚结婚不到五年，丈夫便因突如其来的车祸撒手西去，给她留下了一个只有两岁半的儿子。丈夫是黄一的依靠，更是她的全部。这场车祸，把黄一拖入了痛苦的无底深渊。

那一段日子，黄一不吃饭，不睡觉，孩子哭了也不管。只是一个人静静地发呆。母亲得知这个状况后，怕她想不开，急忙把她和孩子接到了娘家。有了母亲的精心照顾，黄一慢慢地挣扎着恢复了过来。可是，从那之后，她却突然间不说话了，就连跟自己的母亲也不说，脸色阴沉，看不到一点儿笑容。

谁都以为，黄一把自己给毁掉了。她不可能再坚持下去的。可是除了不说话之外，她别的事情却做得很好。每天做饭、洗衣服，精心地照顾孩子。而且闲暇时候，她还去找一些小时工做活挣钱。

这时候，黄一刚刚30岁，还很年轻，于是很多媒婆上门提亲，想为她重新找一个人家。可是却遭到了黄一的拒绝。就这样，她带着孩子一过就是十年。当孩子长到12岁的时候，黄一带着他离开了娘家，独自去生活了。

她在闹市区卖起了早餐。每天忙得不可开交，可是她却从来没有抱怨过。转眼间又过了十年，期间她给人家做过保姆，给医院打扫过卫生，洗过厕所，只要能赚到钱，她都不挑不拣地去做。

当儿子大学毕业之后，她已经为他存下了整整30多万块钱。这让很多人不敢相信。但却是事实。在这个时候，她依然没有放弃继续劳作。在之后的日子里，她为儿子娶了媳妇，买了房子。尽管她现在已经50多岁了，可是依然不屈不挠地和生活抗争。别的活干不了了，她就去捡垃圾，每天的收入也足够一家

人的生活开支了。

故事里的黄一，在遭受了生活的打击之后，并没有一蹶不振，而是坚强地站立起来，勇敢地和生活抗争。不但倔强地活了下来，还为儿子买了房子，娶了媳妇。如果当初她坚持不下来，那么更多的伤害和疼痛就在不远处等着她。

是的，我们何必苦苦追寻为什么命运不公或把自己埋藏在苦闷的心态下，转念想一下，或许这是命运给我们的考验！风雨之后一定会有彩虹，我们的生命就和天气一样，时而晴空万里，时而倾盆大雨，我们需要困难的点缀就如同我们需要各种各样的天气一样，因为蜜罐的生活会让女人在处世时不堪风雨的磨砺，经常处于厄运交加的境地。

爱默生就说过：每一种挫折或不利的突变，都是带着同样或较大的有利的种子。人生旅途也就像大海一样浩瀚，扬帆刹那时遇到的风雨之阻并不意味着我们将永沉大海，相反，我们会学到更多的航海知识。从桑兰的身上或许我们能明白更多。

她原本可以和期望中一样，实现她自己规划好的路：当一个体操队员，是的，她曾经是跳马冠军，她曾参加全运会。她的生命本应这样平静而又辉煌地走下去，可命运就是喜欢和人开玩笑，在一次国际比赛中她意外受伤致残。这意味着她的体操生涯从此结束。可是，她并没有因此放弃，而是在治疗的同时抓紧时间学习，参加各种体育锻炼并积极参与各种活动。

至今，她依旧舞动着她美丽的身姿，她做到了，她没有屈服于往日的病痛。在一次大学生座谈会上，她以一名优秀残疾代表发言，她激动万分地说，她说她参加残疾人演出比拿世界冠军更有意义，她要努力学习，要考大学，要为每一个人的梦和民族的梦奋斗！ 的确，当我们走过困境，重新审视走过的路途时，真是“也无风雨也无晴”。

当变故发生在自己身上的时候，我们能坦然面对，可当我们的精神支柱倒塌的时候，我们更应该做到永不言弃。有这样一句话：

“当你最爱的人离你而去，给你的心灵留下伤口，你可以哭泣，可以悲伤，但你更要做的是，擦干眼泪，包扎伤口，继续上路。”这是一个战争年代的伟大女性面对自己的红色恋人牺牲时的心态，她做到了！她没有倒下。中国女性的这种坚韧毅力自古有之。

在宋朝处于内忧外患的情况下，当丈夫和兄弟们相继战死沙场后，她们没有待坐闺中，掩面哭泣，而是严阵以待，和姐妹们一起，继续奋勇杀敌。她们知道，她们应该勤勉小儿，善事舅姑，为保卫大宋疆土不受侵犯而战斗。这就是杨门女将。像杨门女将这样的女性，古今中外屡见不鲜，困难和逆境只是生活中的一个小插曲而已，不是全部！

诚然，女人可以悲叹命运的不幸。但女性不是弱势群体，女性也可以在不幸面前选择正确、积极的人生态度，德国小说家弗兰克说：“我可以拿走人的任何东西，但有一样东西不行，这就是在特定环境下选择自己的生活态度的自由。”

很多女性，都把自己完全交给丈夫，交给家庭，没有了自我。真正的爱情应如舒婷的《致橡树》中所描绘的“我要做一株木棉，作为树的形象和你站在一起”。当有一天丈夫离开她，她发现自己一无所有，生命毫无意义，这也是一种不正确的生活态度，但当发生的时候，女性朋友们应该做的是：重新找回失去的自我，颓废的态度不会改变现状，生活对于每个人都是公平的，你失去了一些，但会找回更多。

有个著名的女主持人，在她得知自己得了癌症以后，就将自己的眼角膜和肾脏捐了出去，她用积极、乐观的心态，面对自己人生的阴霾，去给别人送去最美好的光明。

对生活寄予美好憧憬的女人们，时刻都要以积极的心态面对人生中的酸甜苦辣，假如生活偶尔亏待了你，也不要悲伤、烦躁，你更要善待自己，这样，快乐的日子才会尽快来临。

淡定启示

人生旅途就像大海一样浩瀚，扬帆刹那时遇到的风雨之阻并不意味着我们将永沉大海，相反，我们会学到更多的航海知识。

世事无常要有一颗淡定的心

人的一生，会遇到成功，也会遇到失败，有一帆风顺的惬意，也有遭受挫折的沮丧，有不期而至的欣喜，也有排遣不去的惆怅，曲曲折折，是是非非，如何面对，关键是心态问题，适时调整好自己的心态，不管发生什么事情，心定才能看清是非，才能在最短的时间内做出最正确的判断。

生活中，我们常祝愿他人“万事如意”，但这也只是我们美好的愿望，事实上，世事多变，雨雪风霜，人生中有许许多多我们始料不及的事情，但如果我们希望成就一番事业，就必须做到内心淡定，始终朝着目标前进。很多成功者在种种经历后，回望身后的辛酸血泪之路，都会发现，真正内心淡定的人才是最后的赢家。

胜男是个非常要强的女孩子。她从小性格就非常坚强，即使受了再大的委屈也绝对不会流眼泪。为此，朋友们总说她像个男孩子。事实上也是如此，她并不像别的女孩子那样整天把精力放在穿衣打扮上，相反，她的事业心非常强，不做出一番事业，决不罢休。

因此，大学毕业之后，她并没有四处去找工作，而是四处筹借，凑足了十万块钱，在大型的商场里租了一个摊位卖起了女包。尽管她非常努力，可是由于她对这一行并不了解，再加上她对做生意没有概念，半年下来，不但没有赚到钱，还欠下了一屁股的债。

为此，爸爸妈妈以及家里的亲朋好友都好言相劝，希望她能老老实实地找一份工作去做，而不要再去瞎折腾。可是胜男并没有被挫折和失败所击倒。她毅然决然地去银行贷了5万块钱，在家乡的批发市场，做起了批发大蒜的生意。

那段日子，她每天早上天不亮就走了，晚上忙到大半夜，一个受过高等教育的高材生愣是和一大帮子农民兄弟混在了一起，受苦受累。爸爸妈妈看在眼里，疼在心里，可是胜男信心非常足，从来没有说过苦和累。

市场变幻莫测，很快生意再次遭到了失败。5万块钱血本无归。这时，和她谈了五年的男友由于受不了她，提出了分手。屋漏偏逢连夜雨，胜男有点支持不住了。那天晚上，她一个人偷偷地跑到没有人的地方，痛痛快快地哭了一场，这是她从小到大第一次流眼泪。

20岁刚出头就欠了十多万块钱的外债，就连一般的男人都会支撑不住，可是胜男依旧没有屈服。这一次，她再也筹不到钱了。于是选择了一个不错的灯具销售公司，联系起了业务。由于她坚强不屈的性格，再加上一心想要做大事的胸怀，在短短的半年之内，就为公司创造了100万元的利润，当然她也从中获得了20万块钱的提成。

很快，胜男从销售公司跳了出来，利用自己手里的关系网络，又联系了很多灯具企业，同时，积极地奔走组织了自己的装修队。利用一年的时间，创造了一千万元的利润。这时候，她组建了自己的装修公司，成了名副其实的大老板。

故事中的胜男是个胸怀大志的女人，她一心想着做一番大事情，尽管中间经受了好几次挫折和失败，但是她并没有因此而屈服，最终她如愿以偿地有了自己的公司，赚了大钱。可见，对于女人来说，不要那么脆弱，在生活的打击面前便抬不起头来。你要相信，女人也能做出大事情，甚至要比男人做得好。

的确，宠辱不惊的人在面对生活的快意和失意之时都会有一种淡然的心态，懂得如何对待与处理问题。

首先，他会明确自己的生存价值，以这样的格言来勉励自己："由来功名输勋烈，心底无私天地宽。"一个人若心中无过多的私欲，又怎会患得患失呢？

其次，他会认清自己所走的路，不过分在意得失，不过分看重成败，不过分在乎别人对他的看法。他会坚信：只要自己努力过，只要自己曾经奋斗过，做了自己喜欢做的事，还有什么心里放不下的呢？诚然，有时候，我们会遭遇一些恶劣的命运，但除了认清事实、勇敢接受外，我们还必须努力改变现状，争取走出困境，赢取美好的生活。当然这个过程，必定是个经受痛苦的过程，因此，保持一颗平常心就尤为重要，否则，人就会永远在痛苦中打转，找不到解脱的光明之路。

首先，我们需要拥有一颗感恩的心，善于发现事物的美好，感受平凡中的美丽，会以坦荡的心境、豁达的胸怀来面对生活中的每一份酸甜苦辣，让原本平淡乏味的生活焕发出迷人的色彩，那么，你会发现，磨难与逆境也不过是飘来的"浮云"。其实，挫折也是人生的一笔财富。没有挫折的人生，从某种意义上来说是黯然失色的。说"挫折是人生的财富"，最主要的一点是挫折会让我们变得聪明，变得坚强，变得成熟，变得完美。当然，这首先需要我们经得起挫折。

再者，我们需要拥有一颗平常心。人生不可能总是大红大紫，不可能总是处于巅峰状态，也有可能处于低谷，也可能遭遇不顺，这就是人生。但总体来说，人生是平淡的，对待平淡的人生，我们也应该让自己的心静下来。懂得了这个道理，得意时才不至于猖狂；失意时，才不至于绝望，孤独时才不会心情惆怅。

总之，如能在荣辱面前泰然处之，在思想修养和意志磨练上下工夫，勤勤恳恳工作、实实在在做人，便能做到荣辱不惊，有更深、更新的感悟，漫漫人生，必将减去许多烦恼，增添几多欢乐。

淡定启示

善于发现事物中的美好，感受平凡中的美丽，以坦荡的心境，豁达的胸怀来面对生活中的每一份酸甜苦辣，让原本平淡乏味的生活焕发出迷人的色彩。

消沉让女人的生活黯然失色

有句话是这样说的：别让昨夜的眼泪弄湿今日的心情。说的就是在遭遇了伤心和失望的事情之后，要及时地从伤痛中走出来，继续迎接前面的挑战和机遇。因为你的坏心情往往会让你错过欣赏沿途的风景，会让你失去前行的兴趣，继而给你带来更糟糕的事情，让你更加郁闷。

消沉是指心灰意冷、沮丧颓唐的消极情绪。女人的一生挫折无处不在，困难重重，女人的情绪也会像海潮，时高时低，这本无可厚非。没有人能始终保持着高昂的激情生活，但女人不能因此长时间意志消沉，让意志消沉毁了你的生活。遭遇挫折，就当它是一阵清风，让它从你的耳边轻轻吹过；遭遇磨难，就当它是一阵微不足道的波涛，不要让它在你心中激起惊涛骇浪；陷入困境，就当痛苦是你眼中的一颗尘粒，眨一眨眼，流一滴泪，就足以将它清除。

女人意志消沉通常因为以下情况而产生：意志薄弱，经不起风浪，遇到了挫折就灰心失望，并且一蹶不振，似乎命运总跟自己作对，于是就显得精神萎靡；还有一种是受错误人生观、价值观的影响，自始至终对世界悲观失望，认为人生不过如此，理想、前途都是无稽之谈，何必为了这些去奋斗？于是便看破红尘，把信念、抱负抛在一边，整天浑浑噩噩，消极混世，显得异常颓废。

意志消沉在很多时候都无法避免，情绪可以低落，但是别让消沉长时间地充斥在你的生活中，这样只会让消沉毁了你的生活。

逆境是强者的进身之阶，弱者的无底深渊。逆境有时候是成功的前奏，只要你不放弃自己，不要深陷意志消沉中不可自拔：周文王被纣王拘于狱中而推演周易：屈原被楚王放逐而著《离骚》；孙膑被庞涓谋害，在断腿之痛中崛起而不是沮丧，最终成为著名军事家。

所以，女人不要被眼前的不顺打败，在逆境中要有安慰与希望，只要抓住这种希望，并把它当作动力，你才能够在逆境中崛起。在逆境中善于自处，锻炼自己的意志，你就能够从逆境中奋起。

乐乐的生活一团糟，她把所有的不幸都归结在婚姻上。

结婚之前，她年轻漂亮，再加上工作能力很强，在职场里是“香饽饽”，而现在，她几乎成了无人问津的烂白菜，处处遭人嫌弃，尽管她很努力地表现自己，可是别人一听说她结婚了，唯恐避之不及，三个月的时间过去了，她依然赋闲在家。

但是，乐乐并不想就此放弃。这几天，她又在招聘会上奔波了几次，给两家她青睐的企业投递了简历。而且，让她兴奋的是，先后接到了这两家公司的面试通知。

在第一家公司，她应聘的是总经理助理。在经过了连续的测试之后，乐乐的表现是所有应聘者当中最优秀的，因此她得到了总经理的接见。总经理非常客气，经过一番寒暄之后，说：“我这里的秘书不仅仅是搞一些文字工作，还要陪我参加很多应酬，不知你能否适应？”乐乐急忙回答说：“没问题，多大的压力我都能承受。”总经理认真地看着乐乐说：“你没有明白我的意思，我想说的是……，这样说吧，你结婚了没有？”乐乐点了点头说：“结了，刚结婚不到半年。”总经理耸了耸肩，说：“这样的话，我觉得你并不适合我们这里的工作。”听总经理这么说，乐乐只好转身离开了。

在面试第二家公司的时候，乐乐也是表现得非常出色，鉴于上一次的教训，当总经理问及她的婚姻的时候，乐乐警惕地睁大了眼睛，没有回答。总经理笑着说："没关系的，我们只是侧面了解一下你的状况。"听到这话，乐乐一下子放松了下来，微笑着说："结婚了，我和丈夫牵手7年了，到了非结不可的地步了。"气氛一下子缓和了下来，总经理认真地听了乐乐和丈夫之间的故事。乐乐觉得总经理对自己的故事这么感兴趣，应该会接受结了婚的人吧。可是令她没有想到的是，在面试结束的时候，总经理说："这样吧，我们考虑一下，到时候再通知你，好吗？"听到这个，她就知道了结果。

她认为自己是栽在了"婚姻"上。她把所有的冤气都撒在丈夫的身上，两口子的关系慢慢地亮起了红灯。

诚然，很多公司都希望可以招收一些没有结婚的女性工作，因为她们接受事物的能力快，工作激情高，但不是每个公司都以这样的标准招人。乐乐在经过了两次找工作的失利后，就意志消沉，不愿再去职场发挥自己的才干，而在家中的她又颓废空虚，无所事事……

心态决定了女人的生活能否幸福快乐，能否在人生的道路上成功晋级。女人要善待自己，对自己好一点，不管遇到什么，都要保持积极乐观的心态，别让意志消沉毁了你的生活，人生本应精彩，世界也是精彩的，只要你去体会，就会发现。快乐由自己定义，就在于你是否用积极的心态去发现快乐，生活中的困难和挫折在所难免，不要因为小小的挫折变得沮丧，灰心丧气，不要被挫折吓倒，要让挫折激发你的斗志，重新鼓起奋斗的勇气！

淡定启示

女人要善待自己，对自己好一点，不管遇到什么，都要保持积极乐观的心态，别让意志消沉毁了你的生活，人生本应精彩，世界也是精彩的，只要你去体会，就会发现。

痛苦的根源在于执着

世事皆云烟。我们空手来到这个世界，离开的时候也是空手而去。所谓“生不带来，死不带去”就是这个意思。既然从来没有就无所谓得到，既然无所谓得到，也就无所谓失去。对于女人来说，只有看淡了得失，才能真正远离痛苦，提高生命的质量。

人，因无而有，因有而失，因失而痛，因痛而苦。人总是从无到有就快乐，从有到无就痛苦。其实，“有”有何欢？一切拥有的都以失去为代价；“无”有何苦？人生本来就是一场空。有无之间的更替便是人生，得失之后的心态决定苦乐，看淡了得失，也就远离了痛苦，才有闲心品尝生活的幸福。

看淡了，在得意的时候，就不会浮躁、膨胀；即便是在你失意的时候，也不会觉得悲愤、绝望。人生本来就不是一杯白开水，它有着酸甜苦辣，有着喜怒哀乐，只要你有一份平淡、从容的心境，去面对、去迎接，就是一种超拔的人生态度，是一种超脱的精神境界。

明梅是话剧团的演员，这天，她演的一个角色得到了上级领导的一致好评，将要被评为国家一级演员。可是她却拒绝了。原来，这天是明梅和男友爱辉认识整整八年的纪念日，这天，他们去登记结婚了。

可是，第二天，她和好朋友华宇在商场买东西的时候，却意外地看到爱辉被另外一个女孩挽着胳膊在逛商场。明梅走上前去，狠狠地抽了爱辉一记耳光，然后哭着跑回了家。

之后，明梅好像什么事情也没有发生过，依旧按时上下班。这天晚上，华宇来找明梅，看到她神采奕奕的样子，非常不解。于是悄悄地把她拉到房间里说：“你没事吧？你刚刚结婚的丈夫跟别的女人在鬼混，被你当场撞到，你竟然像什么事情也没有发生过？是悲伤过度还是咋的？太不正常了吧？”

明梅微笑着说：“你觉得我应该有什么样的表现，哭着闹着抹脖子上

吊？”

看着明梅一脸的无辜，华宇疑惑地说：“至少也是件非常让人难受的事情，你为他付出了八年的青春，就这么过了一个晚上就忘得干干净净了，就什么也没有了？”

明梅拍了拍华宇的肩膀说：“是啊，当天晚上回来之后，我也不相信这是真的。但是回头转念一想，我就感觉到非常的庆幸。好在现在还没有孩子，你说要是等我们有了孩子以后再发现，岂不是更糟糕吗？你说是不？所以我应该感到开心。”

听了明梅的话，华宇若有所思地点了点头，自言自语道：“还真是这么回事，想想你还真是挺幸运的。还没有正式地做他的妻子，否则你可真是跳进火坑里了。”

明梅笑着说：“所以嘛，我为什么要悲痛欲绝，为什么要伤心难过呢？没有理由啊！”

华宇接着说：“那你就白白地付出了，那可是女人最宝贵的八年时间啊。”

明梅叹了一口气说：“那还能怎么办呢，付出的也已经付出了，伤心难过能再回到从前吗？不能吧。既然无法挽回，那么再浪费情绪就很没意思了。”

故事中的明梅在看到刚刚登记的丈夫，和别的女人在一起时，她并没有因此而感到伤心难过，而是觉得庆幸，觉得开心快乐。因为她觉得事情还没有到更糟糕的地步，相比之下还是幸运的。可见，在遭遇生活的酸甜苦辣的时候，看淡得失，也就远离了痛苦。

《周易·系辞上》：“乐天知命，故不忧。”当你怀着乐观、积极的心态，秉承着“知己为天所命，非虚生也”的信念，用豁达的心胸来面对人生中的每一次际遇时，你就会发现人生并没有那么可怕，也没有什么过不去的坎，也没有什么放不下的。

在人生的旅途中，做好自己，认真对待每一天，即使错了也不要去追悔。

我们每一个人都是普普通通的，并不是圣人，无论你愿不愿意，时光都会悄悄地带走一切，而你始终要前行。虽然身心疲惫，但即使步履匆匆，也要乐观地向前看，虽然并不知道前面是不是自己的理想之地，但你却可以对自己说“无怨无悔”。人生路上，不要有太多的患得患失，也不要太计较自己的得与失，以一份平静的心情来迎接人生中的每一次挑战，这好像是生命的无奈，却更是生命最绚丽的精彩。

人生道路上有鲜花、有掌声，有多少人能等闲视之；人生路上也有坎坷泥泞、有满地荆棘，又有多少人能以平常心视之。我们要学会坦然相对，拿得起、放得下，既来之，则安之，这是一种超脱的心境。“荣辱不惊，闲看庭前花开花落；去留无意，漫随天外云卷云舒。”荣辱不惊，乐天知命，就是一份安详自在。佛曰：“一花一世界，一草一天堂，一叶一如来，一砂一极乐，一方一净土，一笑一尘缘，一念一清静。”看淡了，痛苦就远离了，快乐就回来了。

淡定启示

人生路上，不要有太多的患得患失，也不要太计较自己的得与失，以一份平静的心情来迎接人生中的每一次挑战，这好像是生命的无奈，却更是生命最绚丽的精彩。

第12章　女人别较真，人生很长、计较很忙

我们之所以痛苦，不是痛苦本身给我们带来了多大的伤害，而是在遭受生活的蹂躏时，总是纠结于琐事，跟生活过不去，跟自己过不去，这样，让自己在遭受生活的不幸的同时，还要遭受自己的摧残。尤其是女人，对待世界不能宽恕，对待生活不能大度，对待自己更是刻薄，试问一下，这又是何苦呢？人生苦短，何必跟自己过不去呢？把更多的精力和时间投放到更有意义的事情上，你会发现你的人生因此而羽翼丰满。

女人过分执着是跟自己过不去

较真本身并不是一个贬义词，但凡事都会有一定的限度，“较真”也是一样，若是不顾一切地执着，太较真就会不自觉地将自己的身心束缚，我们总是放不下，总是不愿意放弃，只是固执地朝着一个方向前进，不管前面是康庄大道，还是死胡同，甚至，这样的坚持是无谓的，如果我们最终闯入的不过是死胡同，这样较真的后果也是可悲的。

在很多时候，过分较真其实是在为难自己，这并不是一个好品质。它就像是一个魔咒，一点点地禁锢着我们的身心，似乎我们不朝着之前的方向继续下去就对不起良心。

虽然，对生活较真是一种坚定的信念；对工作较真是一种精神寄托；对爱情较真是一种人生的美丽。但若是应该放弃时不放手，就会使自己不堪重负而活得很累，甚至有可能走向另外一种悲惨的结局，同时也让自己身心疲惫。

人生需要有信念，这样我们的生命才有前进的方向。但是，信念只有与自己合拍的时候，才能更好地发挥出引航员的作用。对此，在人生的路途中，我们要适时修正自己的信念，让它与自己合拍，对于某些不切实际的想法，我们不应太较真，太执着，而是要学会放弃，适时找到适合自己的人生信念，这样我们的生命才会更加绚丽灿烂。

最近，学习成绩平平的表妹突然做出了一个重大的决定，一定要考上北大，否则就不上大学。别人也没有当一回事，可是表妹却跟自己较上劲了。

每天早上，天不亮她就爬了起来，拼命地学习，就连早饭都顾不得吃，即使在上学的路上，也在看书学习。在学校里就更不用说了，当别的同学们在尽情地享受课余时间时，表妹还在刻苦攻读，晚上一直学习到凌晨两点才睡。

她非常辛苦，也许是期望太高的缘故，她的压力也非常大。常常为一道不会做的数学题而号啕大哭，在以前她完全不当回事的。两个月下来，她的学习不但没有进步，而且由于过度疲劳，住进了医院。这让本就身体虚弱的表妹整整几夜没有睡着。

姑妈得知表妹的心结后，这天对她说："孩子，你知道北大多么有名吗？那是全国数一数二的学校啊，即使在我们县城，十多年了也没有一个学生能考进去。难道他们的学习不比你好吗？你为啥要自己折磨自己呢？"

表妹不服气地说："照你这么说，北大都没人上了，那不是每年也有那么多的人考进去吗？"姑妈说："你说得没错，但是咱们也要看看自己的实力啊，远的不说，你说说你们学校，比你学习好的人多的是吧，但是又有几个像你这么傻的啊？"

表妹若有所思，不再说话了。姑妈趁机说："你只要做原原本本的你，就完全可以了，没有必要把自己逼得跟疯子一样，妈妈看着心疼啊。”

表妹看着姑妈的眼神，微笑着点了点头，这是她几个月以来，第一次微笑，在那一刻，她觉得自己开心极了。

故事里的表妹有很大的抱负，想要考上北京大学。为此，她背负上了巨大的压力，失去了往日的快乐和幸福。后来，在姑妈的劝导之下，表妹认识到愿望和现实之间的巨大差异，卸下了这个抱负，感觉到了生活的快乐。可见，太较真其实是在为难自己，这样，便毫无回旋的余地了，我们要学会接受现实，而不是过于执着，过分执着只会让自己更加疲惫，不如放松身心，给自己一个舒适的心灵环境。

生活中，有的人活得像小河里的溪水，虽然平静无波，却有顽强的生命力和战斗力，它能够经受暴风骤雨的肆虐，也可以坦然面对夏日骄阳的炙烤，它从来不在乎世界会有那么多的变化。一个人活着也是一样，人要有信念，但不能过分执着，不能与生命较真，不妨学会顺其自然，对生命中的意外和阻挠不必过于强求，也许这样才能阻止自己生命的脚步过快地到达终点。

人的一生就好像花开花落，周而复始，没有什么花是永远不凋谢的，对待上天的安排，我们应该顺其自然，千万不能太过于执着，太较真是一种疼痛，一种心魔，它不断侵蚀我们内心简单的快乐，最后，我们只能满身疲惫地倒下。

如果我们希望与别人合作，自己已经明确地表达清楚意图，但对方却毫无回应，在这样的情况下，与其继续留下来攻坚，把时间花在啃掉这块硬骨头上，不如转身离去，把精力用来寻找新的目标。每个人做事都有自己的理由，放弃攻坚是对别人的尊重，这是一种明智的选择。大量事实表明，第一次不能成功的事情，以后成功的几率也是很小的，纠缠下去只会惹人厌烦，这样并没有太大的意思，与其把80%的精力耗在20%的希望上，不如以20%的精力去寻找新的目标，说不定还有80%的希望。

淡定启示

一个人活着也是一样，人要有信念，但不能过分执着，不能与生命较真，不妨学会顺其自然，对生命中的意外和阻挠不必过于强求，也许，这样才能阻止自己生命的脚步过快地到达终点。

女人勿让琐事搅乱人生

生活中，作为女人，没必要把每一件事情都考虑得清清楚楚，滴水不漏，别太计较得失，在一些无关痛痒、鸡毛蒜皮的小事上，最好能得过且过，睁一只眼闭一只眼，别太在意，别太计较。女人一定要切记：人这一辈子要经历的事情非常多，要是事事较真，势必会把自己搞得头昏脑涨。该清醒的时候清醒，该糊涂的时候糊涂，有时候稀里糊涂地过日子也不失为一件乐事。

心理导师戴尔·卡耐基曾说："许多人都有为小事斤斤计较的毛病。人活在世上只有短短几十年，却浪费了很多时间，去愁一些一年内就会被忘掉的小事。"在现实生活中，人们经常会为一些小事而烦恼，但事实上，这些烦恼都是我们自找的。一个内心浮躁的人往往倾向于自寻烦恼，在很多时候，他们忘记了甜蜜的爱情、美好的生活，而是紧紧抓住一些芝麻绿豆的事情而烦恼，切记：不要让小事情成为人生的主旋律。

虽然，烦恼是我们每个人都避免不了的，但如果我们总是自寻烦恼，连小小的事情也不放过，那么，烦恼就会成为我们生活的一部分，甩也甩不掉。许多人的烦恼都是自找的，本来没有烦恼，或者说原本没有理由烦恼，但由于内心的浮躁，不自觉地就把一些小事当作烦恼的根源，最后，陷入痛苦的旋涡。

对此，不要让小事情成为你人生的主旋律，因为生命太短暂了，千万不要为小事而烦恼。

对于于梅来说，最近着实烦恼。因为她和婆婆的关系一直处不好，不但工作累，回到家里，还要和婆婆争个输赢，不是为做饭的问题，就是为带孩子的问题，两个人总是纠结不断，这不但影响了她的工作，还让丈夫牵扯其中，深受其害。

这天，两个女人又因为家里的琐事吵了起来。眼看着就要到上班的时间了，可是婆婆却表示，不愿意再帮助她带孩子了。这就意味着于梅不能按时上班去了。这可如何是好？一向要强的于梅只好给老公打电话。老公得知这个消息之后，请了假火急火燎地赶回了家里。婆媳二人你说你有理，我说我有理，于是这个男人劝了这个，说了那个，费了九牛二虎之力终于把两人安抚妥当。

可这时已经是下午5点多钟了。于梅早已经错过了上班的时间，被单位记了旷工，而丈夫也因为私自回家，耽误了单位的工作，被领导狠狠地批评了一顿。尽管如此，老公觉得只要能让家庭和睦，这点牺牲还算是值得的。

可是，没过几天，正在忙碌的她又接到了婆婆的电话，在电话里，婆婆骂骂咧咧的，原因是她饭后没有刷碗就上班去了。于梅憋着一肚子的火，好不容易熬到了下班，回到家和婆婆大吵了一架。第二天，婆婆依旧不依不饶，于梅自然没法上班。

过了一个礼拜，两个人再次纠结了起来。因为她经常旷工，严重影响了工作，再加上她把情绪带到了工作中，导致犯了很多的错误，领导主动找她谈了话。

这天晚上，于梅认真地想了一个晚上，她觉得自己再也不能为这些小事纠结下去了。于是，第二天，她下班的时候主动给婆婆买了衣服，晚上做了一顿婆婆爱吃的晚饭，诚恳地给婆婆道了歉。

从那以后，她再也没有和婆婆争吵，而是采取了忍让，换取了婆婆的欢

心，这样她不但能静心地工作，而且家庭和睦，身心也得到了释放。有时候婆婆还会做好了饭等她下班。

生活的琐碎，让于梅深陷其中，饱受其害。好在她及时化解了矛盾，没有让小事情束缚住自己的手脚，得以安心上班，好好过日子。对于女人来说，与其纠结小事情，不如放开心胸，把小事情绕过去，去做更加有意义的事。切记，别为小事而烦恼，不要让小事充斥我们的人生。

生活中，我们不曾被大石头绊倒，却常常因为小石头而摔跤。我们经常会为没钱买房子，没钱买车，没钱给自己买好看的衣服，甚至会因为点点小事跟家人吵架。但是，仅仅是这些令人头疼的小事，在遇到生命危险的时候，显得那么荒谬、渺小。假如真的有这个时候，或许我们会对自己说：假如我还有机会看见明天的太阳，我永远也不会再为那些小事烦恼了。

卡耐基曾告诉人们一个心理法则："生命太短暂了，不要再为小事而烦恼了；对必然的事情情况的承受，就像杨柳承受风雨，水接受一切容器一样；当你开始为那些已经过去的事烦恼的时候，你应该想到这个谚语：不要为打翻了的牛奶而哭泣；当我们害怕被闪电击倒，怕所坐的火车翻车时，想一想发生的概率，会把我们笑死；要懂得闲暇时抓紧，繁忙时偷闲；如果我们以生活来支付烦恼的代价，支付得太多的话，我们就是傻瓜。"这些法则可以令我们轻松地卸下心中的包袱，从而变得快乐起来。

淡定启示

生命太短暂了，不要再为小事而烦恼了；对必然的事情情况的承受，就像杨柳承受风雨，水接受一切容器一样；当你开始为那些已经过去的事烦恼的时候，你应该想到这个谚语：不要为打翻了的牛奶而哭泣……

懂得转弯才能走向幸福

生活在这个世界上，人生的道路很多，但是并不是每一条都有尽头，即便是别人走的路，也未必适合你走，遇到了磨难，走到了死角，要懂得放弃，懂得回头，这不失为一种智慧，然而，现实生活中，有的人，尤其是女人，明明知道前面是一条死胡同，却还要一个劲地往里钻，不到黄河心不甘，就是到了黄河心也不甘，在一味地执着当中，饱受伤害。

法国有一位名叫奥立昂的老人，他从20岁起就决心做一名画家，他一直勤奋地画呀画呀，几十年如一日，不过他的画却无人问津。终于，40年过去了，在他画了第9998张画以后，他卖出了平生第一张画。看到这个故事，我们是应该欣赏他的执着，还是叹息他的较真和固执呢？花去人生那么多的时间，却是挖掘自己不擅长的一方面，最终的结果是可想而知的。

人生就是一段旅途，当发现前方已经是一条死胡同时，我们就要学会转弯。转弯并不是逃避，当这件事情失败了，可以改做别的，但并不是说这个人没有毅力。正所谓“天生我材必有用”，东方不亮西方亮。闯入死胡同并不可怕，可怕是你一直跟自己较真，这样就会因循守旧地继续失败。转弯是为了寻找更好的道路以便前行，并不是逃避。

相对于别的女人来说，丹霞的生活可谓是异常坎坷。她嫁了个老公，却是个不思进取的家伙，每个月拿着微薄的收入，整天混在麻将馆里过日子，全然不顾老婆、孩子的死活。尽管丹霞拼命地工作，生活依然过得紧巴巴的。

为了能提高生活质量，丹霞决定下海做生意。但是考察了很多的行业，她发现都非常难做，再加上自己又没有多少经验，所以始终不敢迈出第一步。后来，她听说自己的哥哥在经营着一家建材店，利润非常可观，于是她四处筹借，凑了10万块钱，在建材城做起了自己的店铺。

尽管有哥哥帮忙，可是她是女人，干活又没有多少力气，很多时候，进货

和发货的时候都需要出力气干活，尤其是刚开始经营，没有稳定的客户，她自己又做不动，只好花钱请人做，这样，利润就更加少。所以，三个月下来，她累个半死，不但没有赚到钱，还赔进去了不少。

在哥哥的建议之下，她决定不能待在铺面里等生意，而是要主动去找生意。于是她常常不辞辛劳地奔波于很多工地上。由于负责工程的很多都是男人，丹霞跟他们相处的时候，往往放不开，所以很多机会都从手里溜走了。

后来，好不容易有一个包工头表示愿意跟她合作，但在请客吃饭的时候，包工头借着酒劲，对她动手动脚，进而提出了非分的要求。丹霞性格刚烈，自然不肯委屈自己。于是唯一的一个大单子也就这么黄掉了。

就这样，丹霞的店铺没过多久就关门了。这次下海，不但没有赚到钱，还让她欠了一屁股的债。这让她的老公暴跳如雷，提出了要和她离婚的要求。身心疲惫的丹霞二话没说，就在离婚协议书上签了字。她的债务她一个人来还。

当她从那个绝望的家里走出来的时候，她第一次流下了眼泪。

故事中的丹霞之所以经商失败，除了她对这个行业不懂之外，更主要的是她在选择投资的时候，选错了方向，结果不但没有赚到钱，还欠了一屁股的债务。事实上，她并不适合做生意，如果在第一次失败之后及时收手，或许她也不会这么惨，她太跟自己较真了，总想着一定要出人头地，结果把自己带入了万劫不复的境地。

人生处处有死角，因此要懂得转弯。有的人太固执，太较真，他们不见棺材不掉泪，不撞南墙不回头。在人生旅途中，这样的人总会多走一些弯路，最后也难以获得成功。为什么一定要看到悲惨的结局才放弃呢？在生活中，不要太较真，理智地放弃才是最聪明的做法，当我们发现前方已经无路可走时，就要学会退却，选择另外一条路，不要等自己撞得头破血流才放弃，这是相当愚蠢的。

当前面已经是死胡同了，为什么不选择退一步，给自己找一个调整的地方呢？当自己重新燃起了信念之火，那我们又可以重新开辟一条新的道路出来。事实证明，善于放弃的人是聪明的，而懂得转弯，更是明智的，他们也是最有可能成功的人。

淡定启示

在生活中，不要太较真，理智地放弃才是最聪明的做法，当我们发现前方已经无路可走时，就要学会退却，选择另外一条路，不要等自己撞得头破血流才放弃，这是相当愚蠢的。

宽恕他人是给自己的机会

俗话说得好，舌头和牙齿没有不打架的。在世界上，只要有人存在的地方就会有矛盾。同样在家庭生活中，也一样会出现矛盾。夫妻两个人在一起生活，自然而然会有很多摩擦，面对这些摩擦，不管是妻子的错，还是丈夫的错，似乎总是没有人愿意主动道歉。

男人觉得向女人低头是一件很不光彩的事，而女人则觉得男人就应该多让着点女人。就这样，矛盾在两个人之间的你推我让中慢慢激化，其实，对于夫妻来说，并没有什么深仇大恨，所以在发生矛盾时，能够主动低头，也并不是不可以。只要在向对方妥协时，掌握好方法，也一样可以保持自己的颜面。

都说男人有大海一样的胸怀，那么在夫妻双方发生矛盾后，男人能够主动妥协，其实也是一种魅力。夫妻双方发生矛盾，妻子表现出不愿与丈夫和解的意愿时，男人向女人妥协，但又不想让自己的颜面扫地，可以选择给妻子买小礼物，或是主动为妻子准备晚饭，以此来暗示妻子，自己已经“缴枪投降”。

李强和赵丽结婚已经快一年了，按理说，刚结婚的人都是新婚燕尔，可是他们两个却不是这样。赵丽人如其名，当初在认识李强之前也有很多人拜倒在她的石榴裙下，可是最后她还是选择了李强。而李强长相平平，个子不高，唯一出彩的地方也就是家庭背景比较好，当然，当初赵丽选择嫁给李强也并不是因为李强的家庭环境。

李强的家人都很喜欢赵丽，尤其是李强的妈妈，她总是对赵丽照顾有加，按理说，这样的家庭应该是人人羡慕的吧，可是赵丽却觉得过得并不是很开心。

李强在认识赵丽之前，曾谈过一个对象，当时两个人也都快到了谈婚论嫁的地步，结果对方反悔跟一个留学生走了。后来李强又认识了赵丽，两个人谈了两三年就结婚了，可结婚后不久，李强以前的那个女朋友又回来了，而且还经常约李强出去吃饭。

其实，李强知道自己已经是结了婚的人了，可是他还是会忍不住出去，毕竟那是他的初恋情人。刚开始，赵丽并不知道，有时候李强下班后不回家，赵丽打电话询问，李强也总说公司有事，可到后来，李强的这种加班越来越频繁，一次无意间，美丽翻看李强的手机，发现了李强和他的前女友联系的事。

当赵丽发现这件事后，她并没有像别的女人那样大吼大叫，而是心平气和地询问了情况。李强告诉赵丽，他的前女友是被人骗了，现在回来后，也没有什么栖身之所，所以这几天他一直在帮她找房子。而且李强还答应赵丽不再见她。

可是没过几天，李强又去和他的初恋女友见面了，按李强的话说是帮那个女孩搬家去了。这一次，赵丽发飙了，她和李强大吵了一架，而且是公说公有理婆说婆有理，最后两个人以冷战结束了争吵。

一连几天，赵丽和李强都互不说话。李强毕竟是男人，而且，他也知道这件事情是他处理得不得当，于是他想和好，可是赵丽总是一副拒人于千里之外的样子。李强想给赵丽道歉，但又觉得面子上过不去，后来李强决定用点心理暗示来向妻子妥协。

于是，李强买了妻子最喜欢的百合花，下班后早早回家，亲自下厨给赵丽做了很多她喜欢吃的菜。等到赵丽下班回家一看，自然心里就明白了。所以两个人就借助这一顿烛光晚餐和好如初了。

家庭生活就是柴米油盐酱醋茶，夫妻两个人在一起生活，总免不了磕磕碰碰，发生矛盾时要及时解决，千万不要让矛盾像滚雪球一样越滚越大。但是在处理矛盾时，也要掌握方法，就像上面说到的李强一样，如果他不懂得妥协，那最终两个人之间的矛盾就会激化。而且，李强在处理矛盾时，掌握的方法也是很有说服力的。李强并没有直接向自己的妻子道歉，而是选择了心理暗示的方法，通过给妻子买鲜花、准备烛光晚餐，以此来向自己的妻子暗示自己妥协，这种方法最后自然会有好的收益。

即使是一个很幸福的家庭，也不可能不存在矛盾。而在矛盾出现时，总得有一方先主动向对方妥协，最终矛盾才可能顺利化解，而在妥协中也同样需要方法。不管是男人还是女人，“对不起”这三个字，似乎在他们的心里分量很重。

发生矛盾时，如果男人想主动妥协，就要通过给妻子买小礼物或是准备丰盛的晚宴这种心理暗示的方法来妥协；而如果是女人想要主动妥协，就要通过给自己的丈夫准备早餐或是预备丈夫准备上班穿的衣服，以此来向丈夫暗示自己的妥协。

淡定启示

家庭生活就是柴米油盐酱醋茶，夫妻两个人在一起生活，总免不了磕磕碰碰，发生矛盾时要及时解决，千万不要让矛盾像滚雪球一样越滚越大。

容得了他人的缺点是成熟的表现

生活中，女人总是看起来天真无邪，是非分明。殊不知任何事情都没有绝对的对错。如果不懂得容纳他人的缺点，把对方逼到死角，那么别人痛苦了，你也会跟着倒霉。尤其是在婚恋中，过分地纠结，无异于自绝后路。

卡莱尔说："一个伟大的人，以他对待小人物的方式，来表达他的伟大。"在一些人看来，小人物身上都是有瑕疵的，他们都不够完美，因为存在着这样或那样的缺点，所以他们注定是小人物。但是，作为一个心态豁达的人，即便他所面对的是一个满身缺点的人，也容得下，也会坦然相对。

生活中，那些有着完美追求、容不下他人缺点的人其实是容易较真的人。他们中的大多数都是完美主义者，刚开始，他们只会苛责自己，不断严格要求，希望自己能变得完美。但渐渐地，他会把对自己的严格要求作为标准来要求身边的人，在他看来，哪怕是一点点缺点，也是不能容忍的。

于是，他们就在苛责自己与别人的过程中痛苦着，因为在这个世界上，并不存在绝对完美的人和事，维纳斯因为断臂，才变得如此美丽，而人也是一样的。人生在世，我们要明白，这个世界是没有完美的，要学会容忍别人的缺点。

安莲和启兵是通过朋友介绍认识的。刚开始见面的时候，启兵给安莲留下的印象并不怎么好，后来她觉得启兵这个人还不错，于是决定跟他试着交往。就在他们接触了两个星期之后的一天下午，启兵和安莲约会的时候恰巧碰上了安莲的一个女朋友和她对象。

于是四个人一起去吃了饭。期间，启兵和安莲朋友的对象非常投缘，于是两个男人要了一瓶白酒。这天，当他们吃完晚饭的时候，启兵已有几分醉意了。那天，天也不早了，于是他们各自回家了。

到了家里之后，启兵彻底醉了，他给安莲打了电话，将安莲狠狠地骂了一顿。当然这些启兵根本不知道。第二天，启兵醒过来之后，给安莲打电话，但安莲不接电话。启兵不知道究竟发生了什么事情。后来，在启兵的一再追问下，安莲才道出了实情。

启兵知道自己做错了事，伤害了安莲。于是这天下午，他精心买了一束玫瑰花，在安莲所在的单位门口耐心地等着安莲。安莲下班后出来的时候，见到了启兵，但她什么话也没有说，而是自己打了个车回了家。

启兵并没有放弃，第二天一早他在安莲路过的路口静静地等待，当他看到安莲的时候，迎了上去，安莲望了他一眼，什么话也没有说。就这样，启兵每天早晨等，下午等，一直坚持了一个星期。

这天早晨，当安莲再次见到启兵的时候，她认认真真地看着启兵，然后接过玫瑰花，扔在了路边的垃圾桶里，然后走过去紧紧地抱住了他。那一刻，启兵哭了，安莲也哭了。他们为对方擦干了眼泪，然后和好如初了。

故事里的启兵因为醉酒说了瞎话，伤害了安莲，让安莲对他产生了极大的偏见。后来经过启兵的一再努力，终于重新赢得了安莲的心，当然，安莲也明白，人无完人，启兵也是一个普通人，也有毛病和缺点，得允许他犯错误、有缺点。也正是因为这个原因，她才选择了原谅和包容。那么，作为女人，要怎样想才能容得下别人的缺点呢？

1.不要计较他人的缺点

俗话说："金无足赤，人无完人。"对于生活中的我们而言，既有优点，也有缺点，这是客观存在的。如果说需要变得完美，那也是尽善尽美，而不能是绝对的完美。因此，对于他人的缺点，我们不能较真，而应抱着宽容的心态对待，这样既放过了自己，又包容了他人。

2.容得下他人的"坏"

当我们觉得自己不能容忍别人身上的缺点的时候，我们应该反省自己：自己身上是否也有同样的缺点呢？既然自己身上也存在，又何必苛求别人呢？所

以，对于他人身上的“坏毛病”，我们要学会容忍，多鼓励，多赞赏，说不定在我们的赞美之下，他的缺点就会渐渐地变成优点。

淡定启示

这个世界上，并不存在绝对完美的人和事，维纳斯因为断臂，才变得如此美丽，人也是一样。人生在世，我们要明白，这个世界是没有完美的，要学会容忍别人的缺点。

半糖主义，让自己活得更美好

有些人谈了恋爱，结了婚便把自己的空间和时间压缩，完全像个狗皮膏药一样，粘在对方的身上，一天24小时，都要跟对方粘在一起。对于女人来说，尤其更甚。这往往压得男人喘不过气来。毕竟一个人的生活中，不仅只有恋人。

压挤男人的私人空间，只能让他们选择逃离。这时候，作为女人，不妨学会点“半糖主义”，除了经营爱情和婚姻之外，还要学着去经营和打理自己的生活。这样，慢慢地你就会发现，你的爱情越来越有滋味，你的生活也越来越有意义。

和俊逸结婚之后，艾菲的生活发生了翻天覆地的变化，昔日的好友约她去逛街，她找借口推辞了，同事找她去聚餐，她一样找借口推辞了。当然借口都是一样的，不是给俊逸做饭，就是去看望俊逸的爸爸、妈妈。时间久了，她渐渐被朋友们淡出了视线。对于艾菲来说，也没有什么不好。总之，她的心思全在丈夫俊逸的身上。

对于妻子艾菲的热情，俊逸非常感动。她放弃了自己的生活，在自己的生活里充当了一个配角，简单点说，俊逸觉得妻子艾菲爱他胜过了爱自己。事实上，确实也是这样的，在艾菲的眼里，俊逸就是她的全部。

可是时间久了，俊逸就觉得非常压抑。上班期间，艾菲总是给他不停地打电话，嘘寒问暖，吃饭的时候又不断地叮嘱他，就连下了班之后，艾菲也一个劲地催他回家。三分钟一个电话，五分钟一个电话，询问他的位置。更让他要命的是，昔日的好朋友一起聚会，艾菲总是一个不落地要参加。很多时候，因为她的存在，朋友们之间都不能尽兴。

后来，俊逸忍无可忍，狠狠地跟艾菲吵了一架。直到那个时候，艾菲才意识到自己的爱太过沉重，让俊逸已经到了忍受不了的地步，她知道俊逸很爱她，几乎没有跟她发过脾气，可是这一次，俊逸非常愤怒。

明白了这一切之后的艾菲重新开始打理自己的生活。她主动给以前的朋友打电话，精心打理和安排自己的生活。慢慢地，她发现，自己的生活也可以多姿多彩。而正是因为少了很多对俊逸的关心，反而得到了丈夫的关怀。

现在的艾菲再也不在家里等着俊逸回来了。而是一有时间就和朋友、同事逛街购物。她再也不有事没事给俊逸打电话了，而是去关心她的亲戚朋友。但两人的关系并没有因为彼此的忽视而疏远，相反正是因为忽视，才尊重了对方，给了别人自由，两人的感情更加甜蜜。

故事中的艾菲在结婚之后，把所有的精力都投入到了丈夫俊逸的身上，在贪婪的爱的同时，却给了俊逸极大的压力。后来，艾菲明白了爱情和婚姻要使用些“半糖主义”，要给对方空间。由此可见，爱情并不是你付出的越多就越好，在你付出的同时，也要考虑对方能否接受，也要给对方付出的机会。那么，在婚恋中，如何才能做到“半糖主义”，甩掉婚恋中的依赖心理呢？

1. 要有自己的生活

即使结了婚，也还是两个独立的人。所以，要学会精心设计和打理自己的

生活。要有自己的朋友和社交圈子。这样，你在经营生活的同时，也能经营好爱情和婚姻。毕竟爱情和婚姻不是一个人的全部。用婚姻把自己或者对方的生活完全隔离在两个人的世界里，无疑对谁都是不公平的，也是不健康的。

2. 付出一定要适度

有些人觉得自己恋爱了，结婚了，就要一心一意，认真地去对待对方。当然这样的想法没有错。你对爱情和婚姻的付出也是值得肯定的。但是，凡事都有个度，过犹不及。如果你的付出让你的另外一半感觉到快乐和幸福，就是值得的。如果对方感觉到的是痛苦，你就要有所收敛，因为对方承受不起。

3. 给对方独立的空间

爱情，包括婚姻不是占有。两人确定了关系，并走进了婚姻的殿堂，说明你们彼此是对方生命中最重要的那个人，但是并不是对方的全部。对方还有朋友，还有亲人，还需要和社会上形形色色的人打交道。如果你不给对方足够的独立空间，那么别人就会因为你的爱而背负沉重的心理包袱。你的过度依赖会让别人窒息。

4. 尊重对方的隐私

还有一种错误的认识，就是觉得在一起了，两个人之间就应该互相信任。但是信任并不代表对方在你的面前没有隐私。有些事或许不方便你知道，更有可能的是你不能知道。如果你觉得对方不告诉你就是不信任你，那么无疑你的注意力、你的生活完全会被对方左右。对方也会因忍受不了你的控制而选择逃离。

淡定启示

毕竟爱情和婚姻并不是一个人的全部。用婚姻把自己或者对方的生活完全隔离在两个人的世界里，无疑对谁都是不公平的，也是不健康的。

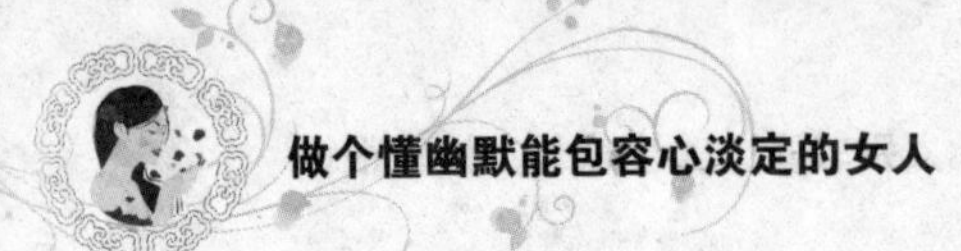

和往事纠结是自我伤害

任何人都无法跟历史断裂。关键在于看你对待往事的态度，如果总是在往事上纠结，生活在历史的阴影里，那么我们在哀伤昨天的伤悲时，也会错过今天的风景，更会让明天的太阳蒙上乌云。学会放下，懂得忘却，才能把今天的日子过得更好。尤其是女人，更要学会宽恕自己，不要和往事纠缠不休。

一个人要想赢得幸福，就应该跟过去的事情说再见。对于那些已经过去的事情，如果你总是处处较真，耿耿于怀，你就只能生活在过去，无法从痛苦记忆中走出。生活中，那些较真的人很容易陷入消极情绪的纠缠中，对于早已经发生的事情，他们总会时不时地想起，本来心情还蛮不错，但只要想到过去，就好像陷入了泥潭，难以挣脱出来。在回忆过往的时候，他们会一个人悲伤落泪，一个人暗自神伤，最后搞得身心疲惫。

两个人在一起若是想要过上幸福的生活，双方就都应该忘记过去，不仅仅是自己的过去，还有对方的过去。有的人很容易与自己过去的经历分割开，但却把对方的过去揪住不放。谁都有过去，即便两个人走到了一起，也不能保证对方的过去就是一片空白，他也有他的故事。

然而，正因为每个人都有过去，那些为爱疯狂的人，才很容易就会想起对方过去有着怎么样的故事，在他的生命里还有一位怎么样的主角。越是好奇，就越是追问，可等他听完了整个故事，却再也快乐不起来，因为他总是在想对方过去的事情，总在纠结过去的一点点事情，最终使得两个人之间出现了隔阂。其实，想要一段感情走得更远，就不应该与过去的事情纠缠不休，因为这不仅仅是在折磨自己，同时也是在折磨对方。

著名的科学家居里夫人年轻的时候，非常好学。可是由于家境贫寒，她初中毕业之后，不得不放弃去巴黎上大学的机会。为了挣钱贴补家用，经人介绍她来到了一家贵族家庭当家庭教师。

这家贵族有一个大公子，叫卡西密尔，他和玛丽亚年龄相差无几，而且很能和她聊得来，于是在相处当中，两人坠入了爱河。一段时间之后，两人打算结婚。当卡西密尔父母得知后表示强烈反对，尽管他们知道玛丽亚聪明伶俐、品性极优。

可是他们觉得玛丽亚家境贫寒，与他们家门不当户不对。一开始，卡西密尔非常坚决地要娶玛丽亚。可是后来，多次交谈都没有结果，卡西密尔的父亲大发雷霆，母亲则几乎晕了过去。卡西密尔的决心渐渐地发生了变化。

就这样，玛丽亚陷入到失恋的痛苦中无力自拔，她曾经一度有过自杀殉情的念头，可是后来她并没有那么做。她把主要的精力转移到了学习中去，而且还帮助当地的贫困农民家的孩子学习。三年的时间很快就过去了，玛丽亚找到了卡西密尔，和他进行了一次深谈。可是直到这时候，卡西密尔依然犹豫不决，没有做出明确的决定。

于是，玛丽亚毅然决然放弃了这段感情。她用这三年的时间攒的钱去巴黎求学。在那里，她不但学到了精深的知识，而且遇到了她真正的幸福。

故事中的居里夫人在遭遇到感情的挫折之后，迅速地调整心态，积极面对生活，终于在不懈努力下，在事业和爱情上取得了收获。谁没有过去呢？如果过去的事情对于我们而言是难过的，就更应该忘记过去，因为只有忘记了，才会重新出发，开始新的未来。对于过去，我们要看得开，一段感情没有了，就去寻找新的寄托。如果自己曾经犯下了某些错误，就应该选择另外一条宽阔的道路，这才是上上之策。沉浸于过去，只会给自己未来的生活蒙上阴影；忘记过去，我们才能更好地开始新的生活。

1.不要为过去而较真

一个人不要苛责自己，尤其是不要苛责自己的情绪，比如计较曾经的错误。一旦陷入这个泥潭，你所损失的不仅仅是健康的身体，还有美好的心情。一个人如果长期活在过去的痛苦中，是没办法感受到快乐和幸福的。因此，在感情中，不要太过苛责自己，何必让曾经的错误来折磨自己呢？

2.忘记过去，才能重新开始

一个人如果总是沉浸在过去，就会拒绝新生活的开始，总是纠结于过去，跟自己较真，就是折磨自己。既然过去已经被贴上了曾经的标签，就意味着那已经是陈年旧事，纠结于这样的事情有什么用呢？只有忘记过去，我们才能重新开始，赢得幸福的生活。

淡定启示

谁没有过去呢？如果过去的事情对于我们而言是难过的，就更应该忘记，因为只有忘记了，才会重新出发，开始新的未来。

第13章　女人莫迷茫，禁住诱惑、耐住寂寞

女人需要被人疼，被人爱，需要被这个世界宠，需要被生活的甜蜜所围绕。然而，生活并不是到处充满鲜花和祝福。物欲横流的世界，到处充满了诱惑，这往往让很多女人在追求幸福的同时迷失自我。等到繁华散去，才发现自己已经被现实侵蚀得面目全非，这时候的你会痛苦吗？会悲伤吗？抑或是痛恨呢？作为女人，避免不了诱惑，问题是你真的能抵住诱惑，耐得住寂寞吗？在这一章，你将跟随我的目光去看透世界的面目，了解心灵的真谛。

女人要独处去触摸灵魂

很多女人在平日里都非常忙碌，她们忙着工作，忙着约会。很少有时间来思考，结果往往在她们得到了追求的东西之后才发现，自己并不需要。而在这个过程中却错过了真正需要的。这时候，常常是最痛苦的时候。因为很多时候，有些东西失去了便不可能重来。因此，对于一个聪明的女人来说，不要忙着去追求，而是应该给自己留出一定的时间来思考。

挪威航海家弗里德持乔夫·南森说：“人生的第一大事是发现自己，因此，人们必须不时孤独和沉思。”是啊，作为女人，只有学会适时独处，才会

发现真正的自我，学会聆听自己的心声，才能更加从容地上路。

大学毕业之后，邓娜并没有听父母的劝告，回家去寻找一份稳定的工作。她觉得稳定就意味着平淡，自己还年轻，与其在一个平淡的岗位上等死，还不如努力去奋斗，去拼搏，去创造自己的天空。

于是，她留在了北京。可是整整10年过去了，她的职位是提升了，做了销售主管，工资待遇也提高了，每个月也有五六千。可是她的内心却非常空虚。过年回家，她突然发现爸爸、妈妈脸上的皱纹多了很多，头发也白了很多。突然间，她感觉到特别难过，扑在妈妈的怀里哭了起来。

在家里的这段日子，邓娜每天晚上都睡不着觉。她翻来覆去地想了很多：自己究竟在追求什么呢？对于自己来说，这辈子活着究竟是为了什么呢？自己是不是真的错了呢？自己对父母是不是亏欠得太多了。她越想越难过，好几次偷偷都哭了。

过完年之后，邓娜回到北京，辞去了在别人看来得来不易的工作，毅然决然地回到了家里。她终于明白了，其实人这一辈子活着的时间也就那么多，父母的年龄一天天地大了，这就意味着自己和他们待在一起的时间越来越少了。作为女人，她应该抓紧时间为父母做点事情了。

回到家里之后，邓娜并没有追求所谓的稳定工作。而是在一个企业里找了一份工作。尽管很辛苦，但是却能跟爸爸妈妈生活在一起，每天看着他们的身影，听听他们的唠叨，还能亲自下厨为他们做可口的饭菜，一家人团聚在一起，其乐融融。她觉得这才是她想要的。

没过多久，她找到了自己幸福的归宿。结婚那天，她依偎在妈妈的怀里痛痛快快地大哭了一场。要和爸爸妈妈分开了，她心里是那么不舍。尽管她嫁出去之后，离家并不远，但是却觉得像永别一样。

结婚后，邓娜大多数的时间还是在和爸爸妈妈在一起生活，照顾他们的饮食起居，陪他们聊天。邓娜有了自己的归宿，也让爸爸妈妈了却了心愿。因

此，老人的精神也好了很多。

故事里的邓娜在大学毕业之后，为了追求自己的梦想，而忽略了父母的情感。等她猛然间发现父母已经年老了的时候，感觉到心里难过，随后，她给自己留了充足的时间去思考自己何去何从。最终她做出了决定，回到了家里，选择了和父母生活在一起。可见，人有的时候，需要时间去思考，需要时间去审视自己。这样，才能让他们做出更为正确的决定，走更适合他们应该走的路。

的确，我们不是在喧嚷中认识自己，也不是在人群之中认识自己，而恰恰是在寂寞的时刻认识自己，于独居的时刻认识自己，犹如深夜的月光洒落在纯净无瑕的玻璃之上。任何一个拥有自我的人，都能做到静静地倾听自己内心的声音，以此认识到自己不为人知的另一面，这一面或许是为人处世中的不足与优势，或许是某种特长，但无论是哪一方面，只要我们能及时探究出，就会有利于自身的发展。

闹市中的人们是听不到自己心底的声音的，然而，不难发现的一点是，我们生活的周围，一些人却把命运交付在别人手上，或者人云亦云，盲目跟风，他们忽视了自己的内在潜力，看不到自身的强大力量，甚至不知道自己到底需要什么，不知道未来的路在哪里，于是，他们浑浑噩噩地度过每一天，一直从事着自己并不擅长的工作和事业，以至于一直无所成就。因此，我们要做到的是倾听自己内在良知的声音，寻找到属于自己的人生意义，然后勇往直前坚持到底。

任何一个人，只有学会倾听自己内心真的声音，才可能不断挖掘出自身发展过程中不足的部分。面对激烈的竞争，面对瞬息万变的环境，那些不愿意反省自己或者不愿意及时改正错误的人，必将面临衰败的结局。同时，在快节奏的信息社会中，一个人如果不能及时察觉自身的缺点，不能用最快的速度修正自己的发展方向，也必然会在学业和事业中落伍，被无情的竞争所淘汰。

在独处时，我们能从人群和烦琐的事务中抽身出来，这时候，我们独自面对自己和上帝，开始了理智与心灵最本真的对话。诚然，与别人谈古论今、闲话家常能帮我们排遣内心的寂寞，但唯有与自己的心灵对话、感受自己的人生时，才会有真正的心灵感悟。和别人一起游山玩水，那只是旅游；唯有自己独自面对苍茫的群山和大海之时，才会真正感受到与大自然的沟通。

总之，作为女人，只有学会和自己独处，心灵才能得到净化。独处是灵魂生长的必要空间，只有静下心来，才能回归自我。心灵有家，生命才有路。只有学会和自己独处，心灵才会洁净，心智才会成熟，心胸才会宽广。

淡定启示

我们不是在喧嚷中认识自己，也不是在人群之中认识自己，而恰恰是在寂寞的时刻认识自己，于独居的时刻认识自己，犹如深夜的月光洒落在纯净无瑕的玻璃之上。

女人千万不能被虚荣所害

女人的虚荣心非常强，总是喜欢攀比，常常觉得生活中这个也没有，那个也没有，这样往往会影响对婚姻的满足程度，甚至还会影响夫妻之间的感情。如果你足够聪明，多看看自己拥有的，就会发现其实你已经很富有了，你对你的丈夫、对你的婚姻的满足程度会大大地增加。

美丽是上个月结婚的，丈夫刚子是一家外企的主管，刚刚结婚后不到半个月，刚子就被派往另外一个城市去做分部的经理。丈夫得到了升迁，美丽非常

高兴，尽管是新婚燕尔，她还是满心欢喜地把丈夫送到了外地。

平日里下班后，美丽除了给老公打电话续相思之情外，便没别的事情可做，于是她又找了很多闺蜜，一起聊天，一起吃饭。一群结了婚的女人在一起，聊的最多的话题便是她们的老公了。

这天，她们又在一起闲聊，突然铃声大作，雯雯的电话响了起来，接通后，是她的老公打过来的，雯雯的老公在电话里温柔地问道："亲爱的，你在哪里啊，什么时候回来啊？"

两人越说越肉麻，这时候美丽在边上说："行了，行了，想亲热回去了再开始么，让人听着多肉麻啊！"

说着，几个姐妹们哄堂大笑了起来。

雯雯挂了电话，幸福地说："我老公每天都特别黏我，早晨送我到公司，下午按时来接，一天不停地打电话，烦死了。"说完，幸福地笑了起来。

这时候，小青也说："我老公也是，每天中午非要去找我，我就说嘛，一上午不见，有那么想吗。呵呵呵。"

慧慧说："我老公不会这么黏我，不过他倒是每天叮嘱我穿暖，吃饱，尤其是他做的饭，那真是人间美味啊。每天换着法给我做好的，我真是上辈子修了哪门子的福啊。"说完，也笑了起来。

美丽越听越不舒服，想想自己，结婚刚刚半个月，刚子就去了外地，两个人几个月都见不上一面，每天晚上独守空房，结了婚跟没有结婚一样，没人疼，没人爱的。不要说做好吃的给自己了，每天连个电话也不打过来，都要自己打过去。她越想越不平衡。

第二天，她没有给刚子打电话，晚上12点了，刚子打了过来，美丽没好气地说："你还知道给我打个电话啊，我是你什么人啊。"

刚子不知道究竟发生了什么事情，焦急地问："怎么了啊？"

美丽冷冷地说："没怎么，你还有什么事吗？没事我挂电话了。"说完便挂了电话。

之后，刚子不断地打过来，美丽索性关了机。

故事里的美丽在和姐妹们聊天的时候，听到她们在说老公对她们多么的好，让美丽联想到了自己，她感到内心的不满足，继而在和老公刚子的相处中，开始不断地抱怨了。如果她看看刚子和姐妹们老公的成就，或许她就会得到心理上的慰藉和满足。可见，作为女人，有虚荣心是可以理解的，但是如果你总是看到自己没有的，而忽略了自己拥有的，那么你的婚姻和情感势必要受到影响了。那么，作为女人，如何才能看到自己拥有的，而不去看自己没有的呢？

1. 不要和别人盲目攀比

很多女人在一起，往往会互相比较，以满足她们的虚荣心。有的女人在别人面前秀自己的感情，有的女人则是在秀自己的财富，等等。作为女人，如果你足够聪明，就不要随便和别人去盲目地攀比。你要明白，任何人的婚姻都不可能一样，你有的别人未必有，你要发现自己的优势所在。这样你就不会去抱怨，不会伤害到你和老公的情感。

2. 要相信老公更要相信你自己

要相信自己，你的婚姻是世界上最幸福的。如果连你都感觉不到幸福，别人又怎么会觉得你幸福呢。事实上，幸福与否只有你自己知道。或许别人有的，你的老公给不了。但是他或许能给你别人没有的东西。比如说，物质条件不大好，但是他却很爱很爱你。或者不能每天陪你，但是他却能给你身份和荣耀，等等。

3. 一定要有一颗知足的心

任何人的婚姻，都不可能是完美的。当然如果你有一颗知足的心，你就会觉得你的丈夫是最好的男人，你的婚姻是最完美的婚姻。如果你总是看到别人拥有的，而忽略了自己拥有的，那么你就会跟故事中的美丽一样，会对你的丈

夫不满，会对你的婚姻不满，这样自然会给你们的感情带来冲击。

4. 学会发现你的婚姻的美

任何人的婚姻都是不一样的。有的人可能物质条件很好，可是两人的感情却不怎么融洽，有些人可能事业发展不好，可是两人配合却非常默契。所以，作为女人，既然选择了这个男人，选择了这段婚姻，就自然有你喜欢和欣赏的地方。不妨多去问问自己的心，你婚姻中的美在哪里，这样你就不会抱怨了，而是感到幸福。

淡定启示

要相信自己，你的婚姻是世界上最幸福的。如果连你都感觉不到幸福，别人又怎么会觉得你幸福呢。事实上，幸福与否只有你自己知道。

不要被炽烈的欲念灼伤

人的欲望永远没有止境。如果一味地被欲望控制，不但无法享受成功的喜悦，还会因为欲望高，想得到的不容易而身心疲惫，饱受内心的煎熬。作为女人，有欲望不是坏事，但是千万不要被欲望所俘虏，要适当地调整自己的心态，让自己轻松地生活。

欲望是一把双刃剑，一方面推动了人类的进步；一方面把人类带进了万劫不复的深渊。尤其在当代社会，人们心中的欲望更是达到了无以复加的地步。人们常常被欲望刺激得兴奋异常，每当看见有钱人挥金如土的生活就血脉贲张。人们幻想着得到金钱、美女、豪宅和权力，从来不想着施舍、救济和放弃。可现实让我们贫穷，这个矛盾让人们感到忧愁和不安，人们生活得好累。

雯琦是一个非常能干的女孩，大学期间，她便是学生会的主席，工作之后更是如此，不但常常加班到深夜，而且一个人要做几个人的工作。因此，进入公司后的第二年便当上了销售经理，这着实让很多人羡慕。

按理说，刚刚毕业第二年就能到这个位置，已经是相当不错了。可是雯琦还是在不久前辞了职。按照她的说法，她不想永远给别人打工，她要开自己的公司。于是在她辞职后的日子里，她便不断地搜集各方面的信息，为自己创业做准备。

可是，创业并不那么简单，尤其是对于她这样刚毕业没多久的大学生，更是难上加难。不但没有基础的创业资金，没有丰富的社会经验，更主要的是她连自己究竟要做哪一行都不知道。

就这样，辞职后，雯琦一方面积极筹集资金，一方面不断地到处跑着考察项目。后来，在一家网站上，看到加盟灯饰投资小，利润大，很适合自己做。于是将自己设法筹措来的5万块钱投了进去。

由于雯琦不懂门店销售，再加上她对灯饰的保养和安装懂得不多，开业没多久，生意就陷入了僵局，加盟商发过来的灯质量和款式有问题，根本卖不出去。之前所做的所有承诺，都成了过往烟云。她的第一次创业就这么草草地收场了，这一次，她欠下了一屁股的债。为此，雯琦压力倍增，整天垂头丧气。

尽管如此，雯琦依旧没有吸取足够的经验和教训，还日夜想着要创业，要发展自己的事业。刚好这个时候，家里有了一笔拆迁款，于是雯琦愣是缠着父母拿出了10万元钱，在老家承包了几亩地，办起了乌鸡养殖。

可是她对养殖一窍不通。养殖场办起来不到三个月，就再次陷入了危机，由于不懂防疫，眼看着马上要出笼的乌鸡成批地死去，雯琦却没有一点办法。这一次，她投入的10万元再次打了水漂。

从那以后，雯琦整天唉声叹气，阴沉着脸，她之前是多么阳光的一个女孩

子，就因为想要当大老板的欲望太强，结果被欲望折磨得痛不欲生。她每天想着如何做自己的事业，如何赚钱，整整一年了，从来没有开心过。

可见，在生活中，我们一定要及时放下无法背负的欲望，轻松快乐地生活，说不定你会获得更有价值的东西。当然，这并不是一般人能够做到的。

各种各样的欲望摧残着人们的身心，为了赚钱人们放弃了睡眠，放弃了娱乐，放弃了一切感受生活美的时间，为了权力，人们投机行贿，行走在法律的边缘，甚至铤而走险，践踏生命。为了一切能达到的欲望，人们无所不为，甚至无恶不作，而且穷奢极欲，不惜一切代价。即使这些欲望得到了满足，又觉得痛苦难受。或者他们发现这些东西并不是自己想要的。欲望让人们迷失了本性，可是在追逐欲望的过程中，人们从来没得到过快乐和满足，甚至很痛苦。

人不能没有欲望，因为没有欲望就没有前进的动力，但是欲望太强，就会让人失去自我，被心魔所控制，继而为了满足欲望而不择手段。贪得无厌的欲望是无止境的深渊，满足了一个欲望，你的心并不会满足，又会产生新的欲望。这样你就永远生活在欲望的阴影之下，永远得不到快乐，也不会感觉到幸福。

适当地放弃一些欲望，彻底摈弃贪欲才是快乐生活之道。

贪婪是不幸的根源，要想获得幸福和快乐，就必须控制贪欲。让自己在正确的价值引导下去努力和追求幸福。对付贪欲的最有效方法就是学会放弃，放弃一切让你感觉到不开心的欲念，放弃那些压力过大，而且不可能的追求。这样一来，你就有时间去追求自己喜欢的东西，过自己想要过的生活。

人的欲望是没有止境的，如果不及时放弃一些想法，你的身上和心灵背负的东西就会越来越沉重，快乐就真的离你而去了，因此要学会自我放弃、自我解脱，保持一颗平常心。少一点欲望，才能多一些快乐。

淡定启示

人的欲望是没有止境的，如果不及时放弃一些想法，你的身上和心灵背负的东西就会越来越沉重，快乐就真的离你而去了，因此要学会自我放弃、自我解脱，保持一颗平常心。少一点欲望，才能多一些快乐。

聪明女人晓得围城内外

很多时候，人们都说，婚姻如围城，结了婚就走进了这个城堡。对于女人来说，走进了这个城堡就意味着要收心，要承当相应的责任。与城堡外的人以及与别的城堡内的人交往要懂得一些艺术。同时，在与城堡内的人交往时也要懂一些艺术，也就是说，在尽自己义务的同时，也要捍卫自己的权利。

对于美扬来说，现在的生活可谓是一团糟。按理说，结了婚，生活应该变得简单了。可是她这个婚结的却让她痛苦不堪，从一个旋涡里跳出来，却又陷入了另外一个旋涡。

结婚之前，美扬的追求者很多，但是她只对两个男人有好感，一个叫华子，是她的同事，平日里对她可谓关怀备至，而且又懂得浪漫，爱说甜言蜜语，跟她在一起，美扬非常开心，生活和工作中少了很多麻烦，多了很多温情。

另一个男人叫孟楠，除了人长得比较帅气外，还有自己独立经营的一家公司，他对美扬也是情有独钟，经常带她出去旅游，而且还给她送了很多特别漂亮的礼物，这让美扬的虚荣心得到了极大的满足。

后来，孟楠在一次旅游途中，向她求婚了。尽管美扬没有做出明确的答

复，但是在孟楠拥抱和亲吻她的时候，她并没有拒绝。于是在那次旅游途中，她把自己交付给了孟楠。旅游回来之后，他们便结婚了。

结婚后，她对华子的情感并没有放下，而且依然和华子保持着暧昧的关系。经常和华子约会，而且也没有拒绝和华子拥抱和接吻。一次，华子约她一起吃晚饭。那晚他们喝了很多的酒。她和华子也发生了关系。

第二天，美扬回到家之后，孟楠跟她认真地交谈了一次。她对孟楠也比较坦诚，将发生的事情一五一十地告诉了孟楠，孟楠非常痛苦，但是他还是深深地爱着美扬。于是他表示，只要美扬跟华子断绝了关系，他就当什么事情也没有发生过，依然好好爱她。可是，整整一个礼拜过去了，美扬并没有给孟楠一个答复，而且好几天晚上和华子都在一起。

那一个礼拜，孟楠没有回家。他想给美扬一个独立的空间，让她去思考去选择。由于心情郁闷，他和好朋友于娜一起去喝酒。谁知道，于娜一直很喜欢孟楠。在孟楠喝醉酒的时候，她把自己给了孟楠。

第二个礼拜，孟楠依旧没有回家。这时候，美扬不停地给孟楠打电话，当她在孟楠的公司看到丈夫跟别的女人亲近之后，她歇斯底里地扑上去，狠狠地给了于娜两个耳光。从那之后，她每天和华子约会，又去监视孟楠。

故事中的美扬结了婚，可是却不收心，不懂艺术，跟华子的交往出了问题。同时在处理与丈夫关系的时候，又不懂得艺术，极端自私。因此，对于女人来说，婚姻就是围城，在结婚之前一定要想清楚，既然要选择走进这个城堡，就要尽一定的责任，对婚姻负责。同时也要跟老公处理好关系，捍卫好自己的婚姻。如果婚外婚内的关系处理不好，只能是乱上加乱。那么，作为女人，如何用一些艺术来处理好婚内婚外的关系呢？

1. 结婚后要拒绝别的追求者

生活中，很多女人在结婚前都有很多的追求者，甚至结婚的时候都不知道究竟该怎么选择。但是，尽管如此，既然做了选择，结了婚，就要拒绝别的追求者。或许你还是很喜欢对方，但是你要明白你的情感只能给你的丈夫。因为你入了围城，就意味着你没有了别的选择。否则你伤害的是你老公，伤害的是你的婚姻。最终只能自食恶果。

2. 和异性接触、交往保持距离

既然结了婚，就对你的老公有了责任，要对他的情感负责任。如果你在跟别的男人交往的时候，不注意保持距离，那么对你的老公来说，是极端残忍的。尽管你们之间可能只是朋友，可是却增大了你老公内心的不安全感。这样，对于你们的夫妻情感建设来说，无疑是个巨大的损害。因此，作为已婚女人，一定要注意这一点。

3. 跟老公保持好情感的沟通

你对老公有责任，同样，你的老公也对你有责任。平日里，多和他进行情感的沟通，多交心。这样，有利于帮助你的老公尽他应该尽的责任，捍卫好你们的婚姻。如果平日里你总是对他爱答不理，或者不和他沟通、交流，这样会让他感觉到孤独，对你失去兴趣，对婚姻失去信心，很容易出问题。因此，对于已婚女人来说，一定要多关注老公的情感。

4. 要给老公一定的私人空间

在和老公进行沟通和交流、加强情感建设的时候，也要给他一定的私人空间。否则会把他压得喘不过气来。让他开始逃避你。这样，尽管对你来说是在表达情感，但是你的爱却成为了老公的压力。就如同你手里抓一把沙子，越是捏得紧，沙子越会流走，越松开手，越能留住。

淡定启示

对于女人来说，婚姻就是围城，在结婚之前一定要想清楚，既然选择走进这个城堡，就要尽一定的责任，对婚姻负责。

幸福感与名利无关

为了活着，我们每天都在忙碌，忙着赚钱，忙着功成名就，从来不去思考为什么？遇到困难我们努力克服，遭遇失败我们奋勇爬起，可是在这条路上走来走去，最终却迷失了自己。被大多数人推崇的成功真的是有意义的吗？这一路上如此艰辛真的是你所想要的吗？事实上，并非全是。

很多人得到了名利之后才发现，自己并不需要，所以并不幸福。而在这个过程中却错过了真正需要的。这时候常常是最痛苦的时候。因为很多时候，有些东西失去了便不可能重来。因此，对于一个聪明的人来说，不要忙着去追求，应该给自己留出一定的时间来思考。

1. 忙碌之余抽出时间来面对自己

对于很多要强的女人来说，为了比别人生活得好，往往每天都很忙碌，忙着挣钱。很少有时间面对自己。这样一来，她们就根本没有时间来思考。在无形之中，失去了自我。因此，对于女人来说，追求自我并没有错，但是也要抽时间来面对自己的心。看清楚你所追求的是否真的能实现自我的超越，是否真的如你想象的那样有价值、有意义。

2. 不妨给自己一些独处的时间

生活中，我们都在为了生存和发展不断地拼搏着，白天面对同事、领导以及客户，跟他们相处，晚上回家又是跟丈夫、孩子相处。很多女人根本没有独处的时间，自然没有工夫来思考。这样，时间久了，会让女人偏离生活的坐标。因此，对于女人来说，在工作和生活之余要给自己留一些独处的时间去思考。

3. 时常对自己进行深刻的反思

对于每天忙忙碌碌的女人来说，她认为自己所走的路、所做的努力都是正确的。但是，如果有时间，她们对自己进行深刻的反思之后，才会发现，或许并非如此。在自己追求所谓的梦想的同时，也失去了很多最为宝贵的东西。比如亲情、友谊。如果生活中没有了这些情感，活着还有什么意思呢？

4. 千万别拿自己当生活的机器

有很多女人，对待生活非常认真，每天都有自己的日程安排。为了生活，辛辛苦苦地奔波着。这样慢慢地，就会变成生活的机器。为了生活而生活，为了工作而工作。而实际上，对于我们大多数人来说，工作是为了更好地生活。如果失去了生活的本质，那么你的辛劳奔波便失去了意义和价值。

淡定启示

对于女人来说，追求自我并没有错，但是也要抽出时间来面对自己的心。看清楚你所追求的是否真的能实现自我的超越，是否真的如你想象的那样有价值、有意义。

别被浮华繁华所愚蒙

花花世界，我们看到了繁华，看到了被物欲累积起来的天堂。于是人们拼命地追求，想要得到，得到金钱，得到美女，得到浮华世界的认可，然而，在这个过程中，我们却忘却了活着的初衷，迷失了前进的道路，尤其是很多女人，迷失在这浮华的世界里，不能自拔。

大多数人都有很强的虚荣心，总是希望在别人面前表现得优越一些，因而常常追求很多虚假的东西，而实际上这些虚荣对她们并没有多大的实际意义。在这样的虚荣之下，人往往戴着面具生活，活得非常的累。对于我们来说，不如斩掉虚荣，摘掉面具，生活得简单一些，真实一些。真实的人往往更容易被

别人欣赏和接纳。

在经历了一场歇斯底里的爱情之后，男友最终抛弃了慧文，跟一个富二代小姐结婚了，这让慧文大受刺激，她发誓绝对不会去爱了。随着年龄的增大，在亲戚朋友的介绍下，她认识了现在的丈夫，没过多久就结婚了。

但是，慧文生活得并不幸福，事实上，她和丈夫之间并没有多少感情。即便是在结婚前后，她谈的更多的也是金钱。用慧文自己的话说，别跟我谈感情，早戒了。不如多谈点物质，我们都是物质的人，生活在物质当中，这并没错。

事实上，她是这么说的，也是这么做的，结婚没几天，她便闹上了。因为当初结婚时，丈夫曾答应给她买辆小轿车，可是结婚之后丈夫却没有立即兑现。她要丈夫马上给她兑现，否则就要离婚。无奈之下，丈夫只好硬着头皮，四处借钱，给她买了一辆小轿车。

在外人看来，慧文出门进门都有小轿车开是多么风光的一件事，而且时不时约上朋友四处兜风，可她每个月打工才挣2000多块，这点工资，根本不够她给小轿车加油。再加上她要吃好穿好，给本就收入不高的丈夫带来了很大的压力。

时间一长，丈夫便受不了了。因为家里的开支已经让他焦头烂额了，而且有了小孩，花销更是大得惊人，又要照顾老人，又要照顾孩子。每个月的那点工资根本不够开销。慧文还要在车上花去一大笔。为此，两口子经常吵架、打架。

慧文拿出自己的撒手锏，动不动就撒泼，丈夫是个老实巴交的人，哪里是她的对手。经常纠结，丈夫便常常不回家。几个月之后，慧文得知丈夫在外面有了别的女人。这时候的她才意识到自己活得是多么的虚假了。

为了维持婚姻，她不得不选择了妥协，在给丈夫真诚地道歉之后，她把用来炫耀的私家车卖掉了。这一下家里节省了很大的一笔开支。丈夫也回心转意，对她也比之前好多了。现在的慧文活得真实的多，每天按时上班，和丈夫一起经营婚姻，照顾孩子。

两口子的感情也得到了很大的弥补，生活也渐渐地好了起来。丈夫时不时地还会带她和孩子出去旅游。这时候，她才真实地感觉到什么是幸福。

故事里的慧文为了满足自己的虚荣心，逼着丈夫为她买车，为她付燃油费，结果把丈夫逼到了别的女人的怀里，危及了婚姻和家庭。后来，她毅然决然地斩掉虚荣心，活得简单而又满足，挽回了丈夫的心，捍卫了自己的婚姻。可见，对于我们来说，虚荣的东西毕竟无法与现实生活相融合。要想得到幸福，就要斩掉虚荣，做单纯而又真实的自己。那么，作为女人，如何做到这一点呢?

1. 想清楚你所追求的是什么?

对于很多人来说，她自己并不知道追求的是什么。她只是希望自己绝对不能比别人差。见别人开好车，自己也要开，见别人穿名牌，自己也要穿。事实上，当她开上好车，穿上名牌之后，一定会感觉到快乐吗？未必。相反，你会因为追求虚荣，而生活在套子里，感觉到累和痛苦。所以，在满足虚荣心的时候，一定要明白，你所追求的到底是什么。

2. 不妨真实地面对你自己

在追求虚荣的时候，人往往会迷失掉自己。尤其是女人，总是爱和别人攀比，别人有的东西，她也要，可是实际上，她真的需要吗？作为女人，当生活在别人的生活里的时候，你会因为失去自我而感到痛苦。因此，在你追求虚荣的时候，不妨真实地面对自己，看清楚隐藏在面具后面的你是什么样子的。

3. 看清楚什么对你才最重要

一个人活着，就要活得明明白白。弄清楚什么对你才是最重要的。在婚姻中，在家庭中，在你的一生中，到底你在追求什么？是追求幸福呢，还是追求物质呢？是为了捍卫家庭放弃虚荣呢？还是在虚荣心的驱使下，放弃婚姻呢?

我想，只要你不是太笨，就应该明白什么对你才是最重要的。

4. 在追求时别忘了你的能力

有的人虚荣心很强，别人开好车，穿名牌，她也要跟着去学。可是，你却忘了，别人开好车，穿名牌，人家的收入每天一万，而你每天才收入一百块。你凭什么去跟别人攀比呢？因此，对于一个聪明的人来说，在追求虚荣的时候，别忘了看一看真实的你是什么样子的，有没有这个能力。如果没有，趁早打住你那些不切合实际的念头。

淡定启示

对于我们来说，虚荣的东西毕竟无法与现实生活相融合。要想得到幸福，就要斩掉虚荣，做单纯而又真实的自己。

第14章　女人要淡定，不烦不躁，便是晴天

生活总是让人在手足无措的不经意间开始，遇到幸福，受到伤害。我们不能事事遂愿，总是在不断纠结。尤其是女人，不管遇到大事小事，总是被情绪所左右，哀伤和嚎哭，甚至冲动而犯下无法原谅的错误。事实上，这正是女人致命的软肋。如果这时候，能多一些淡定，多一些理智，多一些思考，或许就会巧妙地化解生活中的很多问题。世界如此美好，作为女人，为何不能淡定一些呢？在这一章，我们一起来领悟生活，获得心灵的启迪吧。

嫉妒是毁灭美好情感的毒药

心理学家称，嫉妒是由于别人胜过自己而引起抵触的消极的情绪体验。如果一个女人看到别人比自己强时，心里便产生了一种包含着憎恶与羡慕、愤怒与怨恨、猜忌与失望、屈辱与虚荣以及伤心与悲痛的复杂情感，这就是嫉妒。她不能容忍别人超过自己，害怕别人得到自己无法得到的成绩、名誉、地位等，在她看来，自己办不到的事别人也不能办成，自己得不到的东西，别人也不要得到。

每个女人都听过白雪公主的童话。白雪公主美丽善良，全国的臣民都为她祝福，但她的后母却因嫉妒她的容貌，暗中下毒手希望除掉她，从而成为最美

的女人。最后白雪公主被王子的一吻挽回了性命，她的继母也自食恶果。当我们沉浸在公主和王子最后过上幸福生活的浪漫情节中时，是否也应该从那个阴险、恶毒，被嫉妒心毁掉一切的继母身上得到一些启示呢？嫉妒是一剂可怕的毒药，它的毒性足以扭曲女人的理智和美好的心态，毁灭她们本该拥有的美好情感。

桑桑是行里出了名的美女，但奇怪的是，大家都不愿意和她来往，而且提到她的时候都不叫名字，叫“美女蛇”。这是怎么一回事呢？

原来，桑桑刚来行里的时候，因为长得像瓷娃娃，嘴巴又甜，所以大家都很喜欢她，工作上帮助她，生活上照顾她，对她非常好。尤其是柜台上的刘姐，简直把她当亲生女儿一样看待。考虑到桑桑家是外地的，虽然行里也有食堂，伙食还挺不错的，但刘姐总是怕桑桑吃不惯，隔三差五地叫桑桑去她们家里吃饭。

有一天，刘姐照旧叫桑桑下班后去她家吃饭，一旁的小李趁桑桑不在的时候，悄悄地对刘姐说，你还叫她吃饭呀，她把你家都说成是什么样了，说你家客厅里摆的那个花瓶根本就不是什么古董，是个便宜货，而且便宜就便宜吧，还是别人给的，还说你和你婆婆关系其实并不好，你经常在她面前说自己婆婆的坏话……小李还说了什么，刘姐不记得了，她不敢相信自己的耳朵，自己一直对桑桑那么好，她为什么要造谣中伤自己，毁坏自己的名誉？

又过了几天，行里评选业务能手，小李以绝对的优势当选。谁知第二天就有人在背后指指点点地说，小李的业务能手是靠送礼吃饭拉的票，小李听见差点没气死，一再追问是谁说的，最后问来问去竟然又是桑桑搞的鬼。

这下引起公愤了，同事们都想不通，大家平时对桑桑那么好，她怎么能这么做呢？

一天，桑桑的一个同学来行里找桑桑办点事，悄悄透露说桑桑家的经济条件其实并不好，一家人常年挤在两间50多平方米的房子里，而且她妈和她奶奶关系一直不好经常吵架。还说桑桑从小就见不得别人比她强，也正因为这样，这么多年她连一个朋友也没有。

听桑桑的同学这么一说，大家又都觉得桑桑很可怜，虽然她长得好看，但却被嫉妒蒙蔽了心灵，在伤害别人的同时也伤害了自己。

故事里的桑桑，仗着自己长得漂亮，想当然地认为自己应该什么都比别人强，发现同事比她优秀的地方，不仅不学习，还制造谣言中伤他人，破坏他人的名声，从而使自己被同事孤立。美丽不是错，错的是我们不应该以此为资本，觉得全天下的人都应该让着自己。英国哲学家培根曾说："嫉妒这恶魔总是暗暗地、悄悄地毁掉人间的好东西。"嫉妒毁掉了桑桑和同事的友好关系，毁掉了她美好的前程。从桑桑的故事中，女人应该意识到嫉妒所具有的强大破坏力，它可能源自一件小事，但若处理不当，就会造成不良后果。嫉妒心会让人事事好胜，常想方设法阻止别人的发展，总想压倒别人。这可能使同学、朋友想躲开你，不愿与你交往。从而给自己造成一个不良的人际关系氛围，你会感到孤独、寂寞。

其实，我们每个人都有嫉妒心，这是一个很自然的心理现象。嫉妒心没有太大的问题，重要的是怎样处理和应对嫉妒心。这点对女人的心理健康、成长、成熟是都至关重要的。要评价一个女人的嫉妒心适当或者过大，要看对她的生活影响有多大，让她嫉妒的事件本身跟她产生嫉妒的程度是不是相称。

如果你人生中很重要的事情跟别人竞争失败了，你嫉妒，两天睡不着觉，就不算过分，但假如一点点小事就让你嫉妒得吃不下饭，那就重了。女人的嫉妒心不仅表现在工作上、荣誉上，还会对他人的家庭状况、身材容貌、衣着打扮、聪明伶俐、惹人喜爱等产生妒忌。并且往往是针对周围的熟人，如同学同事、亲戚邻居、兄弟姐妹等。在嫉妒心理的驱使下，不但不能学到他人的长处，反而进行挖苦讽刺、吵架破坏，严重的可导致病态心理。它首先伤害了自己，扼杀了一个人的进取心，降低了其活动能力；其次伤害了身边亲密的人，

破坏了亲情、爱情和友情。莎士比亚曾说：“嫉妒是绿眼妖怪，谁做了它的俘虏，谁就要受到愚弄。”

那么，面对这剂毁灭美好感情的毒药，有没有良方呢？答案是肯定的。

首先，要正确认识自己，寻找新价值。“金无足赤，人无完人”，每个女人都有自己的优点、优势和缺陷。女人要善于发现自己的优点，并发扬它，通过发扬自己的优势而建立信心。比如你的朋友智商高、学习好，这方面你不如他，但你音乐好、体育好或有美术天赋，同样也是很可贵的。

其次，充实自己的生活。有人说：“嫉妒，能享有它的只是闲人，如果我们生活充实，就不会花很大工夫沉溺在嫉妒里。”所以，除了工作，女人要多参加一些文体活动，多读些文学作品，陶冶情操，开阔视野，并从中了解、发现自己的潜能，这样恐怕就无暇去嫉妒别人了。

另外，要学会放弃。放弃似乎给人一种消极的感觉，其实，放弃使一个人内心经历愤怒、亢奋和自暴自弃，然后能够客观冷静地对待事物，女人要学会从多角度去思考一种表现。这就需要我们在心中建立“不要为一点小事而嫉妒，没必要”以及“谁都有失意的时候，路还长着呢”这样一些信念，学会不在乎，嫉妒心就不会持久，更不会产生对抗行为。

服了这三味良药你会发现，你看待事情的角度已经多了一份理解，少了一份敌意，并已愿意真诚相待，这样就会多一份沟通，多一份爱。

淡定启示

“金无足赤，人无完人”，每个女人都有自己的优点、优势和缺陷。要善于发现自己的优点，通过发扬优势而建立信心。

遇事十分淡定显大气

很多人往往在遇到不顺心的时候，总是情绪激动，发泄愤怒，表达伤悲，殊不知人在情绪激烈的时候，智商是最低的，这个时候所做出的事情往往很不理智，尤其是女人，比较情绪化，结果让自己后悔莫及。但凡能冷静思考，遇事平心静气，就会少一些后悔。

女人不会在流动的水面上去映照自己的形象，只有在清流平缓的水面上，才能看清楚自己的容颜。同样，女人需要行动或决策时也要保持平心静气的心态，这样才能抑制自己躁动的心绪，不至于产生让自己后悔莫及的不良后果。

我们的生活像一条时而平静时而奔涌的河流。平静的生活总会被突如其来的事情打破，它们大至学业、工作、事业、恋爱婚姻，小至为人处世、日常起居。女人在面对这些不期而遇的事情时，要做到平心静气，抱以平常心。无论什么事，都不可强求，顺其自然就行，不必自寻烦恼。

这几天，由于身体不舒服，敏贞动不动就对老公建国和儿子乐乐发火。

那天下午，建国下班回来，忘了换拖鞋就直接去厨房给敏贞帮忙，刚进去的时候，敏贞还有说有笑的，谁知当她看见建国脚上居然还穿着皮鞋时，脸色一下子就变了，一把将建国手里的菜抢过去，大声地说："跟你说过多少遍了，换了鞋再进屋，你怎么老是记不住啊，猪脑子啊，我每天累死累活地拖地容易吗？"

建国也火了："你那么大声干什么，我换了给你拖了不就完了，嚷嚷什么，你才猪脑子呢！"

敏贞一听更加生气了，干脆饭也不做了，跑到卧室倒头就睡下了。

建国一看这架势，无奈地摇了摇头，看来今晚这顿饭又得自己动手了，要不一家人都得饿肚子。于是，他打起精神去厨房下了些面条。

一直在房里写作业的乐乐听见爸妈的吵闹声，急忙跑出来问："爸爸，妈

妈这是怎么了？”

建国苦笑着说：“当然是爸爸做错事情惹妈妈生气了。”

乐乐好奇地问：“你又做错什么了？惹得妈妈发那么大火，我戴着耳麦都听见了。”

建国说：“也没什么，对了，快去喊你妈妈出来吃饭。”

乐乐“噔噔噔”地跑到卧室里，敏贞一看是乐乐进来了，又板着脸教训起乐乐来：“你的作业写完了吗，一天到晚瞎跑什么，如果一会儿检查有错的看我怎么收拾你！”

好在乐乐知道妈妈为什么生气，嬉皮笑脸地学着电视里的小太监说：“太后老佛爷，奴才请您用膳了！”正在这时，老公建国也走进来叫敏贞去吃饭。想起刚才发生的事情，敏贞一时间竟觉得怪不好意思的。

在饭桌上，她鼓起勇气诚恳地给老公建国和儿子乐乐道了歉，说她最近不应该对他们乱发脾气。看着敏贞不好意思的样子，建国和乐乐都乐了，家里又重新恢复了以往的平静和快乐。

故事里的敏贞因身体不舒服，导致情绪失控，向老公和儿子发了火，由于知道敏贞为什么生气，她老公建国和儿子乐乐并没有计较，仍然一如既往地关心着她，最后敏贞主动认识到了自己的错误，向父俩道了歉，一家人重归于好。

生活在尘世之中的女人保持平心静气的心态是一件非常重要的事。因为这样你才不会说错话、做错事，它会让女人消除紧张、忧虑、压力，回到正常生活的世界里，从而能充分地准备应付将要到来的第二天。

第二次世界大战结束的前几天，有人说杜鲁门总统比以前任何一个总统更能担负总统职务的压力与紧张，认为职务并没有使他衰老，或者吞噬了他的活力，认为这是很不简单的事，特别是身为一个战时总统，要遇到很多难题，就更加显得不简单了。对此，杜鲁门总统的回答是：“我的心里有个掩护自己的散兵坑”。他又说，像一个战士退到散兵坑以保护自己一样，他可以定时地退入自己心里的散兵坑去休息、静养、不让任何事情打扰他。

其实，杜鲁门总统的“散兵坑”就是我们上面所说的平心静气的态度。作为一个战时总统，他面临决策的压力不知要比我们正常人多了多少倍。但他内心平心静气，犹如一间安静的房子，像是海洋深处不受侵扰的安静的中心，可以全然不顾海上兴起的惊涛骇浪。平心静气的女人在遇到困境时，除了会本能地承认事实、摆脱自我纠缠之外，还有一种趋利避害的思维习惯。这种趋利避害，不是为了功利，而是为了保持情绪与心境的明亮与稳定。

某些女人天生就是个沉着冷静之人，心情就不会有太大的变化。但有些女人则不然，心情很容易发生变化，不但别人摸不清，自己也很苦恼。不过，还是可以通过一些方法来协助你保持一种平静的心情的。比如每天可以抽出一段时间来思考自己的心情变化，如果有什么收获，就把它记在自己的心情日记上，日积月累，你会发现自己每天的情绪起伏，强化保持心情平静的动力。或者找个好朋友倾诉内心的急躁与焦虑，一个好朋友可以给你至关重要的建议，甚至是解决问题的最好方法。当你发现无论如何也不能冷静下来的时候，试试用冷水洗脸。冷水会降低皮肤的温度，消除心理的急躁感觉。闭目养神深呼吸，把眼睛闭上几秒钟，再用力伸展身体，可以使你心神安定。

此外，我们还可以学习宗教中的静坐和冥想。打坐不仅有利于腿部经脉的疏通和血液流通，有益于身体健康，更重要的是它能让女人静下来、沉下去，是一种让我们重新认识自我的方式。当我们感到快乐的时候，就很难静下心来，反之痛苦难过的时候亦很难静下心来，而打坐看似简单，却是非常有效地帮助你能沉静下来的方式。

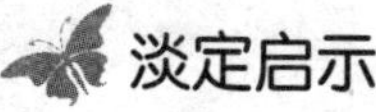

生活在尘世之中的女人保持平心静气的心态是一件非常重要的事。因为这样你才不会说错话、做错事，它会让女人消除紧张、忧虑、压力，回到正常生活的世界里，从而能充分地准备应付将要到来的第二天。

忍耐彰显成熟的魅力

忍是一个很重要的字，因为在任何时间、任何场合，都有不如意的问题存在。有些问题无法解决，有些问题无法很快解决，更有些问题不是自己的能力所能解决的。所以只能忍！小不忍则乱大谋，古有明言，不能忍的人虽可以暂时解除心理的压力，但终究会自毁前程，失去长远的利益。

很多女人从小就被家里像小公主般呵护，习惯了事事以自我为中心，从来不知道忍为何物。等她们长大了走向社会，却发现，这个世界并不像自己的生长环境那样美好和甜美，而处处充满了矛盾与冲突。人生中“不如意事常八九”。

渴望爱情甜蜜，偏偏失恋苦恼；一向和谐的家庭，难免有“马勺碰锅沿”的争吵；以为可信赖的朋友，却因误会产生了隔膜；为事业奋斗拼搏，又遭到无端的嫉妒；即使做一件好事帮一次人，也可能引起流言蜚语……这类“不如意”，常常检验着一个女人的修养：有的泰然处之，从容对待；有的怒形于色，耿耿于怀。因此，要学会忍让，这看似极简单的事情，实际是一种理智成熟的表现，它有化解生活中各种烦恼的神力，能使人生充满信心、愉快和阳光。

古人云“事不三思，但恐忙中有乱；气能一忍，方可过后无忧”、“君子忍人所不能人，容人所不能容，处人所不能处。”忍是理智成熟的表现。遇到矛盾和冲突时，女人要保持清醒的头脑，对自己有克制，耐心地讲道理，进行说服和规劝，及时化解矛盾；即使对方仍然蛮不讲理，我行我素，也无须恶语相加，更不要轻易地采取过激行为，“以眼还眼，以牙还牙”，以非法手段对付不法行为，而是理智地忍让并依靠法律程序解决问题，做到坚持原则，坚持真理。女人要加强道德修养，学会理智、冷静地处理问题，在一些非原则的是非面前，要懂得忍让哲学，容人、让人，这样才能变成一个优雅、成熟、受人欢迎的女人。

公司新来一个女孩子，平日里话不是很多，只是默默工作，和人聊天的时候，脸上总是带着微笑。

没过多久，公司里又新来了一个女孩，这个女孩特别好斗，动不动就和同事争吵。有时候，甚至没有理由，看别人不顺眼，就过去和你斗上半天，为此，公司里的人都被她搞得鸡飞狗跳。一段时间之后，大家再也受不了女孩的纠缠，不是辞职就是请调。

最后，别的同事走得差不多了，她便把矛头对准了那个沉默的女孩子。这天，她无缘无故地来到沉默的女孩旁边，劈里啪啦一阵言辞激烈的数落，而那位女孩却什么话也没有说，仿佛没有听到一样，只是习惯地沉默着，偶尔抬起头微笑着，问一句：“啊？”

好斗的女孩见没有达到预想的效果，气得满脸通红。于是她再一次大发雷霆，把先前说过的话说得更恶毒，她原本以为女孩无论如何再也不会沉默了。可是，沉默的女孩依旧满脸带着微笑，沉默不语。

几次较量之后，那位好斗的女孩败下阵来，只好灰溜溜地辞职了。

事实上，并不是那位沉默的女孩修养好，而是她的耳朵有点背，听力不怎么好，平日里和大家交流没有问题，但是理解别人的话却总是慢半拍。

当好斗的女孩向她挑衅时，她仔细聆听着，并思索着，脸上会出现无辜、茫然的表情，并伴随着一句“啊？”好斗的女孩费了好大的劲才把不满发泄出来，而她的一句“啊？”又让那个好斗的女孩再发泄一遍。难怪好斗的女孩会败下阵来。

故事里的女孩总是很沉默，当她受到别人凌历的攻势时，由于耳背，所以理解起来慢半拍，结果让好斗的女孩大受伤害，最终不得不败下阵来。沉默的女孩在忍耐、退让，却用沉默战胜了看起来强硬的好斗女孩。可见，忍耐和退让并不是一种软弱，而是一种成熟的表现，在这期间，你的形象会无限增大，而对方却在败坏自己。

职场中流行着这样一句话：“女人当男人用，男人当牲口用”，这句看似玩笑的话，实则反映了现代独立女性生存所面临的巨大压力，因此女人也需要储备大量的生存智慧，忍让就是其中一条。在工作中，忍人一时之疑、一事之气、一定之辱，不仅仅是为了摆脱被动局面，更是一种意志、毅力的磨炼，能为日后奋发图强、励精图治、事业有成奠定了正常情况下所不能获得的基础。越王勾践也罢，韩信也罢，都曾忍受过别人难以忍受的屈辱，最终渡过难关，成就了大业。学会忍让，是用无声的奋斗冲破罗网，用无形的烈焰融化坚冰，用韧性的人生创造辉煌。忍让的关键在于能否抑制冲动的情绪，经常保持冷静而理智的头脑，越是在气头上越要防止意气用事、鲁莽而行。忍让是一种眼光和度量，是一种修养和境界，是深刻而有力量的表现。

现实生活本身并不全是理性的，其中也充斥着很多的无奈。譬如，某些人的性格带有攻击性，这就意味着另一些人会无端地遭到挑衅。如果对所有的“攻击”都施之以“反击”，生活的环境就将永远充满火药味。一般来说，交往过程中有了矛盾，双方可能都有责任，但作为当事人应该主动地“礼让三先”，从自己的方面找原因。忍，实际上也就是让时间和事实说话，可以使许多矛盾通过“冷处理”得到慢慢淡化、消释，进而摆脱无原则的纠缠和不必要的争吵。古人讲的“忍气饶人祸自清”，道理就在这里。

种子只有忍受冬雪的漫长，忍受春风的摆布，忍受夏阳的炙烤，才会粒粒饱满；小鸟只有忍受暴风的洗礼，忍受雨雪的考验，忍受断翅的伤痛，才会翱翔于苍穹；而女人只有忍受成长的苦恼，忍受理想的破灭，忍受社会的锻炼，才能成为一个顶天立地的人，才会盼来人生的春天，才会迎来硕果的秋天。

忍耐是理智的花，是成熟的果。大凡有所成就的人，无不是经受了常人所不能忍受的痛苦和挣扎。在痛苦的挣扎之中孕育了一种品格，一种思想。

男人学会忍，更能增添迷人的人格魅力，女人学会忍，更能增添性格的温润。忍耐是人生的一个过程，是成长时的一种必须，忍的结果是美好的，学会忍耐将受益一生。

淡定启示

忍让的关键在于能否抑制冲动的情绪，经常保持冷静而理智的头脑，越是在气头上越要防止意气用事、鲁莽而行。忍让是一种眼光和度量，是一种修养和境界，是深刻而有力量的表现。

用沉默来回应讥笑

生活在这个世界上，并不是每天都有鲜花和掌声，在受人喜欢和被别人鼓励支持之外，还会经常遇到唾弃、辱骂和中伤。面对这些伤害和攻击，有些人鲁莽地去争辩、去解释，结果于事无补，反倒把自己弄得身心疲惫，严重地影响了工作和学习。

没有什么比讥嘲和辱骂更能让女人发火的了，讥嘲或者辱骂就意味着

挑衅与宣战。那么，面对挑衅与宣战，女人该如何应战？是瞬间被激起怒火，气势汹汹地反驳？回骂？还是完全抛弃优雅女人的形象向对方大打出手？如果你真这样做了，说明你的内心还不够强大，会轻易被他人的语言影响情绪。

其实，这并不是一种明智的举动，它说明你的情绪很容易被人影响，做不到内心的真正强大。可能你在反驳中占据了上风或者在和对方的撕扯扭打中占到了便宜，但是下一次你遇到比你口才更好的、力气更大的人该怎么办？最好的解决办法是沉默，让他人的讥嘲和辱骂都湮没在沉默中。沉默是一种力量，这种力量会让你的心态从容平静，让讥讽、辱骂你的人对你肃然起敬。

被称为希腊数学始祖、比例之神的泰勒斯是古希腊著名的数学家、哲学家，同时也是一位伟大的天文学家。因为对天文感兴趣，他经常在晚上观察星象。一夜，他步行出门，仰望星空，边走边看，没留意脚下，一不小心掉进了坑里。因为白天下过雨，又弄得一身脏。有人看见了，就嘲笑他："连地上的泥坑都看不见，还看什么星象？"

面对别人的嘲笑，泰勒斯一笑了之。并没有争辩与反驳，而是继续坚持观察星象，后来他成功地预测了一次日食，以实际行动让嘲讽他的人闭上了嘴巴。

面对讥嘲和辱骂，女人最有利的反驳武器就是沉默，沉默的力量会让你集中精力做自己该做的事，根本没有时间和别人计较口舌上的优势。也许你会说自己很难这样心平气和地面对别人的挑衅，那么，不妨换一种角度看问题。试想如果一个人送你一份礼物，但你拒绝接受，那么这份礼物会属于谁呢？答案是属于原本送礼物的那个人。那么就把别人的嘲笑和辱骂当做自己拒收的礼物全部退还，你就不会被这些恶意的行为所影响了。

丽香在一家食品加工厂做销售，厂里花重金购置了一台加工新口味食品的机器，可是不知怎么地，最近有人在媒体上陆续提出了一种新饮食的理念，很多人对他们加工的这种产品渐渐失去了兴趣，公司的市场逐渐缩小。为此，领导决定将这台机器卖掉。

经过好几个月的联系，丽香终于找到了一个想要购买的客户。经过她一再地邀请，客户亲自来厂里商谈，当她把客户带到机器旁边的时候，客户开始不停地挑毛病，不是说机器磨损太大，就是嫌弃已经过时，跟不上现实的需要，这让丽香多少有些恼火，为了能把这台机器卖出去，她强忍着内心的怒火，陪着笑脸，给客户耐心地解释着。

最后，客户似乎很不满意地说："就这么一堆废铜烂铁，说吧，你们要卖多少钱？"

丽香牢记着老板给出的底线，机器低了两百万是不能卖的。她刚要报价，忽然想起同事刘哥的话："做销售，实际上就是在跟客户博弈，在这个过程中，尤其是在报价的时候，谁主动，谁将被动，在客户要求你报价的时候，不妨适当地沉默，让客户自己报价。"

想到这里，丽香望了一眼客户，并没有说话，客户急想知道这台机器的价钱，于是又追着问："这台机器你们打算卖多少钱呢？"

丽香依旧没有说话。客户有些不耐烦了，说："不管你们的报价是多少，我只出三百万，多一块钱都不要。"

这时候，丽香接过话说："您的报价确实有点低，这样吧，我请示一下我们领导。"

几分钟之后，丽香说："尽管你出的价钱有些低，但是我们领导考虑到您这么大老远地亲自跑来商谈，过意不去，所以考虑再三之后，最终决定卖给您。"

客户一听，急忙付款去了。就这样，丽香忍耐了客户的讥笑和嘲弄，最终成功地卖掉了机器，并且替公司多赚了一百万，因而得到了老板的嘉奖。

从丽香的故事中我们依然能看到沉默的力量可以打败嘲笑和挑衅。她的买主虽然嘲笑她的机器有各种缺点和不足，但丽香并没有针锋相对地与之辩论，而是采取了沉默，许多擅长心理战的高手经常会利用“沉默”这张牌来打击对手，也往往是利用它来达到目的。最后丽香不仅圆满完成了任务，还比计划中的多卖了100万元，这真是名副其实的“沉默是金”。

讥嘲与辱骂他人的人，大多是心胸狭窄、修养不高的人，女人不必和这种人计较动真气。中国古代的大文豪苏轼曾经也做过让自己尴尬和难堪的事情。他有一个好朋友叫佛印，两人经常在一起打坐、参禅。佛印老实，经常被苏轼欺负。一天两人又在一起打坐，苏轼问佛印：“你看我像什么？”佛印说：“我看你像尊佛。”苏轼听了很高兴，对佛印说：“你知道我看你坐在那儿像什么？像一摊牛粪。”佛印沉默不语，苏轼以为佛印嘴拙，不会反驳，自觉占了便宜。回家后苏轼向苏小妹炫耀这件事。苏小妹冷笑着对哥哥说：“你这个悟性还参禅呢，你知道参禅的人最讲究的是什么？是见心见性，你心中有眼中就有。佛印说看你像尊佛，那说明他心中有尊佛；你说佛印像牛粪，想想你心里有什么吧！”嘲笑和辱骂他人的人，从他一开口就已经证明了他是个没有修养的人，如果你的为人品格高他一筹，自然不会把这种人放在心上。

其实，面对别人的讥嘲与辱骂，女人一点儿也不必因为害怕而恼羞成怒。有时候，这些话语并非全然没有根据，或许自己真的有些不足之处。因此，当听到别人的讥讽和责难时，应当虚心记取，仔细反省自己是否有所缺失，并努力加以修正。把别人的嘲讽视为激励，就能变成逆境中前进的动力！反省之后，如果自认没有任何缺失，或是错误根本不在自己，那就更没有必要大动肝火了，你可以不予理睬，我行我素，继续保持沉默。

淡定启示

听到别人的讥讽和责难，我们应当虚心记取，仔细反省自己是否有所缺失，并努力加以修正。把别人的嘲讽视为激励，就能变成逆境中前进的动力。

理智展现女人内心的强大

悲喜欢愁、乐苦泪笑的瞬间体现，并有给感性的女人留下掩饰的时间，它真实、自然地存在于女人的每一个表情里。但是，女人的感性也表现在另一方面，她们往往凭直觉办事，觉得事情是什么样就是什么样，不调查研究，不进行理性思考。遇到突发事件也不能让自己快速冷静下来，要么把自己弄得手忙脚乱，要么瞬间变成一个不可理喻的泼妇。

女人最容易被贴上“感性动物”的标签，女人的感性，不是因为性别才感性的，而是女人对事物的细腻与敏感度，比男人表现得更直接一些。感性并没有错，它让女人充满了浪漫的气质，富有爱心并心地善良，给这个世界增添了数不尽的温暖与柔情。

遇到突发事件，我们脑海中首先浮现出来的应对方式，都是我们在长期的成长过程中稳固形成的，如果这个应对方式掺杂过多的感性成分，对事情的处理与解决往往不是十分有效，甚至会给自己带来一些本可以避免的麻烦与危害。因此，这一节我们要学会以冷静代替慌乱，让理智对抗鲁莽。

沉稳冷静，遇到事情不慌乱，会让女人把注意力集中在问题本身，而不是被情绪牵着鼻子走。同样，在战场上的士兵，听到枪声新兵会吓得大惊小怪，

而冷静的老兵则会立马找个掩体躲起来。面对突发事件，女人可能会本能地产生情绪波动，但保持冷静会让女人的注意力迅速绕过这种无益的心理冲突区域，马上转到接下来该做什么的思路上去。

理智让女人看清事态的本质，是面对冲突时保持清醒、内涵、思想的成熟体现，有针对性地做出判断和决定的行为。虽然理智会暂时抑制情绪发泄带来的快感，但最终仍会获得内心的平静与满足。

下午，就在明华准备下班的时候，店里进来了一位顾客，明华赶忙打起精神热情地迎上去接待。只见那位顾客手里拎着一个袋子，袋子里好像还装着衣服。走到跟前，还没等明华开口说话，就听那位顾客语气生硬地说："给我换一下这件衣服，号小了。"

明华笑着说："是吗？那麻烦您出示一下购物小票。"

"给。"那位顾客从袋子里取出票，递过来。

明华双手接过票一看，说："您是不是记错了，这不是我们店里的票。"

那位顾客一听火了："什么？我明明就是在你们店里买的，你说票不是你们的，是什么意思？买的那天说好了如果不合适3日内可以调换，我现在又没超时间，你不给我换就算了，居然说什么衣服不是你们店里的，你的意思是我没事找事，故意找茬是吧？"

明华连忙解释，说："不是，不是，我不是那个意思，这个票真的不是我们店里的，您看我们店里一直是手开票。"

那位顾客越发激动了，大声地说："我不管你们是什么票，反正我就是在你们这儿买的，今天不换也得换，你看着办吧！"

明华一听坏了，这可怎么办呢，票肯定不是店里的，但那位顾客执意认为衣服是在店里买的，虽说店里的衣服跟那位顾客拿的衣服差不多，但是真的不能换，因为牌子不一样，即使换了顾客发现了还是会来找麻烦的。

就在明华不知道该如何是好，左右为难的时候，一低头无意中发现那位顾客提的袋子上竟然写着“名乐体育”四个字，对了，隔壁就是名乐体育，而且名乐也卖运动服，难道是……想到这儿，明华又急忙仔细看了一下购物小票，果然最下面也写着“名乐体育”。

看来真是顾客走错门了。自己也太粗心了，怎么一开始没发现这个问题呢？

想到这儿，明华赶紧走过去耐心地跟顾客解释，那位顾客认真一看发现自己确实走错门了，连忙说了声“对不起”低着头不好意思地提着袋子走了。后来那位顾客经常来店里买衣服，渐渐成了明华店里的老顾客，后来还和明华成了好朋友。

故事中的明华，在面对顾客走错门刁难自己的时候，没有光顾着生气，而是积极寻求解决问题的办法，最后帮了顾客的忙，而且自己也解了围，还交了一个不错的朋友。的确，在生活中，如果我们不去过多地理会别人过激的言语，而是看清楚事情的本质，积极应对，再大的风浪也会过去的。

并不是每个人天生就具有一个冷静、理智的头脑。要学会内心真正的冷静、理智，还需要女人不断地学习与修炼。心理学家对女人提出这样的建议：每当面对突发事件，若想打破那些旧的链接，重新建立新的应对方式，首先需要给自己设定一系列详细的目标，也就是详细列出自己想改变到什么样的程度。当你的记录内容逐渐丰富的时候，从叙述的逻辑关系中你就会很清楚地看到在自己的思维过程中，有哪些思维习惯是不合理的，然后思考一下，这些不合理的定式应该怎样改正。最后，当再遇到类似情形的时候，尝试着让自己按着日记中已经纠正的方式去思考，并随之做出反应。按着上述过程不断循环训练，如果能长期坚持下去，相信你的情绪控制能力会有很大改变。

有些女人害怕冷静、理智会让自己变得冷漠、无情或者失去女人味，这种担心大可不必。它不会剥夺你向老公撒娇任性、对感人的电影痛哭流涕，收养流浪狗流浪猫的权利，冷静、理智的女人能用特有的感性，安静、细腻的品

质和周围人相处，表现她们温柔、内敛、善解人意的感性一面。但她们往往不喜欢竞争，更不喜欢胸无城府的张扬，大多时候选择默默退出。这个默默退出，并不是说她没有自信，也不是她没有条件，更不是她没有魅力，而是由她的“淡泊以明志，宁静以致远”的心态，在默默地帮助理性的女人，努力做好自己。

淡定启示

心理学家对女人提出这样的建议：每当面对突发事件时，若想打破那些旧的链接，重新建立新的应对方式，首先需要给自己设定一系列详细的目标，也就是详细列出自己想改变到什么样的程度。

抛弃杂念，用平常心做事

生活在这个世界里，无法避免各种琐碎的事情，稍有不慎，就会严重地影响我们的心情，影响我们的生活，导致心情浮躁。当心情浮躁的时候，如果不及时调整，很有可能因为冲动而做出一些极端的举动，从而破坏了平静的生活。

对于女人来说，过多的琐事往往会让她们的生活一团糟，这时候，如果能够及时地冷静下来，抛弃杂念，理性思考，以一颗平常心对待，生活也许会为我们打开另一扇大门。

媛媛是一家公司的业务员。由于体形偏胖，公司里所有的人都亲切地叫她“胖胖”，就连客户也一天到晚“胖胖长，胖胖短”地叫。一开始别人叫的时候，她还能不厌其烦地一遍遍地纠正，时间长了，连她自己也觉得烦。随他们叫去吧，反正自己本来就比较胖，这样叫也算是“名副其实”，何况人家也没有恶意。

不过，别看媛媛胖胖的，你可别小看她，她可是公司的业务精英，而且在公司里人缘出奇的好。照她的话说是“心宽体胖没烦恼”，的确，同事们还真没看见过她恼怒的样子。

但这几天不知道怎么了，媛媛就像被霜打了的茄子，整个人都蔫了。问她怎么了，她也不说。下午有一个客户要过来签单，经理在中午下班之前，特意再三叮嘱媛媛下午该注意些什么问题，这要放在以前，他根本不管，主要是今天看媛媛的状态有点不对。

下午客户来签合同了，打开一看，却发现媛媛给他的是别人的合同文本，于是开玩笑地说：“胖胖，合同搞错了，这不是我们之前商量的那份。”

媛媛一听客户叫她“胖胖”，就心生不悦，心想这怎么可能，自己怎么会搞错呢，拿过合同细细一看，还真的错了。这时，她又突然想起，上次拟定的那份合同她还没改呢，怎么办？真是气死人了。

都是爸妈离婚闹的，害得自己这两天心神不宁，无心工作。从今天起，他们爱离就离去吧，自己再也不管了，也不想了，再想下去就该回家了。

这样想的时候，媛媛好像一下子有了主意，只见她笑着对客户说：“张总啊，不好意思，因为我们上次拟定的合同打印出来，我发现有些地方还要做一些小小的修改，正好今天您来了，那我拿来，您再好好看看，如果没有异议，我再打出来您看可以吗？”

张总说：“可以啊，您赶快拿来我再好好看看，还是你们年轻人细心啊！”

媛媛把那份没改完的合同打印出来，在她的提醒下张总又仔细看了一遍，稍稍做了修改，改完之后就签了。看着张总离去的背影，媛媛长长地舒了一口气，好险，差点就跑单了。看来工作的时候还是不能胡思乱想，免得扰乱心情，做错事情。

故事中的媛媛，本来心态非常好，业绩也不错，但却因为对父母离婚的事情不能释怀，一天到晚心事重重，在和客户签单的时候差点儿出错，后来她认识到了问题的原因及时调整了心态，顺利签下了合同。的确，有时候可能就因为我们在心情不佳时的一个眼神，一句话，就有可能决定事情的走向。那么如何给浮躁的心情找一个安静的角落呢？

1. 冷静是前提

当心情浮躁的时候，一定要冷静，如果不冷静下来，一般很难想到去安静的角落；只有冷静下来之后，才能理性地思考哪个角落更安静，这样更利于自己作出理性的判断；因此，心情浮躁的时候一定要冷静。

2. 心境要淡然

很多时候，我们浮躁，是由于放不下自身的名利，得到的时候，总想得寸进尺，失去的时候，总幻想假如没有失去该多好；浮躁往往在患得患失的心境中产生；要想克服患得患失的浮躁心境，不妨淡然一些，也许心境自然就平静了。

3. 踏实走好每一步

人之所以浮躁，是因为理想和现实之间有太大的差异，理想很美好，现实很残酷。这个时候如果能够冷静下来，走好当前的每一步，就会发现，自己也并非想象中得那么伟大，当前的每一步道路也并非你想象中得那么顺利。

4. 清晰认识自我

浮躁之人，往往缺乏清晰的自我认识，看不到自身的缺点，总觉得自己什么都能干，结果往往失败而归，因此，浮躁的时候，一定要清晰地认识自我。具体来说，首先要多反思自己曾经失败的原因，其次要多听取周围人的建议。

5. 要懂得向生活妥协

每个人都希望自己成为生活的强者，但是很多时候往往事与愿违，这个时候我们不妨向生活妥协，承认自己并不是那么伟大，也许心中放不下的名利此时也就不那么重要了，这样也许能够得到一个平静的心情。

淡定启示

人之所以浮躁，是因为理想和现实之间有太大的差异，理想很美好，现实很残酷。这个时候如果能够冷静下来，走好当前的每一步，就会发现，自己也并非想象中得那么伟大，当前的每一步道路也并非你想象中得那么顺利。

第15章　女人心强大，不念过去、不畏将来

生活不是缺少快乐，而是女人内心脆弱，让快乐如泡沫迅速破灭。很多女人觉得生活很不快乐，你是否想过，你用心感悟过生活吗？你细心地捕捉过快乐吗？你想快乐吗？如果你每天都生活在为自己设置的套子里，你感受到的自然是痛苦和折磨。所以，对于女人来说，要想开心快乐地生活，就要有一双发现快乐的眼睛。只要你愿意开心快乐，你的生活自然会轻松很多。

打开心灵的一扇窗

著名心理学家威廉·詹姆斯说："在我们这一个时代里，最重大的发现是，人类能够借由改变自己的心态，进而改变自己的一生。"无论是在生活中，还是在工作中，我们总会遭遇到各式各样的困难，有时甚至还会到山穷水尽的地步，此时，不妨转换一下思考的角度，你会发现情况并不是自己想象中的样子，你也会感觉到快乐。

人生就是海潮，有潮起也有潮落，人活于世，活得精彩快乐才好，的确，也有悲伤和苦闷，但那只是人生的一段小插曲，同时也是黎明前的黑暗。所以，女人不要把自己的心灵纠结在苦闷与烦恼上，为自己打开心灵的另一扇窗，快乐就会如风般迎面扑来。

快乐有时就像在天上飞的风筝一样，当风筝越飞越远的时候，它就会消失在你的视线里，直到你看不见它，可是线在你手中，它不会飞远。只要你愿意，快乐就会随时围绕着你，直到永远。拥有了一颗快乐的心，你就会知道，快乐是无处不在的。

女人要善待自己，快乐的心态由自己决定，往往快乐就在你转换思维的瞬间。因为有时候，意念在转换之间，将使得你对同样的事件或者经历，产生截然不同的感受，进而衍生出不同的行为。

有一位年轻的女子，自从她懂事之后，总是会与比她大一岁的姐姐作比较，她觉得自己什么都不如姐姐，因而感到烦恼不断。但是，当有人建议她转换一个角度思考后，她开始觉得十分庆幸，她庆幸自己有一个外貌、能力、成就都和自己相当的姐姐，能够陪伴她走人生的路。

是的，每个女人的心灵中都住着两个不同的人，一个叫积极，一个叫消极。让积极的一扇窗常打开吧。

在大部分同学上大学的时候，程晨做出了一个惊人的抉择。她放弃了上重点大学的机会，而是选择下海做生意。这着实让亲戚朋友不理解，但是程晨是个非常有主见的人。一旦做出了决定，连九头牛也拉不回来。

说干就干，她跑遍了所有亲戚朋友的家，筹借了整整10万块钱，在市内的繁华区开了一家服装店。由于程晨眼光独到，她进的衣服都非常流行，深得顾客的喜欢。所以，生意一度非常好。

后来，随着市场的饱和，利润越来越低，程晨的生意越来越难做，再加上这个时候爸爸生病住院了。她需要去医院陪护，所以商店关门歇业。生意受了严重的影响。后来，她不得不赔钱把店转了出去。

生意的失败让程晨受了很重的打击。再加上家里也在不停地责怪她当初不上大学。因此，这一段时间，程晨感觉到非常痛苦，为了逃避家里人的叨唠，她有时候都不敢回家。就在朋友亲戚家里过着漂泊不定的生活。

由于压力大，她学会了抽烟、喝酒，常常一个人喝得大醉。借酒精来麻醉自己，可是酒醒之后，痛苦还是一样围绕着她，无法驱散。她太想做出点事情来证明自己了。可是偏偏却失败了。她无法面对自己。

在这期间，程晨认识了一个叫雨燕的女孩，她是一个绘画专业毕业的大学生。雨燕常常带着画板坐在街角，为行人免费画像。这引起了程晨的注意。这天，她走过去认真地看雨燕画画。雨燕看她观察得很投入，于是和她聊了起来。很快，她们成了无话不谈的朋友。

于是，程晨每天都去看雨燕画画，雨燕也会给她说一些基本的绘画原理。渐渐地程晨对画画产生了浓厚的兴趣。那段时间，她跟着雨燕去野外写生。慢慢地，她的绘画技巧得到了很大程度的提高。

这时候的她早已经把生意的失败忘记得干干净净了。满脑子都是如何画画的事情。自然再也不会去抽烟喝酒，作践自己了。

故事中的程晨因为做生意失败，陷入了深深的痛苦当中无法自拔。后来，她结识了雨燕，开始对绘画产生了浓厚的兴趣，渐渐地把伤痛忘记了。可见，对于女人来说，在遭遇了生活的挫折和打击之后，无论如何都要学会爱惜自己，如果连你都不爱惜自己，还有谁会爱惜你呢?

其实，痛苦和快乐就是你的左手和右手，它们之间有太多的相似点，不同的只是在于你的选择。就好像春天和冬天一样，如果你选择春天，认为春天天会给你带来快乐，然而冬天也定会来临，然而它并不会给你带来不幸和痛苦，只是你选择了春天而拒绝了冬天，所以才有不幸和痛苦的产生。其实，不管是春天或冬天，对你来讲都没关系，不同的只是你的感受。心态也一样可以选择，当你遇到不幸和挫折时，让心灵打开快乐的窗户，你会收获很多。

有一天某个农夫的一头驴子，不小心掉进一口枯井里，农夫绞尽脑汁想救出驴子，但几个小时过去了，驴子还在井里痛苦地哀嚎着。

最后，这位农夫决定放弃，他想这头驴子年纪大了，何必大费周章把它救出来，不过无论如何，这口井还是得填起来。于是，农夫便请来左邻右舍，帮忙一起将井中的驴子埋了，以免除它的痛苦。农夫的邻居们，人手一把铲子，开始将泥土铲进枯井中。当这头驴子了解到自己的处境时，刚开始哭得很凄惨。但出人意料的是，一会儿之后这头驴子就安静下来了。

农夫好奇地探头往井底一看，出现在眼前的景象令他大吃一惊：当铲进井里的泥土落在驴子背部时，驴子的反应令人称奇——它将泥土抖落在一旁，然后，站到铲进的泥土堆上面！就这样，驴子将大家铲倒在它身上的泥土，全数抖落在井底，然后，再站上去。

很快地，这只驴子便得意地上升到井口，然后，在众人惊讶的表情中，快步地跑开了。

驴子是个动物，但它也知道在生命面前要保持积极的态度，从而摆脱死亡的厄运。驴尚且如此，作为一个人，其中的道理就应该更加明白了。

如果我们以积极的态度，那么逆境带给自己的，就不仅是悲伤，还有希望，女人要为自己的心灵打开另一扇窗。面对一切困境、麻烦、危机，“动力”往往就潜藏在困境中。事实上，我们在生活中所遭遇的种种困难、挫折、危机，就是压在我们身上的“泥沙”。然而，换个角度看，它们也是一块块垫脚，只要我们积极地面对，锲而不舍地将它们抖落掉，然后再站上去，那么，即使是掉落到最深的井，我们也能安然地脱困。

所以，女人不要为眼前的困境所屈服，困境带给你的不仅仅是苦闷，还有你不屈的心和坚强，为自己打开心灵的另一扇窗，善待自己，快乐每一天！

淡定启示

如果我们以积极的态度，那么逆境带给自己的，就不仅是悲伤，还有希望，女人要为自己的心灵打开另一扇窗。面对一切困境、麻烦、危机，“动力”往往就潜藏在困境中。

女人要学会爱自己

人说生活就是五味瓶，酸甜苦辣咸具有，的确，生活给女人带来的也不仅是幸福，还有磨难、困境和痛。诚然，每个女人都希望自己可以幸福平安地过一生，哪怕平平淡淡也好，但很多时候不幸和困境都会光临女人的生活圈子。面对这些，女人可以悲伤，可以发泄，但要记住，无论如何，都要学会爱惜自己，给自己留一点位置。

女人要善待生活，善待自己，做个爱惜自己的女人！

生命是一切的开始和前提，爱情只是人生中的一部分，然而很多女人却将二者混淆了，在爱情逝去的时候，选择了生命的终结，这是一种错误的人生观，也是不自爱的表现。

一年除夕，正当别的人全家团圆的时候，有个女人在父母家的卫生间用一根绳子结束了自己年仅35岁的生命。原因很简单，她被丈夫抛弃了。丈夫是她唯一爱过的男人，她把所有的一切都给了他，结果无法接受自己的迷失，而选择了结束生命这条路。

自从他们结婚后，丈夫就是她的一切，她辞掉了工作，一心一意地照顾他，而且她对丈夫百依百顺，生活中的一切，根本不用丈夫操心。自从她结婚后，便整天为丈夫忙里忙外，在她的眼里，自己活着就是为了让丈夫活得更幸福。

然后，她万万没有想到，自己把丈夫拾掇得体体面面，却让他被别的女人欣赏和喜欢。当她满怀希望地等待着丈夫回家的时候，丈夫却在和小三在外面甜甜蜜蜜。后来，这件事被发现之后，丈夫对她拳打脚踢，三番五次逼她离婚。看着丈夫绝情的眼神，她痛苦地跑回了娘家，把自己关在屋里整整一个礼拜。最终，她没能从阴影中走出来，而是选择结束了自己的生命。

受不了婚变的她就这样结束了自己的生命，在她眼里，婚姻就是一切，婚姻是她的全部，这是一种错误的情感观，当她失去爱情的守候时，她的精神就崩溃了，这就选择了死亡。

其实，女人的世界除了爱情以外，还有事业和自己，当婚姻爱情失败的时候，还有很多应该关注的事，而不应该结束自己的生命，女人无论如何也要珍惜生命，爱惜自己！她应该考虑到，既然丈夫是个薄情寡幸的人，就不值得自己去守护，那么就不应该自杀，应该生活得比他幸福。

的确，女人不要把全部的空间留给别人，要留一点给自己，无论如何都要爱惜自己。刘梅的老板就是个在事业上很成功，但却不知道爱惜自己的女人。因为老板在事业上失败过很多次，这家公司也是刚刚起步，她不允许自己再失败了。

刘梅跟着现在的老板已经整整5年了。老板是个非常拼命的人，对待工作一丝不苟，这让刘梅有点不理解，一个女人怎么会这么拼命呢？后来，她逐渐明白了，原来老板经历过很多次失败。

一天，刘梅陪着老板到广州视察工作，刚下飞机，她们便火急火燎地驱车向厂里赶去，平日里要三个小时才能到的路，她们仅仅用了一个小时就到了。就连晚饭也是在去东莞的路上吃的，离开广东的时候，老板又突发奇想，想要去福州看看。

为了能让神经紧绷的老板放松，刘梅提议："老板，公司从来没有举行过活动，很多员工都觉得工作的压力很大，能不能趁着国庆节举办一个化装舞会？"老板觉得刘梅说得很有道理，随即同意了她的这个提议。

于是，就在那天，老板推掉了所有的工作，和员工们一起忙活起来。当她被员工们化好妆之后，发现自己似乎年轻了十几岁。也就是在那天，她说："这些年一直在忙碌，太不注意保养自己了，没想到我化妆好也是很漂亮的。"

在那天的舞会上，她和员工们一起玩得很开心。从那之后，老板开始对自

己好起来，开始打扮自己，享受生活。工作之余她也给自己经常放假去娱乐。而且，公司效益不但没有受影响，反而越来越好。

故事中的老板年轻的时候在事业上摔过很多次，因此她不敢懈怠，怕自己重新摔跤，于是她严格地要求自己，强迫自己去工作，成了一个“工作狂”，生活在她那里不再美好，每天重复的就是繁忙的工作，她没发现，原来生活可以换种方式过，原来自己应该对自己好一点，应该爱惜自己……

的确，女人应该会享受生活，生活不全是为家庭、事业而活，要给自己留个位置，停下来享受一下生活的美妙……

女人不管是在爱情上失利，还是在事业上重复失败，都不要折磨自己，生命是自己的，没有生命，一切都无从谈起；健康是自己的，工作应该努力，但不能以健康为代价；美丽是女人的资本，要将美丽进行到底，什么时候你都不能忘记这一点。总之，无论如何，女人都要爱惜自己！

淡定启示

女人可以悲伤，可以发泄，但女人要记住，无论如何，都要学会爱惜自己，给自己留一点位置。女人要善待生活，善待自己，做个爱惜自己的女人。

你不可能让每个人满意

生活在这个多元化的世界里，我们会遇到不同的人，每个人内心的标准都是不一样的，尽管你想方设法要让每个人都满意，可是往往事与愿违，在你迎合每个人的时候，却迷失了自己，让每个人都不喜欢你。那么，作为女人，何

苦强求让每个人都满意呢?

每个女人都在扮演着各种不同的角色：工作时间，忙碌的女人为公司带来效益，在上司面前，是个爱岗敬业的好员工；回到家，脱去身上的职业装，系上围裙做饭的时候，是个好妻子、好妈妈。当周末回爸妈那里为老人捶背时，是个好女儿。是的，女人的生活里演绎的就是不同身份的女人。

随着社会的发展，很多新的工作类型相继出现，就拿小提琴手来说，在最早的中国大地上并没有这个职业，它是从西方发展后进入中国的。小提琴总是给人以艺术氛围很浓的情感基调，不错，对于爱好艺术的人来说，小提琴是个不错的选择。泱泱就是一个小提琴手。

泱泱的父亲是个很有名气的律师，因此泱泱在大学学习的也是法律，当然，这并不是泱泱自己的决定，而是父亲希望她将来能够走和自己一样的道路。泱泱从小就喜欢艺术，在艺术上有很高的天赋，就连她的老师也在劝这位大律师，要好好培养，将来一定会大有作为。但是，泱泱的父亲却说："艺术只不过是茶余饭后的消遣品而已，以后要靠它吃饭会饿死人的。"

高考后，在填报志愿的问题上，父女二人发生了分歧，泱泱一再请求父亲尊重自己的意愿，报考艺术院校，可是父亲的态度非常坚决，泱泱拗不过固执的父亲，尽管心里怨恨父亲，但是也只能接受这个残酷的事实。

父亲终于如愿以偿了，可是泱泱的痛苦却刚刚开始。由于她对法律根本不感兴趣，尽管勉强在学，可是成绩却差强人意。好在泱泱逐渐对小提琴产生了兴趣，而且一发不可收拾，她暗暗地发誓，一定要在音乐上有所成就，向父亲证明自己。

大学生活很快结束了，泱泱在音乐上的成绩与那些艺术院校的学生相差无异，甚至比他们还要出色。

在就业的问题上，父女之间再次爆发了激烈的争吵。事实上，早在她毕业

之前，父亲就为她联系好了一家律师事务所。这一次，泱泱的态度非常坚决，毅然决然地拒绝了父亲的安排，并且经过朋友的帮忙，进了一家娱乐场所拉小提琴，这让父亲暴跳如雷，愤怒地将她赶出了家门。

就这样，泱泱开始了独立的生活。靠拉小提琴的生活的确很辛苦，好在她的音乐天赋最终赢得了一位音乐人的欣赏，在这位音乐人的帮助下，她成功地举办了一次音乐会，并且取得了巨大的成功。当她兴奋地把这个消息告诉父亲的时候，父亲只是冷漠地摇了摇头，他始终无法接受女儿的决定。父亲的态度让泱泱伤心不已，但是她决定在艺术之路上坚定不移地走下去的决心始终没有改变。

尽管泱泱的父亲始终不认同她的职业，可是她并没有过多地考虑她父亲的不满意，她觉得自己的工作是喜欢的，这样才会让自己工作起来更有兴趣和激情。所以，她始终坚持自己的选择，始终追求自己工作领域的梦想。

工作类型是一个选择的问题，而在具体的工作中出现让某些人不满意的时候，女人也不要顾虑太多，认为自己是对的就没必要瞻前顾后。

的确，女人一辈子很多情况下都在忙碌着，也希望让每个人都满意，但不是每一件事都是尽善尽美的，你不必做到让每个人满意，在工作中同样如此。

诚然，一个女人生活在一个偌大的社会里，而不是一个人的世界，但你的工作不可能做到让所有人都满意。这个时候，你不必因此而觉得歉疚或者内疚，只要喜欢自己的工作，不违背自己的工作和为人原则，就不必考虑太多外在的因素。考虑的太多，只会让自己活得太累。虽然但丁的“走自己的路，让别人说去吧”这句话有点“偏激”，但也不是不无道理，一个女人对工作应该顾虑，但顾虑太多，往往会让自己走入死胡同。

淡定启示

的确，女人一辈子很多情况下都在忙碌着，也希望让每个人都满意，但不是每一件事都是尽善尽美的，你不必做到让每个人满意，事实上你也没法让每个人满意。

别跟自己过不去

现实生活中，我们总会看到很多女人受伤、流泪，被生活中的痛苦折磨得奄奄一息，有的甚至为此付出了沉重的代价。事实上，不是女人天生爱受伤，而是她们总是执拗，跟自己过不去，结果让自己饱受摧残。

还有些女人爱赌气，遇事想不开，迷失了自我，在情感得失之事上，也总是拿不起放不下。同时，有些女人，还爱钻牛角尖。甚至在现实生活中，很多女人都有点“神经质”。为何那么多的女人，老是与自己过不去呢？静下心来想想，让内心保存一份悠然自得。不要一味地和自己过不去，也不要责备和怨恨自己。因为，我们尽力了。

有句话说得好：“一个人的世界，一个人的快乐和成功只属于这个人自己。”凡事别跟自己过不去，永远保持对生活的美好认识和执着追求，才能做到更加珍惜生活，积极创造生沽。

名芳研究生毕业之后，在一家外贸公司找到了一份负责进出口业务的工作。按理说，她是专门学习外语的，做起这份工作来，应该是如鱼得水。可是，她上班之后，整整过去三个多月了，业务上却没有任何进展。

再看看那些比她小好几岁的女孩子，做起业务来却非常厉害，再看看自

己。于是她感觉到特别自卑。她觉得自己的能力很低，根本就是个废物，因此，在公司里也不敢大声地说话，甚至在同事们面前也总觉得低人一头，尤其是面对一些学历比她低，而且业务能力很强的同事时，她更觉得抬不起头来。因此，她每天总是阴沉着脸，感觉到非常痛苦，甚至一度有了辞职的想法。

事实上，她之所以在工作上表现差，是因为她对销售这一块根本不懂。做外贸跟单可不仅仅需要良好的外语能力，更需要的是一些做销售的技巧和方法。而那些年龄比她小，学历比她低的人之所以做得好，是因为她们已经有了好几年的经验。这样一比，名芳的表现差也是正常的事情了。

当和她同岁的主管把这个情况给名芳一分析之后，名芳渐渐地不再自卑了。她在工作中不断地加强业务的学习，平日里抽时间去看一些与销售有关的书，而且放下了面子，主动去向周围的同事学习。一段时间之后，她掌握了一些基本的销售技巧和方法，业务慢慢地提升了上去。仅仅过了半年的时间，她就一跃成为同事们当中的佼佼者。

这时候的她自信满满，感觉到了自己的价值所在。每天不管是在工作中还是在生活中，她总是满面春风，把自己的快乐和喜悦带给了身边的每一个人。也正是因为她的这份自信带来的愉悦心情，让她的工作更加出色。

故事中的名芳由于刚步人工作，对业务不熟悉，所以出现了工作上没有进展的现象，这对她来说是个不小的打击。这与她的学历和年龄完全不相对称，她因此而感觉到自卑，感觉到不快乐。后来，在明白了原因之后，她不再自卑，而是通过努力和学习，弥补了自己的不足，激发了自己的潜力，最终鹤立鸡群。最终她的自信带来了收获，从而证明了自己。

可见，人都会对自己进行自我的认定，当你失败的时候，往往会被自己否定，会自卑，会不开心。如果你换个角度去认识，让自己自信一些，那么快乐会很多，同时，快乐会给你带来意想不到的收获。

的确，做人何必考虑那么多呢？跟自己过不去只会让自己不开心，对自己好一点，善待遇到的麻烦事，也就是善待自己。

生活是一场游戏，生活是一壶陈年老酒……每个女人都应该学会享受生活，轻松而快乐地度过每一天。把自己的心态摆正，用一颗平常心，去体味人生，享受生活。在这个世界上，有许多事情是我们难以预料的，我们不能控制际遇，却可以掌握自己；我们无法预知未来，却可以把握现在，我们左右不了变化无常的天气，却可以调整自己的心情。我们不知道自己的生命到底有多长，但我们却可以安排当下的生活。

是的，不管遇到什么事，都要对自己好一点，不要把苦闷留给自己，不要跟自己过不去。心态决定了你的生活是否快乐，快乐的女人有着淡定的心，她们也从来不会和自己过不去，因为这是不明智的选择，坦然面对吧！

淡定启示

不管遇到什么事，都要对自己好一点，不要把苦闷留给自己，不要跟自己过不去。心态决定了你的生活是否快乐。

烦恼来源于过度执着

世界变美好，快乐与否，只是取决于自己的心态。女人也一样，生活中的烦恼有很多，女人要真正快乐就不要把纠结在烦恼上，换个角度，烦恼会更少，在心中种一棵“忘忧草”。要怀有一颗平和淡定的心，这样的你才会生活得快乐。

很多女人认为一旦结了婚，很多麻烦的事就接踵而至，孩子的问题、婆媳关系的处理，生活中的琐碎让自己烦透了脑筋，因此往往会被这些事弄得透不

过气来。其实，只要转念想一下，很多事情根本不需要去操很多心。换个角度考虑问题，很多烦恼就不是烦恼了。俗话说得好："如果你不给自己寻烦恼，别人永远也不可能给你烦恼。"

生活中的琐事有很多，如果每件事都要斤斤计较，那么女人就有着操不完的心。转换一下思维考虑事情，就会有不一样的效果。

对于慧慧来说，婚姻让她几乎陷入了绝境。在恋爱期间，丈夫对她百般疼爱，大献殷勤，和很多女孩子一样，她备受感动，不顾父母的反对，依然嫁给了丈夫。可是，结婚后，她却发现丈夫不但懒散，不做家务，而且心眼小，脾气暴躁。这让慧慧每天不但要操持家务，还要忙着上班，常常累得腰酸背痛。

看着女儿每天这么辛苦，母亲有些看不下去了，只好赶过来帮忙带孩子。知道慧慧心地善良，不愿意指责丈夫，母亲忍无可忍，好几次都狠狠地教训了姑爷。这让姑爷大为恼火，在妻子面前摔碟子砸碗。

公婆听说慧慧的母亲搬过去了，也拎着大包小包挤了进来，这让家里的矛盾迅速升级。房子小，她和老公就把席梦思搬出来，睡到了客厅地板上，但结果慧慧妈和公婆关系搞得更夸张了。尤其是在带孩子的卫生问题上，公婆不爱卫生，而她妈妈则嫌弃她的公婆是农村的。

就这样，慧慧在中间很为难，她倾向于母亲，毕竟母子连心，而丈夫对这些事也不闻不问。慧慧因为这些事，无法正常地上班，精神几乎崩溃。

从慧慧身上，女人们可以可以看到，真正的幸福生活和心情是由自己的心态决定的，毕竟生活中有太多烦琐的事不能避免，不妨改变一下自己的心态，转换一下角度考虑问题，在心中种一棵忘忧草。这样即使外面的世界乌云密布，你的世界也会阳光灿烂！

淡定启示

生活中的琐碎事很多，如果每件事都要斤斤计较，那么女人就有操不完的心。转换一下思维考虑事情，就会有不一样的效果。

释放你的心，释放快乐

人与人之间，哪怕毗邻左右，也相隔甚远。因为每个人都有一颗封闭而戒备的心。于是快乐天使渐渐离我们远去，我们也渐渐忘记了如何发自内心地真诚微笑。

可是，这样的我们幸福吗？我们在抵挡住明枪暗箭的同时，是否也吓跑了一些善意的分享快乐的真心？哪一种更值得呢？在快乐与利益的天平之间，我们应该把最后的那个小砝码放在哪一边？是为了追逐利益以防备的眼神看待所有人，不苟言笑，还是为了快乐，宁可做一个有点傻气的小女人，依旧相信真善美，依旧用细腻的心去感恩每个人、每件事？怎样的女人才是最幸福的呢？

翻阅照相簿的时候，穿越了时光，看到小时候的那个天真小女孩，总是对着镜头欢笑，露出可爱的小虎牙；再之后成了羞涩少女，总是浅浅微笑，低着头，收着下巴，穿着浪漫的长裙子，快乐不再赤裸裸地暴露在阳光下，而是学会了收敛，学会了仅仅把快乐放在嘴角眉梢来显现；照片越往后翻，笑容就越少，到了近期的照片，身处都市迷离的夜灯下，穿着小套裙，脸上写满疲惫与冷漠。那个小女孩的快乐呢？跑走了吗？

其实，快乐并没有走。只是被我们埋到了心灵的最深处，套上了枷锁，上面写着“此门封闭”。我们的心，被我们自己关上了门，于是快乐就成了看

不见的地下矿藏。有时候你会怀念那个久远年代的小女孩，快乐从来不需要理由，晴朗的天气、冬日里的暖阳、夏日傍晚的晚风都可以成为我们快乐的源头。而时光带给我们的最大变化，就是我们的快乐需要越来越多的理由，并要付出越来越高昂的代价。

这天早晨，美霞起晚了，她迅速地洗漱之后，便拿着妈妈给的早餐钱，连走带跑地出了家门。这个时间，只有一趟公交车经过，如果错过了，她便坐不上车去学校。当她跑过路角的一刹那，差点被绊倒，扭头一看，一个只有十二三岁的小男孩在寒风中瑟瑟发抖，他拿着一个破碗，声音微弱地说："姐姐，行行好吧，我很饿。"

美霞浑身像触了电一样，她毫不犹豫地把自己身上带的零花钱全部给了那个男孩，还把准备买复习资料的300块钱也塞到了男孩的衣兜里。看着小男孩冻得通红的脸，她把自己的围巾和帽子也给了他，然后转身离开了。就在她转身离开的一瞬间，她听到了小男孩发出的惊喜的喊叫声。

那一天，她没有赶上公交车，来到学校后，她因为迟到被老师罚站到了门外，冻了一个早晨，但是美霞却非常开心。当她放学后回到家里，第一件事情就是把她所做的事情告诉了妈妈。

妈妈平日里对美霞管得很严，从不让她随便花钱，所以，美霞把这件事情说出来的时候还有点担心，但是她觉得很开心，她想和妈妈分享。

妈妈听了美霞的话后，并没有责怪她，而是笑着对她说："美霞，你真的长大了。"

爸爸听了说："美霞，你被老师罚站，一点也不后悔、不抱怨吗？"

美霞笑着说："不后悔，后悔什么呢。我觉得我做的是对的。如果我当初不帮助他，或许他一早上，甚至一天都要挨饿的，他那么小，又穿得那么单薄，无家可归，他比我更需要那些钱。"

做一个幸福女人的首要前提是什么呢？就是释放心灵，只有释放心灵，才能看到身边的美好；只有释放心灵，才懂得珍惜眼前人；只有释放心灵，才明白原来曾经紧抓不放的东西，其实只是鸡肋；只有释放心灵，才能做到雁过无痕。

当打开尘封已久的心，你会发现，原来每天早上送报纸的小伙子都很热情；原来每天早上为家人做好早点可以得到他们真心的爱；原来办公室的同事并不是刻意针对你，而是有她的苦衷与纠结；原来每天给你发短信的那个傻小子其实有颗很可爱的心……当你释放你的心时，便会由衷地展露笑容，因为生活中的确不是缺少美，而是缺少发现的眼睛；当你释放你的心时，你的快乐便不再需要刻意寻找理由，总是自然而然就能感到愉悦，因为的确有许多善意与爱在身边；当你释放你的心，幸福就会悄悄来敲门，送给你最惊喜的礼物。

从现在开始，请不要再埋怨为什么老板没有给你提升，不要再苦闷为什么没有好男人来爱你，不要再计较为什么昔日的同学比你有钱，不要再生气为什么没有一个有权有势的家长……凡此种种，都不应该成为我们幸福快乐的羁绊，我们总是把责任推到外界，而真正的问题往往在我们自身。

释放心灵，你就会发现，这些都不是原则性的问题，都不值得我们因此从“笑靥如花”而变成“愤懑难平”；释放心灵，真心待人，如果曾经犯过什么无心的错误或是产生过什么误会，就会真诚地道歉和解释；释放心灵，善待自己，如果还没有人看到你的好，请相信，过好每一天，你的纯净与认真，一定会有人发现。幸福的女人，总是先释放自己的心，然后变得快乐、友善，最终功德圆满。

淡定启示

当你释放你的心时，便会由衷地展露笑容，因为生活中的确不是缺少美，而是缺少发现的眼睛；当你释放你的心时，你的快乐便不再需要刻意寻找理由，总是自然而然就能感到愉悦，因为的确有许多善意与爱在身边；当你释放你的心时，幸福就会悄悄来敲门，送给你最惊喜的礼物。

轻松女人生活洒脱

女人看上去年轻与否，并不如人们想象的那样，与压力大小有多少直接的关联，其实真正影响女人年轻状态的，是女性自身的意识。你有多在意生活带给你的压力，这种在意或者说是关注的程度，就会直接体现在你的外观上。

有个很有趣的现象，在台北、香港、上海那些生活节奏很快、生存压力很大的都市女性，总是打扮得很年轻，看上去30岁的女人，也许实际已近40岁，而看上去25岁的女孩子，也许已经30岁出头。反倒是一些生活环境相对安逸清闲的二线、三线城市，哪怕是本身经济条件富裕的女性，也容易打扮得显年纪大，或是让人一眼就能看出年纪。

作为女人，总希望青春流逝的脚步能慢一点，再慢一点。而保持年轻，并不是用越来越多、越来越贵的保养品、化妆品就能一劳永逸。年轻的关键，在于内心。把压力放下，放宽心，轻松快乐地面对生活，才是保持年轻的法宝。

当你每天上班，面带笑容跟同事问好，然后坐在办公桌前开始工作时，是否感觉轻松自如？当你闲暇时跟若干闺蜜约好一起喝下茶聊天，叙叙旧事时，是否感到惬意适然？当你寂寞时，是否会为自己泡杯热茶、冲杯咖啡，自在阅读，享受独处的静谧？如果这些心情你都已经感到陌生，就说明你给自己的压力太大，弦绷得太紧了。

一个女人如果自己做不到放下压力，不仅影响自己的心情和状态，还会影响周围人的心情。由于心里的重压，便失去了笑容，失去了快乐轻松的心，脸上总是布满阴云，这样的女人怎么能让人感觉可爱呢？不仅是男人，就是好朋友，时间久了，也会躲着你，因为你总是给大家带去烦恼，总是把压力放大，总是把沉重的心情传染给身边的人。一个不能给自己的亲人、爱人带去轻松快乐的女人，一定不会是个幸福的女人。

生活中的确有很多难题和磕绊，但是与其把压力背上身，不如学着去化解、去改变。比如，当你应对烦琐的好像永远做不完的工作时，试着深呼吸，从高高的文件材料中抬起头，闭上眼睛，放松一下身体，然后把这一天的工作栏目做一个详细的计划与安排，甚至可以包括琐碎的生活社交和应酬，然后一项一项地去做，做好一项勾一项，一天下来，你就会产生小小的成就感，你会发现，压力已经被成就感所取代。比如，当你又想找朋友没完没了地倾诉时，换个方式吧，约朋友出来一起去运动，去打一场网球或者一起爬山，在运动中流汗，在运动中自然而然地释放压力……解压的方式有很多，就看你如何想、如何做。

俗话说，“相由心生”，要保持年轻的容貌，快乐的心态，就要有一颗没有压力、没有负担的轻松的心，只有心里充满阳光、健康乐观的人，才能让周围的人都感受到你的青春与热情。无论什么时候，女人都要保持一副好心情，不仅是为了取悦于人，满足他人，更是为了给自己增添自信、增添魅力。在繁忙的生活中，抽一个时间，告诉家人、告诉老板，今天要给自己放个假，也许只是一个人在马路上散步，也许只是独自在小店里徜徉，也许只是一个人在咖啡馆里读杂志……然而正是这些看似寂寞懒散、浪费时间的小事情，能调整女人的心态，在不知不觉中化解压力。

做一个无压的轻松女人，保持乐观的情绪、快乐的心情，当你结束一天的工作时，就把这一天的心情垃圾全部抛到脑后，洗个轻轻松松的热水澡，听听音乐，让自己的心回归空白。然后呢？然后可以给晚归的老公做个甜蜜的宵夜，可以给准备睡觉的小孩读一段故事，可以给爸爸妈妈打个电话，告诉他们，今天你过得很好，今天发生了一些开心事儿，认识了一些有趣的人。积极快乐的女人总是如此，她们看淡压力，轻松生活，营造出一个充满爱和温馨的家，这样的女人，即便年老，也能保持优雅，而幸福的天使总是会伴其一生。

淡定启示

不仅是男人，就是好朋友，时间久了，也会躲着你，因为你总是给大家带去烦恼，总是把压力放大，总是把沉重的心情传染给身边的人。一个不能给自己的亲人、爱人带去轻松快乐的女人，一定不会是个幸福的女人。

参考文献

[1] 易贝连. 淡定[M]. 北京：中国纺织出版社，2011.

[2] 亦辛. 给人生加点包容[M]. 北京：中国纺织出版社，2011.

[3] 项星. 每天学点幽默口才[M]. 北京：中国纺织出版社，2010.